Cortés e seu duplo

CHRISTIAN DUVERGER

Cortés e seu duplo

Pesquisa sobre uma mistificação

Tradução
Ana de Alencar

editora
unesp

Título original: *Cortés et son double: enquête sur une mystification*

Direitos de publicação reservados à:
Fundação Editora da Unesp (FEU)
Praça da Sé, 108
01001-900 – São Paulo – SP
Tel.: (0xx11) 3242-7171
Fax: (0xx11) 3242-7172
www.editoraunesp.com.br
www.livrariaunesp.com.br
feu@editora.unesp.br

CIP – Brasil. Catalogação na fonte
Sindicato Nacional dos Editores de Livros, RJ

D982c

Duverger, Christian, 1948-
Cortés e seu duplo: pesquisa sobre uma mistificação / Christian Duverger; tradução Ana de Alencar. – 1.ed. – São Paulo: Editora Unesp, 2014.

Tradução de: *Cortés et son double: enquête sur une mystification*
ISBN 978-85-393-0582-7

1. Cortés, Hernán, 1485-1547. 2. América Latina – Civilização – História. 3. América Latina – Colonização – História. 4. Espanha – Colônias – História. 5. México – História – Colônia espanhola, 1540-1810. 6. Peru – História – Até 1820. 7. Índios – América Latina – Civilização – História. I. Título.

14-16452 CDD: 980
CDU: 94(8)

Editora afiliada:

Para Alexa, Fréderic, Alexandre, Clément,
Cédric, Delphine, Marine, Juliette, Diane,
Arthur, Olivia, Agathe, Cyril,
E à Joëlle, sempre e em toda parte.

Não há nada que não termine tendo começado, nada de sadio que não seja atacado, nada de forte que não se quebre, nada de preservado que não seja ameaçado. Tudo isso, o tempo supera e soterra. Somente a verdade triunfa sobre o tempo e resiste à sua obra.

Fray Antonio de Guevara
Libro áureo de Marco Aurelio, 1528.

Sumário

Introdução

Neste início do ano de 1529, o inverno tomou conta de Toledo. Um vento glacial corre pelas ruelas em declive. O céu está baixo e pesado. A neve ameaça. É domingo.

A cidade aglomerava-se na catedral para assistir à missa solene. Os fiéis aguardam, sentados, a chegada do imperador. Pois, há cinco meses, a Corte apoderou-se de Toledo, a rebelde, a antiga capital dos *comuneros* que se ergueu contra o jovem poder de Carlos V. Um forte odor de incenso frio impregna a assembleia. Um rumor anuncia a chegada do soberano. Rodeado por uma espécie de guarda pretoriana em que se distinguem, misturados, conselheiros flamengos e poderosos da Espanha, o rei tem dificuldade em avançar. Ele claudica. Dizem que está com gota. Em um farfalhar de casacos, o soberano e seus cortesãos acomodam-se. O silêncio se faz, a missa pode começar. Assim que um corista em seu branco mantelete entoa o primeiro cântico, um homem vestido de preto entra pela porta lateral e se dirige, com passo decidido, em direção à primeira fileira. Sem ser muito alto, ostenta uma bela postura. Parece respirar determinação. Das fileiras, sobem murmúrios:

o público se surpreende. Alguns se levantam. Quem será esse personagem impertinente que, após o rei, se dá o direito de adentrar a catedral? Ei-lo agora que, abrindo passagem entre os cortesãos, vai sentar-se em um lugar que ficou livre ao lado do Conde de Nassau, sentado à esquerda de Carlos V. Aquele homem que escruta publicamente o olhar de seu soberano é Cortés, o conquistador do México. Uma lenda viva.

Algumas semanas antes, o rei fizera, em grandes pompas, uma visita protocolar ao domicílio privado de Hernán Cortés, de passagem pela Espanha. Tal gesto de reconhecimento por parte de Carlos V poderia surpreender. Mas a relação de forças do momento é assim: ambígua. Herdeiro de Maximiliano da Áustria, de Fernando de Aragão e de Isabel de Castela, o rei da Espanha curva-se sob o peso dos apanágios. Mas sua política é ilegível e contestada. Suas tropas entraram em Roma em 1527, apreendendo o papa Clemente VII e saqueando a cidade, assinando um ato de barbárie que será um trauma duradouro para o Ocidente: como, a partir de então, se apresentar como chefe da cristandade? Em abomináveis condições, sequestra os filhos pequenos de François I, retido com refém ao cabo da batalha de Pavia. O rei, que faz a guerra por procuração e governa sem glória, tem ainda dificuldade em ser aceito por seus súditos espanhóis. Veem-no como um estrangeiro. Nascido em Gande, educado na província de Flandres, não fala senão o francês e nunca chegará a aprender o espanhol.

A seu lado, Cortés representa a antiga aristocracia de linhagem, mas também a Espanha bem-sucedida, a Espanha do além-mar. De onde Carlos V tiraria sua riqueza se não fosse do ouro do México? As conquistas de Cortés triplicaram o território espanhol. Assim, o conquistador tem seus partidários na cúpula do Estado e alguns o tratam como herói. Obviamente, ele faz sombra ao rei e suscita inveja. No entanto, para os partidários de sua evicção, a equação não é simples: como conservar o México e afastar seu conquistador? Pois uma estranha alquimia governa essas terras mexicanas que Cortés batizou de "Nova Espanha". Seu dono dispõe de um apoio não desprezível vindo de indígenas... e, para o rei, a ameaça de secessão é uma perpétua espada de Dâmocles.

Para apreender a complexidade dessa conquista do México, com forte teor dramático, existe um texto-chave: a crônica de Bernal Díaz del Castillo, intitulada *Historia verdadera de la conquista de la Nueva España* [História verídica da conquista da Nova Espanha]. A obra, publicada em Madri em 1632, deve-se à pena de um membro da pequena tropa reunida por Hernán Cortés. Testemunha ocular dos mínimos fatos e detalhes da conquista, Díaz del Castillo capta as imagens que impressionam sem nunca perder o fio da epopeia. Seu texto explica a aventura de Cortés, multiplicando as anedotas, captando estados de espírito, fazendo uma pintura dos atores do drama. Um pouco ao modo de um cineasta que alternasse os planos gerais que plantam o cenário e os planos em grande angular que indicam sempre detalhes simbólicos. Em cerca de mil páginas, com um estilo um pouco eriçado, ele retraça essa expedição insensata que é a aventura de sua vida.

Partindo de Cuba em 1519 com 500 soldados, 16 cavalos, 14 bombardas e 13 escopetas, Cortés soube, em dois anos, se tornar dono do imenso território asteca, montado entre dois oceanos e povoado por 18 milhões de habitantes. Hoje, ainda, esse prodígio guarda um mistério. Mas Bernal Díaz del Castillo aparece para nos guiar na compreensão dos fatos. É ele que relata, por exemplo, o episódio de Toledo anteriormente mencionado,[1] episódio altamente revelador da partida de quebra de braço que ocorre então entre um rei pobre e descreditado e um conquistador dominador e seguro de si.

A história de Cortés é, na verdade, uma história de reviravoltas, feita de altos e baixos, de mudanças de lado, de imprevistos, de inesperados retornos de situação. Os êxitos militares conduzem a armadilhas políticas. A glória dissolve-se no hábito.

Todo esse desenrolar da aventura cortesiana, restituída em seu aspecto humano, ritmada pelos ruídos das batalhas fotografadas com uma precisão por vezes clínica, toda essa história em andamento apreendida em seu próprio movimento, devemo-los ao olhar e à pena de del Castillo. Cronista sem igual, impôs-se como uma testemunha incontornável cuja riqueza das informações todos reconhecem sem exceção. Mas, acima de tudo, ele se destaca da coorte dos cronistas oficiais – os Oviedo, Gómara, Herrera, Cervantes, Solís – pelo seu estilo inimitável, mistura improvável de irreverência popular, franqueza e veia épica. Com suas analepses, digressões, repetições, elipses, caprichos, o texto da *Historia verdadera* é de fato obra de um escritor. Para além do tema tratado, ouve-se uma musicalidade própria, lê-se ali a marca de uma personalidade bem original.

---

1 Castillo, *Historia verdadera de la conquista de la Nueva España*, cap.CXCV, p.525. Como existe um número muito grande de edições de Díaz del Castillo, escolhi utilizar a mais difundida. Todavia, sempre menciono o capítulo de onde foram extraídas as citações, de modo a permitir encontrá-las em outras edições. A edição Porrúa segue o texto do *Manuscrito de Guatemala*, mas com ortografia e sintaxe modernizadas.

É tentador querer conhecer melhor esse Díaz del Castillo, cronista-soldado do século XVI, que foi do anonimato de um corpo expedicionário ao panteão da literatura hispânica. Para seguir seus passos, é preciso partir rumo à Guatemala, onde encontraremos o velho conquistador transformado em proprietário de terras. Mas, já antecipando, essa busca vai nos fazer cair na dúvida. Longe de nos conceder uma biografia tranquila, Díaz del Castillo irá se dissolver sob nosso olhar, esquivando-se tais as partículas de Heisenberg, que mudam de trajetória quando observadas.

Dever-se-á fazer o processo de uma usurpação de identidade? Adentraremos em um labirinto onde as pistas se embaralham, onde os manuscritos desaparecem e reaparecem, onde os originais acabam por se confundir com cópias remanejadas. Ao término da investigação, porém, teremos de saber quem manuseou a pena do imemoriável Díaz del Castillo. Poderíamos pensar que a cortina de fumaça instalada seria duradoura. Ela irá se dissipar.

Parte I
Os contornos do enigma

1
Uma biografia minimalista

Quando, em 1877, Denis Jourdanet publicou a primeira tradução francesa da crônica de Díaz del Castillo, não incluiu uma nota biográfica. "Não preciso contar neste prefácio a história de Bernal Díaz del Castillo. Não se conhece dele senão o que ele próprio diz em sua interessante crônica."[1] Na verdade, sobre ele diz muito pouco, nada além do que possa caber em um modesto parágrafo.

Há aqui um primeiro elemento surpresa: cerca de 250 anos após a publicação de sua crônica, Díaz del Castillo não encontrou ainda seu biógrafo. Os prefácios de edições elaborados no século XIX, em um contexto de independência do México, quando se assiste, todavia, ao nascimento de uma vigorosa corrente historiográfica nacional, permanecem na mais alta discrição sobre a personalidade do autor.[2] Teremos de esperar

---

1 Jourdanet, *Histoire véridique de la conquête de la Nouvelle-Espagne, écrite par le capitaine Bernal Díaz del Castillo, l'un de ses conquistadores*, p.V. A primeira edição, datada de 1876, foi tão confidencial quanto imperfeita. Assim, utilizei a edição de 1877.

2 Ver, em particular, as notas preliminares de Enrique de Vedia, na edição da Biblioteca de Autores Españoles, Madri, 1852, e as de

o século XX para que sejam feitas pesquisas em arquivos que irão permitir circunscrever a vida de Bernal Díaz.[3] Mas, apesar de todos os esforços por parte de pesquisadores de boa vontade, a figura do autor da *História verídica* se furtou a qualquer análise racional, não obstante sua celebridade crescente. Hoje ainda, as zonas de sombra são mais importantes que os dados incontestáveis.

Existe, no entanto, uma espécie de biografia *standard*, algo montado desordenadamente, que acabou se impondo com o tempo e que se repete sempre de forma idêntica de um livro a outro. Eis essa vulgata.

De Bernal Díaz del Castillo não se conhece a data de nascimento. Ela deve se situar, por cruzamento de informações indiretas e contraditórias, entre 1484 e 1496! Segundo ele próprio,

---

Joaquín García Icazbalceta, na edição da Biblioteca Histórica de la Iberia, México, 1870. Elas são de um laconismo revelador. E quando o historiador mexicano Luis González Obregón tenta escrever a primeira biografia de Díaz del Castillo, que ele publica em 1894, apenas consegue escrever um livro muito conciso no qual a parte propriamente biográfica soma dez páginas.

3 É o mexicano Genaro García que, ao publicar o *Manuscrito de Guatemala*, iniciou desde 1904 a renovação da historiografia de Bernal Díaz del Castillo. Dentre os principais autores que se interessaram pelos cronistas, citaremos Carlos Pereyra (1928), Eduardo Mayora (1933), Joaquín Ramírez Cabañas (1944), Ramón Iglesia (1944), Alberto María Carreño (1946), Henry R. Wagner (1945) e Eberhard Straub (1976). É o jesuíta espanhol Carmelo Sáenz de Santa María que, em sua obra *Historia de una historia, Bernal Díaz del Castillo*, reuniu o maior número de elementos biográficos e de arquivo. No século XX, devemos citar a obra monumental de José Antonio Barbón Rodríguez, edição crítica da *História verídica*, publicada pelo Colégio de México e L'UNAM em 2005, que contém as retificações mais atualizadas sobre a vida e a obra do cronista.

seria natural de Medina del Campo, em Castela Velha, e filho de um certo Francisco Díaz del Castillo, notável dessa cidade onde teria exercido a função de conselheiro municipal (*regidor*). Em 1514 ele vai para a América recentemente descoberta, ao se engajar nas tropas do conquistador Pedro Arias de Ávila, encarregado de tomar posse do continente. Na época, de fato, só as ilhas de São Domingos, Cuba e Jamaica estavam ocupadas. Eis que desembarca no litoral do Panamá, em um lugar agressivo e inóspito, batizado Nombre de Dios. As condições de vida da expedição espanhola são execráveis: sob a perpétua ameaça das flechas indígenas, os chefes brigam entre si e os homens sofrem de febre quartã. O jovem Díaz, faminto e decepcionado, abandona a tarefa. Vai para Cuba, onde vive ocioso por três anos. É então que um velho fidalgo, amigo do governador, decide lançar uma primeira expedição para o México. Bernal alista-se como simples soldado e embarca em 1517 rumo a uma aventura imprevisível. Francisco Hernandez de Córdoba, com três navios, singra em direção ao oeste. Após vinte dias de navegação envolta de espesso mistério, ele passa pela ponta norte da península do Iucatã e adentra o golfo Campeche. Os espanhóis tentam desembarcar. Protegidos por suas armaduras de algodão, os maias não se dobram facilmente. É uma hecatombe. A tropa de Córdoba recua de forma trágica. Há que se abandonar um navio, pois o pequeno corpo expedicionário não conta com mais do que vinte homens sadios. O retorno para Cuba é desastroso. Hernandez de Córdoba teve apenas tempo para voltar a suas terras e, nelas, morrer em decorrência de seus ferimentos.

Mas isso não desencoraja Bernal, que escapou milagrosamente das flechas. Voltaremos a encontrá-lo, já no ano seguinte, como membro da secunda expedição, comandada por

Juan de Grijalva. O governador de Cuba acelera a marcha para ocupar o território mexicano, cuja reputação o fascina e do qual já se imagina o dono. Desta vez, nomeou como chefe de expedição um de seus sobrinhos, uma pálida figura sem autoridade. Bernal é testemunha dessa nova empreitada que voga de fracasso em fracasso: desembarque abortado na costa caribenha de Iucatã, reviravolta em Campeche, fiasco em Champotón. O horizonte clareia-se, no entanto, à vista da costa sob o controle asteca. O imperador Montezuma envia uma embaixada para a foz do rio Tabasco. Grijalva explora o litoral mexicano, fundeia perto da futura Veracruz, persegue sua busca em direção ao norte e é mal recebido pelos huastecas. Por miçangas e bonés de lã, trocam-se objetos de cobre que os espanhóis confundem com ouro. Os barcos dispersam-se. Grijalva demora-se na região, costeia, pratica pequenos tráficos. Não pertence à raça dos conquistadores. Díaz del Castillo, humilde soldado raso, não cabe em sua espera.

Entrementes, Cortés prepara-se. Alcaide de Santiago de Cuba, Hernán Cortés é um homem rico e poderoso. Foi eleito para esse posto de *alcalde*, o que lhe permite afrontar Diego Velázquez, governador nomeado pela longínqua Coroa. Choque de legitimidade. Democracia contra direito divino. Cortés sente-se apertado em Cuba. Incomodado, também. Secretamente, ele já passou para a oposição à política real. Deseja adiantar-se frente às autoridades espanholas para poupar o México da repetição do genocídio ocorrido em São Domingos e em Cuba. Lança-se na competição. Por conta própria, arma dez navios. Singra, enquanto Grijalva, enfim de retorno, acaba de tocar a costa cubana. Os destinos cruzam-se. Mais uma vez, Díaz del Castillo irá tomar parte no jogo; inamovível em seu papel de simples soldado, Cortés vai recrutá-lo dentre os 500 membros de seu pequeno exército. Mas, com Cortés, o curso do tempo torna-se irreversível. A conquista do México está em marcha e Bernal será a testemunha privilegiada dessa aventura sem volta. Ele não deixará mais de seguir o caminho do conquistador.

Do desembarque na praia de Ulua, na Sexta-feira Santa do ano de 1519, até a entrada na capital asteca, em 8 de novembro do mesmo ano, do deslumbramento dos primeiros tempos até os combates rudes para o controle da Cidade do México [à época Tenochtitlán], da derrocada de *La Noche Triste* (30 de junho de 1520) até a capitulação do imperador Cuauhtemoc (13 de agosto de 1521), Bernal Díaz del Castillo estará presente em toda parte. Observador lúcido, dotado de uma memória surpreendente, o futuro cronista segue Cortés como se fosse sua sombra. Se o conquistador tiver que defender sua conquista contra um concorrente que desembarca repentinamente em Veracruz, Bernal o acompanha e contribui para rechaçar o intruso Nárvaez. Em Cempoalla, onde Cortés fecha uma aliança estratégica com os totonaques, em Cholula, onde os espanhóis matam para não morrer, em Tlaxcalla, onde se refugiam os conquistadores expulsos de Tenochtitlán, em Segura de la Frontera, onde Cortés, escrevendo a narrativa de sua campanha mexicana, dá ao México o nome de Nova Espanha, Díaz del Castillo está sempre presente, nos bastidores, ao mesmo tempo fascinado e à distância. E quando Hernán, dono do México, decide estender sua conquista ao país maia e à América Central, Díaz o acompanhará, ainda como soldado de infantaria. De 1524 a 1526, ele atravessa a selva de Petén, em seguida encalha na abrasadora Honduras. Volta à Cidade do México, onde Cortés precisa recuperar o poder, agora contestado pelo jovem imperador Carlos V, que sonha em pôr as mãos sobre as riquezas do México.

Cortés julga preferível discutir diretamente com o rei e retorna à Espanha em 1528... com Díaz del Castillo em seu séquito. O rei dá ao conquistador da Nova Espanha a propriedade da metade do México, tornando-o marquês do Vale d'Oaxaca. O retorno, em 1530, é uma desilusão: Cortés está proscrito. Está impedido de entrar na Cidade do México: bajulado pela frente, apunhalado por trás. A palavra do soberano é inane e vã. Abandonando a política, Cortés resolve se tornar um empreendedor. Cultiva cana-de-açúcar em Cuernavaca, cria bicho-da-seda em Oaxaca, colhe tabaco em Veracruz. Em breve, sonhará com o Pacífico. Instala seu acampamento à beira-mar, transforma-se em armador, explora a Califórnia; Díaz del Castillo continua ativo. O vice-rei Mendoza, doente de inveja, rouba os barcos de Cortés. O afrontamento entre os dois homens é inevitável. O capitão geral volta à Cidade do México em 1538 e negocia uma paz factícia com o representante do rei, que só se preocupa em recolher impostos sobre o trabalho dos indígenas. O impasse é total; Cortés, ferido em sua alma, decide levar mais uma vez o caso diante do imperador Carlos V e embarca para Castela em 1540. O fiel Díaz del Castillo ainda toma parte na equipagem.

É nesse ponto, no entanto, que os caminhos do conquistador e do simples soldado vão divergir. Cortés vai acompanhar Carlos V na catastrófica expedição naval contra os barbarescos. O rei, arrasado, abandona definitivamente a Espanha em 1543, partindo para a Alemanha. Cortés, pouco ambientado ao ambiente da Corte, decide então retornar para terminar seus dias no México. Não terá tempo de embarcar, a morte o alcança em Sevilha, em dezembro de 1547. Ele é o único dentre todos os conquistadores a morrer em sua terra natal. Seus defensores organizam para ele um funeral de chefe de Estado.

Perde-se um pouco o rastro do fiel Bernal em 1541. Ignora-se a data de seu retorno ao México. Certos documentos o descrevem como residente de Espiritu Santu (Coatzacoalco, no Golfo do México) a partir de 1542. Instala-se, provavelmente em 1544, na Guatemala, onde se casa com Tereza Becerra, filha de um conquistador de renome modesto. Titular de um *repartimiento*, ou seja, de uma terra que ele arrenda, leva a vida de um notável e goza de certa inserção social: é escolhido como conselheiro municipal da cidade de Santiago de Guatemala em 1552, onde permanecerá até sua morte, em 1584. Afirma ter participado da famosa "controvérsia de Valladolid", convocada em 1550 a pedido de Las Casas e dos defensores dos indígenas; ali teria ele defendido os interesses dos *encomenderos*.

Fora essa participação – aliás, bastante duvidosa –, a vida de Bernal Díaz del Castillo, depois da morte de Cortés, parece a de um velho soldado que se tornou herdeiro, envolto em um anonimato que poderia tê-lo acompanhado em sua morte. No entanto, um projeto o anima: escrever suas memórias. Dedica-se a essa tarefa, escreve algumas páginas, em seguida desiste. O tempo passa. Bernal Díaz del Castillo vai em busca das honras, defende seus interesses em uma Guatemala de sabor provincial. Quando, de repente, o velho companheiro de combate de Cortés se depara com um exemplar da crônica de Gómara: é o estopim. Francisco Lopez de Gómara foi o capuchino de Cortés em sua última estadia na Espanha. Escutara da própria boca do conquistador muitas informações de primeira mão sobre a conquista do México. Cruzando tais dados com aqueles fornecidos por Oviedo e Motolinia, dedica-se a escrever uma *História da conquista do México*, que ele publica em Zaragoza em 1552. Trata-se, obviamente, de uma crônica elogiosa a Cortés, escrita com admirável senso da economia e da síntese. Escritor profissional, Gómara se sai bem no desafio que representa em si tal gênero histórico: sendo muito avaro com os detalhes, não se compreende mais a motivação das ações humanas, nem o encadeamento dos acontecimentos; sendo prolixo, nos afogamos no anedótico e perdemos o fio da história. Gómara toma um caminho mediano e o segue: sua escrita tem colorido, empresta certa vida aos personagens e constrói um cenário bem-feito. Sua cronologia é precisa. Não surpreende muito que ele dedique seu livro a Martín Cortés – filho do conquistador –, que foi seu mecenas depois da morte de Hernán.

Mas eis que Díaz del Castillo não aprecia o livro. Por duas razões. Primeiro, ele o critica por ter ocultado o papel desempenhado pelos pequenos e pelos sem patente, sem os quais a conquista não poderia ter ocorrido. Assim, ele quer corrigir a pontaria colocando em evidência para a posteridade a bravura do corpo expedicionário cortesiano. Questão de honra! Por outro lado, ele considera que Gómara não é um ator da conquista e que seu relato contém muitos erros. Enquanto testemunha ocular e homem de ação, propõe-se a corrigir o escritor de gabinete. Ei-lo lançado, com mais de 70 anos, em uma empresa um pouco alucinada: põe-se a escrever uma contra-crônica que não cessa de espinafrar Gómara e os autores que o seguiram, Paulo Jovio e Gonzallo de Illescas. Trata-se da famosa *História verídica* que Díaz del Castillo conclui em Santiago de Guatemala, em 1568. Esta será impressa sessenta e quatro anos mais tarde em Madri, abrindo para o soldado-cronista um sucesso que ainda vive. Díaz del Castillo pertence agora ao panteão da literatura hispânica entre Cid e Dom Quixote.

Tal é o mito. Pois trata-se, de fato, de um mito. E todos os autores que tiveram como tarefa prefaciar ou apresentar a obra, o perceberam. Para conseguir oferecer o *curriculum vitae* que acabo de resumir, é preciso ter uma amplitude de espírito e aceitar se contentar com aproximações, indícios frágeis, deduções implícitas e mesmo suposições pura e simplesmente. Então, não hesitemos: mergulhemos na exploração dessa vida declarada, apliquemos o crivo da pesquisa crítica e desnudemos o mistério.

2
Os arquivos de Bernal Díaz

Na prática, para escrever uma biografia de um autor do século XVI, recomenda-se pesquisar a partir de três bases: a obra, que revela sempre, direta ou indiretamente, preciosas informações; a correspondência, que permite por vezes reconstituir a vida intelectual ou afetiva do escritor; enfim, o arsenal dos documentos jurídico-administrativos, que deixam rastros indeléveis: nascemos, morremos, casamos, precisamos de dinheiro, queremos receber honras, ocupamos assembleias, testemunhamos em processos, compramos casas, sofremos com os conflitos de vizinhança; um dia recebemos benefícios, no outro somos acusados. A vida passa, mas zela cuidadosamente pela memória do que constitui nosso ser.

É essa memória arquivada que escrutam os historiadores. No caso de Bernal Díaz del Castillo, com que documentos é possível contar? Examinemos rapidamente sua obra. Ela é única. Magistral, mas única. Díaz del Castillo é o autor de um único texto. Não se pode atribuir à sua pena qualquer outra contribuição anexa. Em função desse traço, Bernal é uma curiosidade. Bernal não quer escrever à maneira de um escritor: quer testemunhar. Quer nos revelar sua verdade sobre a conquista do México que ocupou toda sua juventude. Percebe-se uma espécie de homotetia entre sua vida e seu relato; as palavras fazem corpo com o sangue e o sofrimento. Partilham-se o cotidiano dos combates, o choque das ambições, o fascínio pelo desconhecido, o apelo dos horizontes mexicanos. Entra-se, tal um conquistador, na ânsia da versatilidade do destino. Sua crônica é um grito, um grito da alma e da memória, uma longa queixa declinada à maneira dos retóricos antigos. Mas é uma autobiografia.

A obra

A *História verídica* chegou-nos através de três documentos distintos: dois manuscritos e um livro publicado em Madri em 1632. A obra manuscrita foi conhecida antes de ser consagrada com a edição. A primeira menção à crônica de Bernal Díaz del Castillo encontra-se em 1585 sob a pena de um funcionário espanhol que sonhava ser nomeado "cronista das Índias", Alonzo de Zorita. Apraz-nos observar que esse homem foi, por três vezes, nomeado para as funções de "auditor", ao passo que lhe acometia uma surdez pronunciada! No século XVI, na América espanhola, as Audiências eram fundamentalmente tribunais; mas com frequência o poder executivo lhes era confiado para resolver certos conflitos políticos locais ou para administrar períodos de interregno. As Audiências não eram, pois, instituições subalternas, e o rei nomeava todos os cargos. Zorita tinha sido *oidor* na Audiência de São Domingos, sendo em seguida nomeado para a Audiência dos Confins – que tinha autoridade sobre a Guatemala e a América Central –,[1] antes de ser transferido para a Cidade do México e assumir a Audiência da Nova Espanha. Retorna à Espanha em 1566, após dezoito anos de expatriação. Que ele tenha frequentado, então, os arquivos do Conselho das Índias – assim era nomeada a instituição encarregada de administrar as posses americanas da Espanha –, não resta dúvida. Investido em seu projeto de obter o emprego de cronista oficial, esmera-se e demonstra assiduidade na tarefa. Reúne manuscritos, compulsa, sintetiza, redige. Prepara uma ampla *Relação da Nova Espanha*, que não chegará a publicar em vida. Mas, no início do ano de 1585, enquanto faz os últimos arremates em seu manuscrito, redige uma introdução em forma de catálogo, um pouco anárquica, sobre todos os autores do século XVI "que escreveram algumas histórias das Índias ou trataram de assuntos afins".[2] Entre Juan Cano e Fray Antonio de Córdoba, aparece um "Bernaldo Díaz del Castillo". As

1 A administração da América Central pela Coroa espanhola foi hesitante. A Audiência dos Confins, criada em 1542, teve sua sede instalada em Comayagua, no coração de Honduras. Em 1544, a residência da Audiência foi transferida para Gracias a Dios, a oeste de Honduras, e em seguida, no ano de 1549, para Santiago de Guatemala (hoje Antígua). A Audiência dos Confins foi desmantelada em 1565 e sua sede, transferida para o Panamá. A Guatemala ficou então sendo administrada pela Nova Espanha. Por cédula do dia 28 de junho de 1568 a Audiência foi restabelecida em Santiago de Guatemala, mas o novo presidente, Antonio González, só assumiu suas funções no dia 5 de janeiro de 1570.

2 Zorita, *Relación de la Nueva España*. Esta edição em dois volumes é a primeira edição completa da obra de Zorita. O *Catalogo de los autores que han escrito historias de Yndias o tratado algo dellas* encontra-se no t.I, p.103 et seq.

poucas linhas que lhe são consagradas conferem um início de legitimidade.

> Bernaldo Díaz del Castillo, residente da Guatemala, onde possui uma bela propriedade, foi conquistador desta terra e da Nova Espanha e de Guacaçinalco. Quando eu era auditor da Real Audiência dos Confins, cuja sede se encontra na cidade de Santiago de Guatemala, disse-me que escrevia a história desta terra e me mostrou uma parte do que escrevera. Não sei nem se o terminou, nem se o publicou.[3]

Alguns meses após escrever essa frase, Zorita morre. Seu livro é censurado pelo Conselho das Índias e arquivado em segredo. Mal saiu do limbo, Díaz del Castillo para lá retorna. Será necessário esperar o ano de 1909 para conhecer tal referência.[4]

Outra menção a Bernal Díaz del Castillo cairá no mesmo esquecimento. O cronista mestiço Diego Muñoz Camargo escreverá na última década do século XVI uma *História de Tlaxcala* em que cita uma vez o autor da *História verídica*.[5] É verossímil

---

3 Ibid., p.112. "*Bernal Díaz del Castillo, vecino de Guatimala donde tiene un buen repartimiento y fue conquistador en aquella tierra y en Nueva España y en Guacaçinaldo, me dijo estando yo por oidor en la Real Audiencia de los Confines que reside en la ciudad de Santiago de Guatimala que escribía la Historia de aquella tierra y me mostró parte de lo que tenía escrito no sé si la acabó ni si ha salido a luz.*"

4 Zorita, *Historia de la Nueva España*, t.IX, p.23-4. Essa edição *princeps* é incompleta e só comporta a primeira parte da obra.

5 "*En lo que toca al origen de Malintzin, hay más grandes variedades sobre su nacimiento y de qué tierra era, de lo cual no trataremos sino de algunos pasos y acaecimientos mediante ella, porque los que han escrito de las conquistas de esta tierra habrán tratado largamente de ello, especialmente Bernal Díaz del Castillo,*

que ele tenha sido informado sobre o manuscrito de Bernal na Espanha, onde residiu por volta de 1585. Mas sua obra tampouco terá a honra de ser editada, e essa menção a Bernal Díaz del Castillo só virá a público em 1892, quando se descobrirá e será publicado o manuscrito de Muñoz Camargo.

É com Herrera que Díaz del Castillo sai da sombra. Antonio de Herrera, nativo de Cuellar, torna-se de fato "cronista das Índias" em 1596; será encarregado pelo rei Filipe II de escrever a história das posses espanholas na América. Sob tal nomeação, acede não apenas ao conjunto das obras publicadas, mas também ao imenso fundo de arquivos do Conselho das Índias, onde continuam adormecidas miríades de relatórios confidenciais e gavetas inteiras de manuscritos censurados. Herrera decide escrever anais ao modo dos romanos, ou seja, cronológicos e sinópticos. A leitura de suas *Décadas* é árdua, pois a crônica encadeia os acontecimentos classificados por ano e porta seu interesse simultaneamente ao México, ao Darién, a Cuba ou à Amazônia! A bem dizer, os escritos de Herrera não constituem o ápice da literatura hispânica: o autor dedica-se, de fato, a um erudito "copiar-colar", justapondo citações com um desapego bastante clínico, ou até recopiando capítulos inteiros de crônicas inéditas, sem nunca citar os autores. O interessante, para nós, é que Herrera vai publicar no ano de 1601, em Madri, suas duas primeiras *Décadas*, cobrindo os períodos de 1492 a 1514

autor muy antiguo que hablará como testigo de vista copiosamente de esto, pues se halló en todo como uno de los primeros conquistadores de este Nuevo Mundo, al cual me remito" (Camargo, *Historia de Tlaxcala*, p.278). A *Historia de Tlaxcala* é posterior a 1591, pois o autor alude, na p.278, à morte de Moya de Contreras, então presidente do Conselho das Índias, nesse ano.

e 1515 a 1520.[6] Ora, vemos aparecer, no viveiro seleto de seus autores de referência, nosso Bernal Díaz del Castillo citado várias vezes. Na primeira ocorrência, a respeito da primeira viagem de descoberta em direção ao México, ocorrida em 1517, apresenta-o através de uma rápida incisa: "Bernal Díaz del Castillo, natural de Medina del Campo, tendo participado dessa viagem, bem como das seguintes".[7] Silhueta ainda fantasmagórica, Bernal Díaz del Castillo, no entanto, só nesse ano penetra no círculo um tanto fechado dos historiadores da conquista; com a proteção do cronista real, ele entra pela porta da frente. Cabe notar que Herrera não se privará de pilhá-lo.[8]

Se fosse necessário se convencer que Bernal Díaz del Castillo já é uma referência no início do século XVII e que sua obra é conhecida pelos arquivistas, poder-se-ia ainda convocar Juan de Torquemada, o cronista franciscano que deixou uma obra tão densa quanto monumental publicada, em 1615, sob o título de *Monarquia indiana*.[9] De fato, cita três vezes Bernal

---

6 Herrera, *Historia general de los hechos de los castellanos en las islas y tierra firme del mar oceano*, 4v.

7 "*Bernal Díaz del Castillo natural de Medina del Campo, que se halló en esta jornada, y en las otras que se hicieron despues*" (*Segunda década, ano 1517*, livro II, cap.XVIII, fol. 64).

8 Bernal claramente forneceu a Herrera a matéria da narrativa das duas primeiras viagens de descoberta do México, a de Hernández de Córdoba em 1517 e a de Grijalva em 1518, explorações marítimas que precederam a expedição de Cortés em 1519. Ele recopia também, praticamente textualmente, os capítulos XLVI e LVIII da *História verídica* e nutre sua crônica com múltiplas citações de Bernal. Ver García, *Estudios de historiografía de la Nueva España*, p.145-202.

9 O título exato é: *La parte de los veynte y un libros rituales i Monarchia indiana, con el origen y guerras de los Indios Ocidentales, de sus poblaçones, descubrimiento, conquista, conversión y otras cosas maravillosas de la misma*

Díaz del Castillo como soldado-cronista. Acrescenta até uma observação que não deixa de intrigar: "Vi e conheci na Ciudad Guatemala o dito Bernal Díaz, já extremamente velho. Era homem de grande prestígio".[10] Essa afirmação é decididamente contraditória com aquilo que escreve o próprio Torquemada no prólogo geral de sua obra.

> Eu nunca deixei essa Província do Santo Evangélico [México central] e eu nunca viajei para as outras províncias de Mechoacan, Xalisco, Zacatecas, Huaxteca, Iucatã, Guatemala e Nicarágua... pois sempre tive outras ocupações e as pesquisas a que me dediquei me forçaram a permanecer no convento onde eu residia.[11]

Com uma bela franqueza, o franciscano confessa escrever uma obra de gabinete e de compilação. Por que, então, algumas centenas de páginas depois, ele faria crer que encontrou Bernal Díaz del Castillo na Guatemala? Para dissimular que ele recopia sub-repticiamente as referências dadas por Herrera?

---

tierra, distribuydos en tres tomos. Compuesto por Fray Juan de Torquemada, Ministro Provincial de la Orden de Nuestro Seraphico Padre S. Francisco en la Provincia del Sancto Evangelio de México en la Nueba España. En Sevilla, por Matthias Clavijo, Año 1615.

10 "*Yo ví, y conocí en la Ciudad de Guatemala, al dicho Bernar Diaz, yà en su ultima Vejez, y era Hombre de todo crédito*" (Torquemada, *Monarquia indiana*, t.I, livro IV, cap.IV, p.351).

11 "*Yo no he salido de esta Provincia del Santo Evangelio, ni peregrinado à las demás de Mechoacán, Xalisco, Çacatecas, Huaxteca, Yucatán, Guatemala, y Nicaragua (como otros hacen en demanda, y busca de estas cofas) mas antes he tenido otras ocupaciones, que me han forçado à no salir del Convento, donde era Morador, para inquirirlas*" (Ibid., t.I, "Prologo general y primero de toda la Monarquia indiana", 2º fol. não numerado).

Pois, nesse caso preciso, é impossível que Torquemada tenha podido ter acesso, a partir do México, ao manuscrito original de Díaz del Castillo que, na ocasião, se encontra na Espanha[12] (ver *infra*, p.312). Mas tudo isso se enquadra bem no relatório biográfico de Bernal, que gera mais dúvidas do que certezas!

Outro autor teve nas mãos o manuscrito de Bernal. Trata-se de Bartolomeu Leonardo de Argensola. Eclesiástico, capelão da imperatriz Maria da Áustria, cânone da catedral de Zaragoza, poeta eventual, foi próximo do conde de Lemos, presidente do Conselho das Índias que ele acompanhou durante vários anos na Itália. Em 1618, foi-lhe concedida a sucessão do cargo de cronista do reino de Aragão. Dedicou-se com afinco à redação dos anais desse reino. A primeira parte desses *Anais de Aragão* foi

---

12 Tecnicamente, não se pode excluir que Torquemada tenha tido acesso ao manuscrito de Bernal Díaz del Castillo por ocasião de uma viagem que ele fez à Espanha em 1612-1613 para entregar sua própria obra para impressão. Ele poderia ter feito um acréscimo de último minuto, mas é pouco provável. Quanto ao encontro com Bernal, não somente ele é desmentido pelo que se conhece da vida de Torquemada, como é improvável por razão de datas. Se ele aconteceu, será preciso situá-lo entre 1580 e 1583, quando Bernal vive seus últimos anos em Santiago de Guatemala. Ora, Torquemada teria nascido em 1562, se acreditarmos em Miguel Léon-Portilla, seu melhor biógrafo (ver edição crítica de Torquemada, México, UNAM, 1979). Porque um jovem de dezoito ou vinte anos, originário da Cidade do México, procuraria encontrar um velho agonizante nos confins da América Central? Aliás, o próprio Torquemada nos diz que residia em Tlacopan, a atual Tacuba, perto da Cidade do México, em 1582 (ver Ibid., t.II, p.604). Pode-se mesmo apostar que o encontro Torquemada / Bernal Díaz del Castillo nunca aconteceu. A frase mencionada nessa entrevista é mais provavelmente uma frase copiada de uma das fontes utilizadas por Torquemada para escrever sua crônica.

editada em Zaragoza em 1630. Ora, encontramos ali quatro referências nominais a Bernal Díaz del Castillo, que também inspirou numerosas páginas da crônica de Argensola.[13] Prova que Bernal, ainda não publicado, já é percebido como um autor importante na historiografia da conquista.

Eis-nos, então, em 1632, ano da publicação da *História verídica*. O manuscrito de Bernal Díaz del Castillo é preparado para a publicação por um monge da ordem da Misericórdia, Alonso Remón. Essa ordem foi criada em Barcelona por São Pedro Nolasco e São Raimundo, em 1218, para prestar ajuda aos cristãos espanhóis, alvos de perpétuos sequestros perpetrados pelos mulçumanos. Reconhecida por Roma em 1235, a ordem da Misericórdia tornou-se especialista na negociação dos resgates dos cristãos com seus sequestradores islâmicos.

De que modo o manuscrito de Bernal Díaz del Castillo consegue interessar ao frei Remón a ponto de levá-lo à publicação? Disso, nada sabemos. Talvez, em função da presença

---

13 Argensola, *Primera parte de los Anales de Aragon*. As referências a Bernal Díaz del Castillo se encontram no capítulo 65, p.596, e no capítulo 78, p.737-8. Argensola mostra que teve nas mãos o manuscrito. Com efeito, ele designa Bernal Díaz del Castillo como "*regidor de la Ciudad de Santiago de Guatemala*" (p.737), seguindo, assim, o futuro preâmbulo da edição de Remón. Observando que a versão de Díaz del Castillo "difere da de outros escritores quanto aos próprios acontecimentos e à sua cronologia", Argensola permite largos empréstimos da crônica de Bernal. É interessante observar que Argensola, nascido, contudo, em 1562, ou seja, mais de quarenta anos depois da conquista, traça um retrato extremamente lisonjeiro de Cortés e de sua ação. Ele faz mesmo parte daqueles que atribuem a Cortés uma genealogia real! Os textos relativos à conquista do México, dispersos no corpo dos *Anais de Aragão*, foram reunidos por Joaquín Ramírez Cabañas: Argensola, *Conquista de Mexico*, p.25-266.

de um certo padre Olmedo ao lado de Cortés durante toda a conquista do México. Esse Bartolomeu de Olmedo era, de fato, mercedário. E frei Remón talvez tenha querido minorar a ação dos franciscanos ao insistir na presença inicial da ordem da Misericórdia no processo de conversão da Nova Espanha.

Mas de onde vem o manuscrito que serve de base à publicação? Em um prólogo, Alonso Remón agradece ao proprietário do manuscrito, um rico bibliógrafo, próximo do rei da Espanha:[14] é tudo o que sabemos sobre a origem do documento. Ou seja, nada.

Haverá duas edições publicadas na sequência. A segunda contém um capítulo adicional e um frontispício mais cuidadoso, impresso pelo francês Jean de Courbes. A grande diferença, porém, entre as duas edições reside em outro aspecto: o frontispício impresso apaga qualquer data de publicação. Não se trata de um erro. O livro impresso escapa agora ao império do calendário. Torna-se atemporal para entrar na lenda. Doravante, a *História verídica* é uma crônica para a eternidade.

Uma vez publicada a edição dupla pela imprensa real em Madri, perdemos o rastro do manuscrito que lhe serviu de base. Esse último, aparentemente, não reintegra a coleção de seu antigo proprietário e desaparece para sempre. Um pouco como um rebelde que não se deixa apreender, esse manuscrito escapa à nossa vigilância no próprio instante em que a edição o instala na perenidade. Frei Remón é provavelmente cúmplice dessa esca-

14 Trata-se de Lorenzo Ramírez de Prado, membro do Conselho das Índias, que foi embaixador do rei da Espanha junto de Luís XIII, rei da França.

motagem. Ele se dirige estranhamente em seus agradecimentos ao proprietário do manuscrito original – "Senhor, eu vos restituo impresso aquilo que vós me comunicardes manuscrito" –,[15] deixando subentendido que ele não devolverá o manuscrito que se tornou, de algum modo, inútil. Logo depois, Alonso Remón morre sem ter conhecido a versão impressa da obra. Segue-se uma longa noite que sepulta as páginas escritas por Bernal Díaz del Castillo. Noite muito longa.

De fato, será preciso esperar duzentos e cinquenta anos para ver reaparecer um rastro do manuscrito de Bernal. Em 1882, um editor madrileno decide publicar uma crônica escrita em 1690 e dedicada à história da Guatemala.[16] Esta tem como autor um certo capitão Francisco Antonio de Fuentes y Guzmán, que vem a ser o tataraneto de Bernal Díaz del Castillo! Marcada por um provincialismo narcísico, sua crônica, desigual e mal revisada, tem o grande interesse de evidenciar a existência de dois manuscritos de Díaz del Castillo conservados na Guatemala no âmbito de sua família. O primeiro é chamado por Fuentes y Guzmán de "rascunho original" (*borrador original*), o outro, de "cópia revisada" (*traslado en limpio*). Por diversas vezes, o autor, que tem em mãos a versão impressa de Díaz del Castillo, anota as variantes entre os manuscritos de família e a edição de 1632. Ele deplora as "adulterações", na realidade com frequência mínima, à exceção da interpolação atribuída a

15 *"Buelvo a V.S. impreso lo que nos comunicó manuscrito."*

16 Fuentes y Guzmán, *Historia de Guatemala o Recordación florida escrita* [en] *el siglo XVII por el capitán D. Francisco Antonio de Fuentes y Guzmán, natural, vecino y regidor perpetuo de la ciudad de Guatemala que publica por primera vez con notas e ilustraciones D. Justo Zaragoza.*

Remón com o intuito de fazer do padre Olmedo o pioneiro da evangelização da Guatemala.[17]

Pouco depois da publicação de Fuentes y Guzmán, entra em cena um poeta francês, discípulo e amigo de Leconte de Lisle e alta figura da escola parnasiana, José-Maria de Heredia. O autor dos *Trophées* é na realidade um francês de Cuba, nascido perto de Santiago, numa *finca* chamada La Fortuna. Espanhol por parte de pai, francês por parte de mãe proveniente de São Domingos, com os pés em duas culturas, perfeitamente bilíngue, José-Maria escolherá versificar em francês, enquanto seu primo, com o mesmo nome, escreverá em espanhol. Mas grande parte de sua inspiração tem como fonte a epopeia da conquista que lhe serve de ocasião para evocar "o azul fosforescente do mar dos Trópicos". Da École des Chartes à Biblioteca do Arsenal, Heredia realiza um percurso impecável pela *intelligentsia* parisiense, com a roupagem de poeta sofisticado e esteta de boa companhia. Descobrindo o texto da *História verídica*, que se tornara um clássico da língua espanhola, fascinado pelo estilo estranho mas finalmente muito literário de Bernal, decide atrelar-se a uma tradução francesa. Será seu passaporte de prosador para entrar na Academia. Heredia levará dez anos para traduzir Díaz del Castillo, para polir palavras suntuosas, recriar um arcaísmo exótico, apaixonar-se pelo personagem de

---

17 É questionável que o padre Bartolomé de Olmedo, falecido na Cidade do México em 1524, tenha acompanhado o conquistador Alvarado na tomada da Guatemala, ocorrida em 1523-1524. Sobre a discussão da questão da "interpolação mercedária", ver a mais atualizada edição em Barbón Rodríguez, edição crítica da *Historia verdadera de la Conquista de la Nueva España (Manuscrito Guatemala)*, parte II, p.74-83. Ver também *infra*, p.319.

Cortés, mantendo de cabo a rabo um estranho e heroico tom recitativo. Iluminado, Heredia fusiona *A Canção de Rolando* e os *Cantares de mio Cid*. O quarto tomo da tradução sai em 1887.[18] No dia 22 de fevereiro de 1894, Díaz del Castillo entra para a Academia Francesa, com a espada debaixo do braço.

O editor de Fuentes y Guzmán publicou algumas informações sobre a ascendência do autor, reunidas provavelmente a partir de arquivos de família. Heredia fica intrigado. Falam de um manuscrito original que estaria adormecido na Guatemala: Heredia vai à caça! Ativando suas redes caribenhas e latino-americanas, o poeta arquivista-paleógrafo põe as mãos no famoso "rascunho original" de Bernal. Estava submerso nos arquivos municipais da Guatemala. Precioso troféu do qual Heredia publica um folheto em fac-símile no último tomo de sua tradução.[19] Coberto de louros, Díaz del Castillo estreia uma nova vida no Parnaso dos escritores.

O *Manuscrito de Guatemala* é publicado em 1904.[20] Um segundo manuscrito é reencontrado misteriosamente nas redondezas de Murcia, na Espanha, nos anos 1930.[21] As edições de Díaz

18 Heredia, *Véridique histoire de la conquête de la Nouvelle-Espagne, par le capitaine Bernal Díaz del Castillo, l'un des Conquérants.*

19 Trata-se de fragmentos do fólio 64r do *Manuscrito de Guatemala* (início do capítulo LXXIX), Heredia, op. cit., t.IV, p.453.

20 García (ed.), *Historia verdadera de la conquista de la Nueva España, por el capitán Bernal Díaz del Castillo, uno de sus conquistadores*, edição única a partir do códex autógrafo.

21 Esse segundo manuscrito, datado do século XVII, pertenceu a Ambrosio Díaz del Castillo, neto de Bernal. Nos anos 1880, Heredia tentou em vão adquiri-lo na Guatemala junto a Domingo Castillo, um longínquo descendente de Bernal. O documento foi encontrado no século XX na posse do bibliófilo autodidata José Alegría Nico-

del Castillo multiplicam-se: todo editor de língua hispânica deseja colocar em seu catálogo o singular cronista. Mas tal glória tropeça na realidade dos fatos. O *Manuscrito de Guatemala* que Heredia tinha apresentado como autêntico não é nem autógrafo nem original (cf. *infra*, p.151-2). Cada edição crítica adensa o mistério: descobrem-se cópias remanejadas, lacunas, silêncios, desaparecimentos seguidos de reaparições... A obra bernaldiana não escapa à sombra da dúvida.

Resta-nos, felizmente, o recurso de explorar os arquivos. Mas dessa busca, em si já pouco prolífica, não sobrará grande coisa, uma vez instalado o crivo da análise científica.

Os arquivos administrativos

Se classificarmos os documentos por ordem cronológica, somos levados a constatar que o primeiro ato notarial que chegou até nós é um contrato de casamento com data de 1544. Ou, mais exatamente, o recibo do dote recebido por Díaz por ocasião desse casamento.[22] Essa união ocorre em Santiago de Guatemala, e Bernal Díaz – que não se chama ainda "del Castillo" – desposa Teresa Becerra, filha de um obscuro Barto-

lás, nascido em 1870 em Torreagüera (Múrcia), que o teria obtido de um tio, antigo pároco de sua cidade natal. Com sua morte, em 1948, ele cedeu sua biblioteca para a municipalidade de Múrcia, mas seus herdeiros venderam, em 1950, o manuscrito de Bernal para a Biblioteca Nacional de Madri, onde ele está atualmente preservado. Continua inédito até hoje. É conhecido pelo nome de "Manuscrito Alegría".

22 *Recibo de dotte de Teresa Becerra*, Archivo general de Centroamérica, [A.1.20, leg. 732, exp. 9225, fol. 64v]. In: Barbón Rodríguez, op. cit., parte II, p.1055-6.

moleu Becerra, residente da cidade de Santiago de Guatemala, que passa por antigo conquistador, sendo, porém, um desses pequenos e humildes soldados da conquista com vocação para o anonimato. Nesse dia, 15 de maio de 1544, Bernal reconhece ter recebido 800 pesos de ouro em títulos, equivalentes a 360 mil maravedis, bem como 80 pesos em gêneros, correspondendo a vestimentas femininas. Não se trata de um dote excepcional, mas é alguma coisa. A título de comparação, é um pouco menos do décimo do dote que Cortés recebeu de sua mulher de sangue real, Juana de Zúñiga.[23] Mas o grande interesse do documento está no fato de ele atestar, pela primeira vez, a existência de um Bernal Díaz, residente declarado de Santiago de Guatemala. Segundo as diferentes contas que podem ser feitas e às quais voltaremos, Bernal Díaz tem, nessa data, cerca de 50 anos. Significa dizer que, até a idade avançada, Bernal Díaz não gerou, nem no México nem na Guatemala, nenhum documento jurídico que pudesse atestar sua existência. À primeira vista, entramos numa biografia excessivamente lacunar. Bernal começa sua vida com meio século de mistério.

Depois de seu casamento, um silêncio administrativo de cinco anos instala-se novamente na vida do antigo soldado. Em seguida, dois documentos datados de 1549 e assinados pelo presidente da Audiência dos Confins vêm nos fornecer indicações sobre a renda de Bernal. Com efeito, tais documentos correspondem à "taxação" de duas propriedades de Díaz que

---

23 Em seu testamento, Cortés restitui seu dote à sua mulher, Juana de Zuñiga, por um montante de 10 mil ducados. O valor do ducado da época é estimado em 375 maravedis. Juana recebeu, pois, um dote equivalente a 3.750.000 maravedis. Ver Martínez, *Documentos cortesianos*, t.IV, p.323. O peso de *oro de minas* equivalia a 450 maravedis.

são as de Juanagazapa e de Zacatepec. De fato, para evitar o trabalho forçado dos índios, a administração espanhola estabelecia o montante máximo da produção susceptível de provir das *encomiendas*. Graças a esses dois documentos, sabemos que Bernal Díaz, à época, já se mostrava um rendeiro abastado, proprietário de uma hacienda nos planaltos, com 700 índios a seu serviço, além de uma propriedade no lado do Pacífico dedicada à cultura do cacau, contando com 20 trabalhadores indígenas.[24]

O ano de 1551 oferece-nos uma leva de nove documentos provenientes da administração espanhola, todos despachados ao longo de um período de três meses entre os dias 23 de janeiro e 20 de abril.[25] Três desses documentos são documentos fiscais que concernem a uma franquia de direitos de 500 pesos para a exportação de mercadorias da Espanha para a Guatemala, além de uma isenção da taxa de exportação referente a três asnos, isenção estendida alguns meses depois para a quantidade de seis asnos. Os seis outros documentos são o que chamamos de "cédulas", destinadas à Audiência dos Confins, dirigidas seja à instituição enquanto tal, seja mais nominalmente a seu presidente. Essas seis cédulas estão assinadas por Juan de Samano, em nome da Coroa. Trata-se, na realidade, de respostas a requerimentos que Bernal Díaz fez chegar com grande desenvoltura ao rei de Espanha em pessoa! São basicamente pedidos de favores. Aqui, Díaz solicita um *corregimiento*, ou seja, uma propriedade fundiária de vocação agrícola incluindo os índios escravos encarregados de trabalhar a terra; lá, vemo-lo

24 Archivo general de Indias [Guatemala 128, fol. 55v e 75r]. In: Barbón Rodríguez, op. cit., parte II, p.1053-4.

25 Archivo general de Indias [Guatemala 393, fol. CCI-CCXV]. In: Barbón Rodríguez, op. cit., parte II, p.1049-53.

requerer funções honoríficas bem remuneradas, dentre aquelas que eram distribuídas de forma discricionária pela autoridade. Com efeito, os serviços da Coroa repassam a responsabilidade às autoridades de tutela locais, ou seja, à Audiência dos Confins. E até mesmo se as cédulas em questão recomendam, na medida do possível, satisfazer as demandas de Bernal Díaz, esse processo é evidentemente uma maneira de a administração real não dar satisfação às insistências do solicitante.

Todavia, essas cédulas revelam-nos duas coisas: por um lado, que em 1551 Bernal Díaz reside ainda em Santiago de Guatemala, do qual ele é *vecino*, quer dizer, inscrito oficialmente nas listas da municipalidade; por outro, é designado nesses documentos, sob a seguinte apelação: "um dos primeiros descobridores e conquistadores da Nova Espanha", ou então "um dos primeiros a ter descoberto e povoado essa terra".[26] Trata-se, de algum modo, de um esboço de um *curriculum vitae*; esse certificado de honorabilidade estampado é uma primeira referência a seu passado.

Precisamente, dois desses documentos lançam luz sobre a vida secreta de Bernal. Uma das cédulas se refere, com efeito, a uma autorização de porte de armas e concede ao interessado o direito de ter em permanência dois guarda-costas armados. Quais inimigos, então, nosso autor temia? Uma última cédula, enfim, evoca a existência de uma filha maior de idade de Bernal Díaz. Essa filha, chamada Teresa Díaz de Padilla, aparece como depositária de uma *encomienda* em Coatzacoalco, na costa do Golfo do México. Foi-lhe concedida a autorização de deixar

26 "*uno de los primeros descubridores y conquistadores de la Nueva España*" ou "*uno de los primeros descubridores y pobladores desa tierra*" (Ibid., p.1049-51).

Coatzacoalco para ir se tratar, seja na Cidade do México, seja na Guatemala, sem, no entanto, perder o benefício de sua propriedade. Essas poucas linhas nos informam que Díaz já tivera uma primeira vida na Cidade do México. E amores de juventude. Essa filha natural, Teresa, é prova disso.

A correspondência

Encontramos também, vindas de Díaz del Castillo, cinco cartas que estão conservadas nos arquivos espanhóis.[27] Uma data de 1552, duas de 1558, outra ainda de 1567, a última, enfim, de 1575. A primeira coisa que surpreende é que elas apresentam grafias diferentes, embora as três primeiras cartas pareçam atribuíveis à mesma mão. Assim, estamos diante de

---

27 Duas dessas cartas se encontram no Archivo histórico nacional de Madri, três outras estão conservadas no Archivo general de Indias de Sevilha. As quatro primeiras foram publicadas muitas vezes. A carta de 1552 e a carta a Filipe II, de 1558, foram tornadas públicas a partir de 1877, in: *Cartas de Indias*, p.38-44 e 45-7, fac-símiles E e E*; a carta a Las Casas, em 1879, in: *Colección de documentos inéditos para la historia de España*, t.LXX, p.595-8. A carta de 1567 foi publicada em 1933 nos *Anales del Museo nacional de arqueologia, historia y etnologia*, t.VIII, p.608. Elas foram incluídas no apêndice da edição Porrúa da *Historia verdadera*, op. cit., p.636-45. Figuram também in: Barbón Rodriguez, op. cit., parte II, p.1037-48. Essa última edição oferece ainda uma reprodução fac-símile da carta a Las Casas, parte II, p.106-9.

A referência à carta de 1575 se encontra em um relatório da obra de Santa María, *Introducción crítica a la "Historia verdadera" de Bernal Díaz del Castillo*, feito por André Saint-Lu e publicado no *Bulletin hispanique*, v.70, n.3, p.567-8. Essa carta, pouco conhecida, é conservada no Archivo general de Indias [Guatemala 54]. Não a tive em mãos e não pude, pois, comparar sua grafia com a das quatro outras.

cartas que não podem ser todas autógrafas; podem ter sido ditadas a um escrivão ou escritas por um terceiro. A primeira carta é dirigida a Carlos V. Como fará por toda a sua vida, Díaz solicita terras e índios. Ele detalha amplamente a situação que reina na Guatemala em matéria rural, criticando severamente as atribuições de *corregimientos* feitas pela Audiência. Nessa carta, Díaz apresenta-se como "*regidor desta ciudad de Guatimala*". Nessa data, 22 de fevereiro de 1552, ele é então conselheiro municipal de Santiago de Guatemala. Seis anos mais tarde, em 20 de fevereiro de 1558, Díaz escreve, por um lado, ao rei Filipe II, e por outro, a Bartolomeu de las Casas, antigo arcebispo de Chiapas. Seu pedido é o mesmo junto às duas autoridades. Solicita o cargo perpétuo de *fiel ejecutor* da cidade de Guatemala. Essa função de inspetor dos pesos e medidas, encarregado de vigiar os comerciantes nos mercados, era certamente muito bem remunerada. Aliás, vê-se Díaz propor a Las Casas uma soma importante no caso de sucesso em sua iniciativa! A penúltima carta conhecida de Díaz del Castillo tem o formato de uma carta de apoio a um funcionário real recém-nomeado. Sob um fundo de acusações de favoritismo e de desvio de dinheiro lançadas contra um antigo presidente da Audiência, Díaz toma partido no complicado jogo político da América Central. Na realidade, descobrimos, através dessa carta de 29 de janeiro de 1567, que ele nunca obteve o cargo de *fiel ejecutor* perpétuo com o qual sonhava e que tenta um último pedido argumentando, agora, sua idade avançada. A última carta de Díaz, sob o pretexto de elogiar o presidente da Guatemala, Pedro de Villalobos, é um enésimo pedido de favores; ainda dessa vez, em 1º de fevereiro de 1575, pede terras e índios para o dote de uma de suas filhas.

Mesmo que não tenha sido *fiel ejecutor* perpétuo, Bernal conservará seu cargo de *regidor* até sua morte. Com esse título, irá assinar um certo número de atos oficiais, especialmente as deliberações do conselho da municipalidade de Santiago de Guatemala, que rubricará com regularidade entre 1552 e 1583. Por outro lado, encontramos sua assinatura em algumas cartas oficiais enviadas pela municipalidade às autoridades espanholas. A primeira assinatura de Díaz, que aparece em uma *carta del cabildo*, data de 12 de março de 1552; a última é do dia 24 de março de 1580.[28]

Os documentos judiciários

Dispomos, ainda, de diferentes documentos chamados de *probanzas*. Todos esses atos registrados na justiça são decla-

---

28 Santa María aborda esse assunto em seu livro *Historia de una historia, Bernal Díaz de Castillo*, op. cit., p.20, 111-2 e 167 et seq. Esse autor encontrou a pista de nove cartas do *cabildo* trazendo a assinatura de nosso autor (Archivo general de Indias [Guatemala 41]). Por outro lado, enumerou 60 assinaturas de Bernal Díaz no livro IV do *cabildo de Santiago de Guatemala*, que registra as sessões que ocorreram de 1553 a 1562, e 15 no livro VII, para sessões que ocorreram de 4 de abril de 1577 a 3 de janeiro de 1583. Estudei pessoalmente os dois livros de atas do *cabildo* de Santiago de Guatemala e obtive resultados diferentes: Bernal assinou 128 vezes o livro 4, que registra os relatórios de sessão de setembro de 1553 ao fim do ano de 1562, e 25 vezes o livro VII, que vai de 1577 a 1588. Nota-se que a assiduidade de Díaz del Castillo diminui com a idade; se ele ainda se desloca nove vezes em 1577, assiste somente a três sessões em 1578, se ausenta o ano inteiro de 1579, vem ainda três vezes em 1580, cinco vezes em 1581, quatro vezes em 1582; sua última assinatura é constatada em 1º de janeiro de 1583. O livro III, que contém o ano de 1552, e os livros V e VI, que cobrem os anos de 1563 a 1576, não mais figuram nas coleções dos Arquivos de Guatemala.

rações de méritos, combinadas com declarações de filiação. O contexto desses numerosos documentos administrativo--jurídicos remetia à incerteza estatutária da propriedade rural na América do século XVI. De início, o sistema que prevaleceu foi o sistema da *encomienda*, em que as propriedades rurais eram confiadas à responsabilidade de um espanhol. Este devia zelar, em teoria, pelo bom tratamento e cristianização dos índios encarregados de cultivar suas terras. Tal sistema inspirava-se, ou era até mesmo diretamente copiado daquele que existia na Espanha da Reconquista. Em 1542, o rei Carlos V decidiu suprimir as *encomiendas*, sob a influência de grupos de pressão humanistas, dentre os quais uma das lideranças era o dominicano Bartolomeu de las Casas. Ele editou, então, o que se chamou as "Novas Leis" (*nuevas leyes*). Se examinarmos de perto, essas novas leis não são muito mais favoráveis aos índios, na medida em que a ideia do rei é monopolizar as terras americanas vinculando-as pura e simplesmente ao domínio privado da Coroa. Por esse motivo, a autoridade atribuidora das propriedades fundiárias na América era o monarca que assim recompensava alguns de seus fiéis seguidores, ou então vendia parcelas que trouxessem renda à Casa real. No fundo, só o nome mudara. O novo sistema chamava-se *corregimiento* em vez de se chamar *encomienda*: da propriedade privada passava-se à propriedade real, que era apenas uma forma monopolística de propriedade privada gerada pela Coroa. Nesse contexto, o estatuto dos operários agrícolas em nada se modificava.

Ao longo do século XVI, os debates foram acalorados quanto a esse problema estatutário da propriedade rural na América sob o controle da Espanha. As "Novas Leis" eram, na prática, leis de confisco visando todos os proprietários existentes; nunca foram aplicadas de fato e vimos se estabelecer um sistema em que as *encomiendas* puderam ser transmitidas aos herdeiros dos primeiros proprietários, o que induziu um processo de crioulização. Por outro lado, na Espanha não é mais o rei diretamente quem toma as decisões, e sim a autoridade representante presente no país, isto é, o vice-rei da Nova Espanha ou do Peru, ou o presidente da Audiência na América Central. Nesse quadro jurídico, torna-se extremamente importante poder demonstrar que se é o legítimo herdeiro da propriedade de uma *encomienda*. Todos os documentos, a partir da segunda metade do século XVI, diziam respeito à outorga do que chamavam então "a segunda vida", ou seja, a possibilidade para um herdeiro de retomar a *encomienda* de seu pai ou de sua mãe. Essa situação gerou uma papelada prolífica que apresenta a grande vantagem de ser uma mina de informações para o historiador, pois o sistema funcionava com base em deposições. As testemunhas tinham que jurar que conheciam os requerentes e deviam fornecer certo número de detalhes a respeito dos mesmos. Mas essas testemunhas também deviam se identificar, fornecendo, por exemplo, seus títulos e funções, endereço, idade... Deviam, também, dizer desde quando conheciam os protagonistas da *probanza*.

Uma das primeiras *probanzas* em que Díaz del Castillo intervém como testemunha é a da filha mestiça de Pedro de Alvarado, chamada Leonor. Pedro de Alvarado foi um companheiro de conquista de Cortés, onipresente e fiel tenente do capitão geral. Alvarado, célebre com certeza por sua bravura, mas também por sua grande crueldade – notadamente autor do massacre do Templo Mayor, em 1520, na Cidade do México –, foi encarregado por Cortés de realizar a conquista da Guatemala e nomeado governador (*adelantado*). Com uma filha do cacique de Tlaxcala, Xicotencatl, teve uma filha, Leonor, que se casou na Guatemala com um certo Francisco de la Cueva. A partir de 1556 é possível ver Leonor Alvarado e seu marido abrirem processos junto à jurisdição administrativa com o intuito de recuperar as terras do governador Pedro Alvarado. Essa *probanza*, começada em 1556, passará por ampliações em 1563, 1568 e 1569. Nessas quatro ocasiões, Díaz del Castillo será chamado como testemunha, revelando preciosas indicações sobre sua vida, as quais comentaremos mais adiante[29] (cf. *infra*, p.47, 50, 68-74).

Um precioso comprovante de expedição

Para permanecer nos documentos do século XVI, é preciso notar ainda algumas peças de grande importância. Possuímos, por exemplo, um documento de legitimação de outro filho natural de Bernal Díaz del Castillo chamado Diego.[30] Esse documento data do dia 30 de setembro de 1561. À imagem de sua irmã Teresa, Diego é uma criança mestiça, concebida fora do casamento, antes da união de Bernal com Teresa Becerra; nascera, provavelmente, na Guatemala, entre 1541 e 1544. Possuímos

29 Archivo general de Indias [patronato 86, n.6, ramo 1]. Ver Barbón Rodríguez, op. cit., parte II, p.983-1004.

30 Archivo general de Indias [fol. XXXIX, 30 de setembro de 1561, Madri, "Diego Díez del Castillo", ligitimaçion]: "*Este dicho día se despachó ligitimaçion para onrras y officios en las Indias para Diego Sánchez del Castillo, hijo de Vernal Díaz del Castillo que le hubo siendo soltero y en mujer soltera india*". In: Barbón Rodríguez, op. cit., parte II, p.1064.

também um documento, datado de 1574, que consiste em um contrato de arrendamento de uma terra pertencente a Díaz del Castillo.[31] É preciso mencionar, ainda, dois documentos extremamente elípticos mas que possuem grande relevância para o presente propósito. Trata-se do certificado de envio para a Espanha do manuscrito da *História verídica*, assinado pelo presidente da Guatemala no dia 25 de março de 1575. A descrição do envio é a seguinte: "Um conquistador, dentre os primeiros da Nova Espanha, vos endereça uma história que ele considera verídica enquanto testemunho ocular, e os outros relatos são provenientes de relações".[32] Há de se notar que tal envio é anônimo. Podemos intuir, especialmente por conta do emprego da palavra "verídica", que se trata da obra de Díaz del Castillo, mas seu nome não é mencionado. Esse comprovante de expedição, muito breve, é corroborado pela carta em anexo redigida pelo presidente Villalobos na data de 15 de março de 1575:

---

31 Archivo general de Centroamérica (Guatemala) [A1.57, leg. 5931, exp. 51853, fol. 3 e 4]; *Escritura de arrendamiento del 29 de diciembre de 1574 otorgada por Bernal Díaz del Castillo y Teresa Becerra a Juan Moreno.* In: Barbón Rodríguez, op. cit., parte II, p.1057-9. Esse ato é na realidade uma cópia lavrada em cartório do original, assinada pela mão do notário Pedro López; ocupa duas páginas que foram dobradas como uma carta. Muito curiosamente, o primeiro fólio (3r) é de uma mão, os três outros se devem a um escriba. O conjunto do *expediente*, bastante volumoso por sinal, é consagrado ao litígio entre o "lavrador" Juan Moreno e os herdeiros de Bernal.

32 "*Un conquistador de los primeros de la Nueva España le dio una ystoria que enbía y la tiene por verdadera como testigo de vista y las demás son por relaciones*" (Archivo general de Centroamérica [Guatemala 10.R.2. n.22a]. In: Barbón Rodríguez, op. cit., parte II, p.1060).

> Um dos primeiros conquistadores vindos para a descoberta da Nova Espanha em companhia de Francisco Hernández estava de posse dessa história. Por ele me foi entregue a carta para que a enviasse a Vossa Majestade. Assim procedo, pois entendo que ela contém a verdade de uma testemunha ocular. O restante foi escrito a partir de relatos.[33]

Encontramos ainda nos arquivos da Guatemala o recibo de entrega da Coroa referente a esse envio.[34] Tal recibo, assinado pelo secretário do rei, Antonio de Erasso, está datado do dia 21 de maio de 1576.

A morte de Bernal Díaz del Castillo ocorre no dia 3 de fevereiro de 1584, em Santiago de Guatemala. Muito se debateu sobre a data da morte do cronista. José-Maria de Heredia, seguindo uma tradição de família que fazia dele um personagem lendário cruzando três séculos, data sua morte em 1602 com a idade de cento e quatro anos! Mas hoje a questão não perdura

---

33 "*Un conquistador de los primeros que binieron con Francisco Hernández a descubrir la nueva españa tenía esta ystoria; entregómela para que la enviase a v. mt.; yo holgué de haçerlo porque entiendo que conterná verdad como testigo de vista, que las demás que se an escrito an sido por Relación*" (apud Saint-Lu, *Bulletin hispanique*, v.70, n.3, p.568).

34 "*La Historia de la Nueva Espana que nos embiastes y dezís os dio un conquistador de aquella tierra se ha recibido y se verá en el nuestro Consejo de las Indias. De Aranjuez a XXI de mayo de 1576 años. Yo el Rey. Por mandado de Su Majestad, Antonio de Erasso*" (Archivo general de Centroamérica [A 1.22, leg. 1513, t.I, fol. 496v]. In: Barbón Rodríguez, op. cit., parte II, p.1060). A menção se encontra em uma carta de Erasso, na qual acusa recebimento de cartas enviadas da Guatemala pelo presidente da Audiência, em 9, 10 e 15 de março de 1575.

mais. O atestado de óbito foi reencontrado e publicado em 1960.[35]

Falta-nos mencionar um documento posterior à morte de Díaz del Castillo, que possui íntima relação com nossa pesquisa. Trata-se de um poder dado pela viúva de Bernal Díaz a um de seus parentes para recuperar, na Espanha, o manuscrito da *História verídica* enviado em 1575. Está claro que Teresa Becerra deseja conseguir, através desse manuscrito, uma soma de dinheiro e incumbe seu mandatário de obter uma contrapartida financeira no caso de uma edição tornar-se viável. Caso contrário, a viúva encarrega seu mandatário de recuperar o manuscrito. Esse documento lavrado em cartório data de 20 de março de 1586.[36]

Os documentos sucessórios

A esse corpus não negligenciável, mas finalmente pouco importante, cabe acrescentar uma série muito mais pletórica de documentos do século XVII reunidos pelos descendentes de Díaz del Castillo na esperança de herdar propriedades de seu pai ou avô. Trata-se, mais uma vez, de *probanzas*, que têm, no caso,

35 Archivo general de Indias [Guatemala 56, fol. 10]: *Petición de un regimiento de la Ciudad de Guatemala hecha por Marcos Ramírez*. Esse documento, estabelecido pelo secretário do *cabildo*, um certo Juan de Guevara, foi publicado por Cortés, "Cuando murió Bernal Díaz del Castillo", *Boletín americanista*, n.10-1, p.23-5. A certidão de óbito de Bernal precisa que ele morreu sexta-feira, 3 de fevereiro de 1584, "*ano da intercalação* [gregoriana]", entre 9 e 10 horas da noite.

36 Archivo general de Centroamérica (Guatemala) [A 1.20, leg. 424, fol. 31r-32v]. In: Barbón Rodríguez, op. cit., parte II, p.1061-2.

uma particularidade: integram documentos mais antigos na forma de cópias, assim como um título de propriedade conserva a história do bem desde sua origem. O documento mais interessante, nesse sentido, é uma *probanza de méritos*[37] datada de 1613.

No dia 11 de fevereiro do mesmo ano, morre Francisco Díaz del Castillo, um dos filhos de Bernal. Esse Francisco é um ativista da reivindicação. A julgar pela sua fortuna, parece ter tido bastante êxito nessa via. Compreende muito cedo, em todo caso antes da morte de seu pai, o partido que poderia tirar de sua ascendência. Ele irá, então, se empenhar em montar relatórios e mais relatórios, a fim de fazer valer os méritos de Bernal, que se mostra bem menos inclinado a valorizar seu passado de conquistador. Ao longo de sua vida, Francisco não cessará de reunir os testemunhos favoráveis a seu pai, transformando-o num ator primordial da conquista, dotado de um heroísmo natural e praticamente fundador da nação guatemalteca. Quando Francisco desaparece, sobrevive-lhe um irmão, contador do tesouro real na Guatemala, que conhecemos nos textos como Pedro del Castillo Becerra. Mal começara o luto, este, por sua vez, se lança na empreitada de reivindicação e de solicitude que animara por toda a vida seu irmão Francisco. É preciso dizer que Francisco era um homem organizado que mantinha seus papéis em ordem. Pedro não terá dificuldade alguma para substituir seu falecido irmão. Nesse volumoso relatório da *probanza* de 1613 apresentado por Pedro del Castillo, encontramos a

37 Archivo general de Indias [patronato 55, n.6, ramo 2]: *Probanza de méritos y servicios de Bernal Díaz del Castillo hecha el 7 de setiembre de 1539, contenida en la probanza de Pedro del Castillo Becerra, 1613*. In: Barbón Rodríguez, op. cit., parte II, p.815-56. Esse texto figura também no apêndice da edição Porrúa da *Historia verdadera*, op. cit., p.615-31.

cópia de uma *probanza de méritos* apresentada por Bernal Díaz em 1539 à jurisdição da Cidade do México. E encontramos, ainda, uma cópia da *probanza* de Francisco Díaz del Castillo lavrada em 1579 perante às autoridades da Guatemala. O filho antecipava em cinco anos a morte de seu pai: organizava, com certa frieza, a sucessão e tentava claramente comover a Audiência fornecendo uma versão hagiográfica dos méritos de Bernal.

Na *probanza* de 1539 feita na Cidade do México, figuram duas cédulas de *encomiendas*, uma que teria sido redigida por Cortés em 1522, e outra pelo governador à época, Estrada, em 1528. Segundo esses documentos, Cortés teria dado em *encomienda* a Bernal os *pueblos* de Tlapa e Potonchan, enquanto Alonso de Estrada teria acrescentado os *pueblos* de Gualpitan e Micapa. Na *probanza* de Francisco Díaz del Castillo de 1579, encontramos ainda uma reivindicação de terras concernente à Chamula, na região de Chiapas, que teria sido dada em *encomienda* a Bernal Díaz em 1527 por Marcos de Aguilar, vinte dias antes de sua morte. Compreende-se facilmente a manobra. Bernal conseguiu, assim, que lhe fosse concedido um *repartimiento* na Guatemala em troca daquilo que lhe teria sido dado e, em seguida, confiscado no México. Aqui, seu filho não faz senão repetir a operação que seu pai realizara tão bem. O conjunto da *probanza* de Pedro del Castillo constitui, portanto, um acúmulo de documentos que exibem os méritos do ancestral fundador Bernal, mas também de seu filho Francisco, méritos que justificam a transferência ao legítimo herdeiro das terras sob *encomiendas*, na esperança de que lhe fossem atribuídas as novas dotações.

A maior parte dos comentadores das obras de Díaz del Castillo credenciou reivindicações. Ora, no que diz respeito à *probanza* de Bernal Díaz datada de 1539, trata-se de uma cópia incluída em um documento de 1579, este sendo, por sua vez, copiado em outro documento de 1613. Uma questão se coloca então. Que valor se deveria atribuir a uma cópia de cópia cujo original teria sido perdido? Especialmente pelo fato de que nenhum documento vem sustentar as informações que aparecem na *probanza* de 1613: surpreende bastante que os arquivos da Espanha ou da Nova Espanha não tenham guardado rastro algum das doações de terras feitas em favor de Bernal Díaz quando ele estava no México. Isso lança dúvidas a respeito do fundamento histórico de documentos elaborados *a posteriori*, muito tempo após a morte dos protagonistas.

Paralelamente ao documento de 1613, possuímos também uma "informação secreta sobre os méritos do contador do tesouro Pedro del Castillo".[38] Esse tipo de ato jurídico derivado das instruções da Inquisição correspondia mais ou menos a uma pesquisa sobre a moralidade. Aprende-se, entre outros, que em maio de 1619 Pedro é o último filho de Bernal Díaz del Castillo e de Teresa Becerra, e que ele solicita 4 mil pesos de renda em "índios vacantes", o que ele estima ser condizente com seus méritos.

Os arquivos preservam ainda outros documentos do século XVII, um deles uma *probanza* feita pelo inveterado requerente Francisco Díaz del Castillo em 1608, na qual ele solicita que "seus índios" sejam transmitidos a seus filhos.[39] Era o que se

38 Archivo general de Indias [patronato 86, n.3, ramo 3, 1613]: *Información secreta de los méritos del contador Pedro del Castillo*. In: Barbón Rodríguez, op. cit., parte II, p.859-74.

39 Archivo general de Indias [patronato 85, n.1, ramo 1, 1608]: *Información de los méritos y servicios de Bernal Díaz del Castillo... Constan los servicios hechos por Bartolomé Becerra...* In: Barbón Rodríguez, op. cit., parte II, p.893-924.

chamava "a terceira vida". Outra *probanza* emana de uma certa Marina de Vargas, viúva de um dos filhos de Bernal conhecido pelo nome de Juan Becerra del Castillo, que vai à justiça em 1619 para tentar recuperar parte da propriedade agora desmembrada de Díaz del Castillo.[40] Descobre-se então que a *encomienda* de Bernal era "uma das melhores dessa terra". Como o jogo consistia em duplicar de forma reiterativa documentos fundadores, em realidade, desaparecidos, iremos reencontrar cópias de cópias de cópias dos atos de propriedade das terras de Bernal em numerosos documentos de família. Por exemplo, uma *información de méritos* de um neto de Bernal chamado Tomás Díaz del Castillo – iniciativa que data de 1629 – retoma o inventário das propriedades reivindicadas noventa anos antes em Chamula, Mincapa e Teapa em Chiapas.[41] Mas é preciso confessar que esses documentos nos mergulham em sombrias histórias de sucessão, nas quais se vê os herdeiros da terceira geração brigando com vigor e cada um recusando as partilhas efetuadas, em nome da disparidade de renda que tais desmembramentos provocaram.

Dois manuscritos, um livro, alguns testemunhos sob juramento, uma correspondência esquelética, raros atos cartoriais, eis os documentos sobre os quais podemos nos calçar para escrever a biografia verídica de Díaz del Castillo. Isso é, afinal de contas, bem pouco.

---

40 Archivo general de Indias [patronato 87, n.2, ramo 3. Audiencia, ano de 1619]: *Traslado de las probanzas de méritos y servicios del Capitán Gaspar de Zepeda, Bernal Díaz del Castillo y el Capitán Bartolomé Becerra. Sacada a pedimiento de Doña Marina de Vargas...* In: Barbón Rodríguez, op. cit., parte II, p.927-41.

41 Archivo general de Indias [patronato 75, n.3, ramo 1 (4). Guatemala, ano de 1629]: *Información de los méritos y servicios del Dr. Tomás Díaz del Castillo*. In: Barbón Rodríguez, op. cit., parte II, p.1005-43.

3
Entre lacunas e mentiras: uma vida usurpada?

No dia 20 de maio de 1520, no porto de La Corunha, Carlo I da Espanha embarca para a Alemanha. Parte para ser coroado imperador germânico em Aix-la-Chapelle. Para financiar sua ruinosa campanha eleitoral, acaba de conseguir no voto um imposto prodigioso que desencadeia imediatamente rebeliões por toda parte na Espanha. A revolta dos *comuneros* de Castela explode em junho. É uma insurreição espontânea, sem dúvida inflamada pela questão fiscal, mas também é um movimento de rejeição profunda da Espanha a um monarca estrangeiro, educado na cidade de Gande, arrodeado por conselheiros flamengos e que não fala uma palavra de castelhano. Nutre também a revolta um substrato antimonárquico: as comunidades de Castela, orgulhosas de seus *fueros*, sonham com um regime republicano, à imagem das cidades italianas. Para tentar conter a situação, as tropas de Carlos I organizam uma repressão feroz. A primeira cidade insurgente a pagar pelo sacrifício dessa guerra civil é Medina del Campo, na Castela Velha, que é posta a sangue e fogo. A destruição pelas chamas dessa cidade mártir irá manchar duradouramente a imagem do soberano espanhol.

Em Medina del Campo, então potente metrópole econômica, tudo pegará fogo: a prefeitura, as igrejas, os armazéns dos mercadores, as casas de pobres e de burgueses, como também todos os arquivos.

Ora, eis como nosso autor declina sua identidade no início de seu relatório:

> Bernal Díaz del Castillo, residente et vereador da muito leal cidade de Santiago de Guatemala, um dos primeiros a terem descoberto e conquistado a Nova Espanha e suas províncias e as terras aqui chamadas Cabo de Honduras e Higueras, natural da muito nobre e gloriosa cidade de Medina del Campo, filho de Francisco Díaz del Castillo, igualmente conhecido pelo nome de *El Galán*. Que ele repouse em paz![1]

Ele parece nos indicar sua cidade de origem ao mesmo tempo que oculta seu ano de nascimento; com isso, dota-se de uma ascendência honorável ao apresentar seu pai como um notável. Talvez seja verdade, mas isso é impossível de se provar. Assim, não teremos nenhum traço da filiação de Bernal, nenhuma pista de seu nascimento em Medina del Campo. Mas não seria esse seu desejo? Se tivesse tido a intenção de dissimular a verdade sobre seu nascimento, Medina, com sua memória que se desfez em fumaça, lhe oferecia uma escolha ideal. Há um

---

1 "*Bernal Díaz del Castillo, vecino e regidor de la muy leal çiudad de Santiago de Guatemala, uno de los primeros descubridores y conquistadores de la Nueva España y sus provincias, y Cabo de Honduras e Higueras, que en esta tierra así se nombra; natural de la muy noble e insigne villa de Medina del Campo, hijo de Francisco Díaz del Castillo, regidor que fue della, que por otro nombre le llamaban el Galán, que haya santa gloria.*" (Castillo, op. cit., cap.I, p.1.)

índice que pode apoiar a tese de uma construção tardia: essa referência a Medina del Campo não figura na versão da *História verídica* editada em 1632. Esta apresenta o capítulo introdutório reduzido, desprovido de indicações pessoais. Encontramos, no decorrer das páginas, apenas uma única alusão ao que poderia ser sua terra natal, quando Díaz compara o mercado de Tlatelolco com as feiras que ocorrem "em meu país que é Medina del Campo".[2] Outro detalhe reforça a impressão de mentira: seu pai não se chama de modo algum, como diz, Francisco Díaz del Castillo. Até 1552, Bernal é simplesmente Díaz, às vezes Díez, mas nunca "del Castillo".[3]

O autor da *História verídica* fornece alguns elementos sobre sua idade. Mas ele o faz de tal maneira que todos os historiadores arrancaram os cabelos para fazer coincidir os dizeres de Bernal com os elementos sobre seu estado civil, retirados em especial das *probanzas* em que ele figura como testemunha. No

---

2 "*En mi tierra, que es Medina del Campo donde se hacen las ferias.*" (Ibid, cap. XCII, p.171.)

3 Todas as confrontações mostram que Bernal acrescenta o patrônimo "del Castillo" depois de 1552, isto é, quando ele se tornou *regidor* da municipalidade de Santiago de Guatemala. Mas será preciso um tempo de costume para que seus compatriotas adotem essa apelação, ele mesmo continuando a assinar durante certo tempo unicamente como Díaz. Por outro lado, é verdade que a grafia desse nome oscila entre Díaz e Díez. Isso se deve à proximidade gráfica do *a* e do *e*, às vezes difícil de distinguir nos manuscritos da época. Pode-se, aliás, pensar que o acréscimo interlinear no primeiro fólio do Manuscrito Alegría é uma resposta a essa variação ortográfica: onde está escrito que Bernal é filho de Francisco Díaz del Castillo, uma mão anônima acrescentou "e de María Díez Rejón, sua legítima esposa". Isso permitia aceitar como válidos os documentos que mencionavam *Bernal Díez*.

prólogo do *Manuscrito de Guatemala*, Díaz escreve: "Estou velho; tenho mais de 84 anos, estou cego e surdo e, por ventura, não possuo outras riquezas para deixar a meus filhos e descendentes senão esse verídico e notável relatório".[4] Ao cotejarmos tal declaração com os outros elementos que figuram em seus escritos, seríamos levados a pensar que ele nasceu em 1484. De fato, no prólogo da edição de 1632, Díaz data seu ponto final com bastante precisão: 26 de fevereiro de 1568.[5] Por três vezes, no corpo do texto, confirma que essa data marca de fato a redação de sua obra.[6] Ele estaria então, segundo declara, com 84 anos em 1568. O problema é que o próprio Díaz, no capítulo introdutório do *Manuscrito de Guatemala*, fornece outra versão, formulada bastante confusamente:

> Deus concedeu-me a graça de me proteger de todos os perigos de morte, tanto durante a penosa aventura da descoberta, quanto nas mais sangrentas guerras mexicanas. E louvo a Deus que me seja permitido hoje narrar o que aconteceu nessas provações. E gostaria também que os leitores curiosos levassem em conta outro elemento: tendo eu na época 24 anos, na ilha de Cuba, o governador de então, chamado Diego Velázquez, parente meu,

---

4 "*Soy viejo de más de ochenta y cuatro años y he perdido la vista y el oír, y por mi ventura no tengo otra riqueza que dejar a mis hijos y descendientes, salvo esta mi verdadera y notable relación.*" (Ibid, p.XXXV.)

5 "[...] *la qual se acabó de sacar en limpio de mis memorias, e borradores en esta muy leal ciudad de Guatimala, donde reside la Real Audiencia, en veinte y seis días del mes de febrero de mil y quinientos y sesenta y ocho años.*" (In: Barbón Rodríguez, op. cit., parte I, p.1.)

6 No *Manuscrito de Guatemala*, a referência ao ano 1568 se encontra nos capítulos CCX, CCXII B e CCXIV.

prometeu dar-me índios assim que houvesse uma vacância e prezou a Deus que ele não cumprisse o prometido.[7]

Todos os biógrafos de Díaz del Castillo se perguntaram em que época o autor teria 24 anos: seria ao chegar a Cuba, em 1514, por ocasião da partida de sua primeira viagem de exploração em direção ao México, em 1517, ou durante a conquista mexicana, que se situa entre 1519 e 1521? Segundo as diferentes leituras que foram feitas dessas linhas, os autores propuseram uma data de nascimento situada entre 1490 e 1496. Mas uma questão perdura: tal opacidade na redação não seria intencional?

Uma maior constância parece marcar os depoimentos jurídicos de Díaz del Castillo. Numa declaração registrada em 6 de abril de 1557, ele afirma ter "cerca de 60 anos",[8] o que o faria ter nascido em 1497. Em 4 de junho de 1563, ele diz ter 67 anos;[9] deduz-se que seu ano de nascimento seria então 1496. Na carta ao rei Filipe II, de 29 de janeiro de 1567, ele confessa "estar com a idade de 72 anos", o que adianta seu nascimento

7 "*Y Dios ha sido servido de guardarme de muchos peligros de muerte, así en este trabajoso descubrimiento como en las muy sangrientas guerras mexicanas; y doy a Dios muchas gracias y loores por ello, para que diga y declare lo acaecido en las mismas guerras; y, demás de esto, ponderen y piénselo bien los curiosos lectores, que siendo yo en aquel tiempo de obra de veinte y cuatro años, y en la isla de Cuba el gobernator de ella, que se decía Diego Velázquez, deudo mío, me prometió que me daría índios de los primeros que vacasen, y no quise aguardar a que me los diesen.*" (Castillo, op. cit., cap.I, p.3.)

8 *Probanza de Pedro de Alvarado. Declaración de 1557*. In: Barbón Rodríguez, op. cit., parte II, p.985.

9 *Probanza de Pedro de Alvarado. Interrogatorio de 1563*. In: Barbón Rodríguez, op. cit., parte II, p.991.

para 1495, ou até 1494. Em um depoimento de 9 de dezembro de 1569, ele indica que "tem mais ou menos 74 anos",[10] o que é coerente com a declaração anterior. A atual tendência da historiografia é se basear nesses elementos declarativos mais do que no texto da *História verídica*. Os biógrafos de Bernal o veem nascido em 1495 ou 1496. No entanto, duas verdades continuam se confrontando: a do autor que confessa ter 84 anos em 1568, e a do cidadão que declara doze ou treze anos a menos, nos procedimentos judiciais na Guatemala. Por quê? E seria possível apelar para a verdade histórica se se trapaceia nos prolegômenos?

Díaz del Castillo possui então uma biografia enigmática de chofre. Admitamos que ele quisesse nos esconder o segredo de seu nascimento. Por que então a data de sua chegada na América seria tão problemática? Nas primeiras linhas de seu texto, afirma ter se alistado, em 1514, nas tropas do conquistador Pedrarias Dávila (Pedro Arias de Ávila), nomeado "governador da Terra-Firme". Recrutado nessa armada que contava com 1.500 soldados e marinheiros, teria navegado diretamente para o Panamá, alvo da expedição. Neste lugar, a situação parece conflitante: Balboa, atravessando o istmo do Panamá, acaba de descobrir o Pacífico, o qual nomeia Mar do Sul. Ele acolhe francamente Pedrarias, que vem para roubar-lhe a descoberta. Diante do teor dos acontecimentos, Díaz teria pedido para retornar a Cuba, o que teria sido concedido. É possível. O problema é que documento algum vem confirmar tal testemunho. Nenhum dos membros da expedição de Pedrarias Dávila

---

10 *Probanza de Pedro de Alvarado. Interrogatorio de 1569*. In: Barbón Rodríguez, op. cit., parte II, p.1000.

chama-se Bernal Díaz. Há, de fato, em 1514, no registro dos passageiros embarcados para as Índias, um Bernal Díaz que se diz ser "filho de Lope Díaz e Tereza Díaz, originário de Medina del Campo", mas esse Bernal Díaz – que tem, no fundo, um nome bastante difundido na época – foi registrado em 5 de outubro de 1514.[11] Ora, a expedição de Pedrarias Dávila deixou San Lucar de Barrameda seis meses mais cedo, no dia 12 de abril.[12] E, em 30 de junho, já atingira as costas do Darién. Nós temos aqui um exemplo que prefigura tudo aquilo que será a vida de Díaz del Castillo: os dados de arquivo não batem praticamente nunca com o que ele nos diz de si em sua obra. Mas, na maior parte do tempo, de forma ainda mais eloquente, os arquivos permanecem definitivamente mudos.

Em sua carta de 1552 a Carlos V, Díaz del Castillo declara servir o rei há mais de trinta e oito anos; essa afirmação coincide com sua chegada ao Panamá em 1514. Seis anos mais tarde, porém, quando escreve ao rei Filipe II, ele muda a versão; diz então ter servido o rei durante quarenta anos. Isso adia sua chegada a terras americanas para 1518. Por que não! Mas, se ele chegou às Índias Ocidentais em 1518, como poderia partir em 1517 na expedição de Hernández de Córdoba?

Vimos que Díaz del Castillo será levado a depor em favor da filha mestiça de Pedro de Alvarado, Leonor, casada na Guatemala com o conquistador Francisco de la Cueva. Era de praxe nesses procedimentos perguntar às testemunhas há

11 Ver *Catálogo de pasajeros a Indias durante los siglos XVI, XVII y XVIII. Redactado por el personal facultativo del Archivo general de Indias*, v.I, p.219.

12 Ver Angleria, *Décadas del Nuevo Mundo*, t.I, p.331 (livro V da Terceira Década).

quanto tempo conheciam o réu. Díaz vai então falar não somente da filha, mas também do pai dela, Pedro de Alvarado, seu companheiro de conquista. Há algo em seu depoimento que surpreende. Em sua declaração de abril de 1557, Díaz afirma conhecer Alvarado há "mais de trinta e cinco anos",[13] ou seja, desde 1522! Seria preciso concluir que Díaz chegara ao México somente nesse ano, o que nos obrigaria a pensar que ele não participara da conquista do México e, obviamente, de nenhuma das duas expedições anteriores: que devastadora revisão da biografia oficial! Como Pedro de Alvarado chegou a Cuba em 1511, tendo sido um dos protagonistas da expedição de Grijalva em 1518, é impossível que Díaz tenha convivido com ele, ou até o encontrado. No interrogatório que data de 1569, nosso autor modifica um pouco seu depoimento. Pretendendo conhecer Pedro de Alvarado "desde o ano de 1518 e o dito Hernando Cortés, marquês do Vale, desde 1519",[14] pensa talvez acertar o relógio e conceder uma retificação que fosse crível. Mas a nova versão é tão barroca quanto a primeira. Se realmente Díaz chegou, como ele disse, em 1514 a Cuba, depois do breve episódio do Darién, ele conhecera necessariamente Cortés e Alvarado a partir desse momento. Pretender ter encontrado Cortés pela primeira vez em 1519 é tão absurdo quanto rocambolesco. Desde 1515, Cortés é *alcalde* de Santiago de Cuba; trata-se de um personagem-chave da ilha; além disso, supervisionara os preparativos da expedição de Grijalva.

13 *Probanza de Pedro de Alvarado. Declaración de 1557*. In: Barbón Rodríguez, op. cit., parte II, p.985.

14 *Probanza de Pedro de Alvarado. Interrogatorio de 1569*. In: Barbón Rodríguez, op. cit., parte II, p.1000.

E nosso Bernal não o encontra! Além disso, deve-se lembrar de que a expedição de Cortés de 1519 foi preparada no final do ano de 1518: em 18 de novembro, a flotilha do conquistador sai de Santiago para Trinidad.[15] Se Díaz participou da conquista do México, provavelmente foi recrutado a partir de 1518.

É preciso se interrogar sobre as incoerências reveladas pelo cotejamento do relato de Bernal Díaz del Castillo e de seus depoimentos. Uma das afirmações mais interessantes da *História verídica* reside na descrição das duas primeiras expedições de descoberta do México, aquela liderada por Hernández de Córdoba em 1517, em seguida a de Grijalva, em 1518. Ora, sob juramento, o cidadão Díaz não parece ter dado sempre essa versão dos fatos. Em um estudo já muito antigo, pois data de 1945, Henri R. Wagner já tinha levantado a questão e indicado as mentiras do cronista. Propenso a validar os documentos de arquivos e a duvidar do escritor, Wagner desmentira a expedição de Díaz ao Panamá e sua participação no feito de Grijalva.[16] Tinha suposto que, para descrever a segunda viagem, Díaz tomara emprestado de Fernández de Oviedo, autor da *História geral e natural das Índias*, a matéria da crônica.

Na realidade, nos documentos de 1539 – sobre os quais é preciso dizer que possuímos apenas cópias de cópias –, Bernal nunca declara ter participado da segunda expedição. Cortés diz, por exemplo, "que ele estava dentre os que vieram com Francisco Hernández de Córdoba, primeiro a descobrir essa

15 Sobre Cortés em Cuba, ver Duverger, *Cortés*, p.94-132.

16 Wagner, Three Studies on the Same Subject: Bernal Díaz del Castillo; The family of Bernal Díaz; Notes on writing by and about Bernal Díaz del Castillo, *The Hispanic American Historical Review*, v.25, n.2, 1945, p.155-211.

terra".[17] Em sua *probanza de méritos*, Díaz se contenta em informar "que ele veio com Francisco Hernández de Córdoba, capitão, que veio descobrir essa Nova Espanha", em seguida "que ele retornara à dita Nova Espanha com o marquês do Vale, dom Hernando Cortés, quando esse viera conquistá-la e pacificá-la".[18]

Uma data vai marcar uma reviravolta em sua vida: o ano de 1569. De fato, é nesse momento que Díaz irá reivindicar sua participação nas três expedições e incluir o episódio Grijalva em sua biografia. Na sua declaração de 9 de dezembro de 1569, Bernal se apresenta "como uma testemunha ocular que participou da conquista e da descoberta da Nova Espanha e de outras regiões, isso duas vezes antes do chamado Hernando Cortés".[19] Seu filho Francisco toma a frente e em uma de suas *probanzas*, apresentada em 1579, menciona que seu pai, Bernal Díaz del Castillo, "veio na companhia de Francisco Hernández de Córdoba, primeiro descobridor, em seguida uma segunda vez com Juan de Grijalva na província de Iucatã, e depois uma terceira vez com Hernando Cortés".[20] As testemunhas o

---

17 "*éste fue de los que vinieron con Francisco Hernández de Córdoba, primero descubridor de esta tierra.*" (Barbón Rodríguez, op. cit., parte II, p.820.)

18 "*vino con Francisco Hernández de Córdoba, capitán, el que vino a descubrir esta dicha Nueva España*" e "*que tornó a esta dicha Nueva España con el marqués del Valle, don Hernando Cortés, quando vino a conquistarla y pacificarla.*" (Ibid., p.822.)

19 "*este testigo como testigo de vista... se halló en la conquista y descubrimiento de la Nueva España y otras partes, dos veces antes que el dicho Hernando Cortés.*" (Ibid., p.1001.)

20 "*vino en compañia de Francisco Hernández de Córdoba, primer descubridor; e segunda vez con Juan de Grijalva, e después tercera vez con don Hernando Cortés.*" (Ibid., p.836.)

afirmam "por ter ouvido dizer". Sessenta anos depois dos fatos, Díaz construiu sua lenda: tornou-se a baliza de uma época acabada e pode doravante escrever a história como lhe convier.

Mas os arquivos fazem o historiador duvidar. Há, de fato, um tal Díaz na expedição de Grijalva, mas o primeiro nome dele é Juan, é de Sevilha, padre e capelão da armada. Ele deixou um relatório dessa viagem de exploração, publicado em italiano e em latim, desde 1520: não encontramos nele menção alguma ao nosso Bernal.[21] Mas, do mesmo modo, e apesar de suas afirmações, teríamos dificuldade em encontrar elementos de prova que atestassem a presença de Bernal Díaz na primeira expedição de Córdoba. No meu conhecimento, nenhum biógrafo identificou qualquer documento que pudesse apoiar os dizeres do cronista. Deve-se então levar fé em Bernal Díaz del Castillo!

É com a expedição de Cortés que o caso torna-se mais preocupante. Pois a *História verídica* é uma crônica extremamente detalhada da conquista do México. A qualidade da observação e a precisão do traço excluem a ideia de seu autor não ter sido testemunha de todo instante. Além disso, sabemos o crédito que podemos dar globalmente à crônica de Díaz, pois é fácil

21 Díaz, *Itinerario de la armada del Rey Católico a la isla de Yucatan, en la India, en el año 1518, en la que fue por comandante y capitán general Juan de Grijalva, escrito para Su Alteza por el capellán mayor de la dicha armada*. In: Vásquez (ed.), *La conquista de Tenochtitlan*, n.40, p.29-57. Do texto original, que parece ter sido escrito em latim, não se conhece nenhum manuscrito, mas existem duas traduções italianas publicadas em Veneza, em 1520 e 1522, assim como duas edições em latim publicadas em Valladolid, em 1520, e em Bale, em 1521. A primeira edição em espanhol, traduzida do italiano, data de 1858.

cruzar o que ali foi escrito com informações provenientes de outras fontes. Em primeiro lugar, as obras do próprio Cortés. São oficialmente cartas escritas pelo conquistador para Carlos V, mas constituem na verdade crônicas destinadas à edição. Conhecidas pelo nome de *Cartas de relación*, elas serão publicadas "no calor da hora" a partir de 1522.[22] Existe ainda uma abundância de testemunhos de época, sob a forma de relatos mais ou menos parcelados feitos por atores da conquista, como Francisco de Aguilar,[23] o Conquistador anônimo,[24] Andrés de

---

22 Cortés, *Cartas de relación*, n.7. Há cinco "cartas", respectivamente assinadas em 10 de julho de 1519, 30 de outubro de 1520, 15 de maio de 1522, 15 de outubro de 1524 e 3 de setembro de 1526. São na verdade "cartas abertas" destinadas ao público, compondo verdadeiras comunicações da conquista do México. A primeira, chamada "carta de Veracruz" ou "carta do cabildo", permaneceu inédita no século XVI, assim como a quinta. Mas o editor Juan Cromberger, em Sevilha, publicará a segunda carta em novembro de 1522 e a terceira em março de 1523. A quarta será impressa em Toledo por Gaspar de Ávila, em 1525. Em março de 1527, Carlos V, invejoso da notoriedade internacional do conquistador, ordena que todos os livros escritos por Cortés sejam queimados. As edições originais das comunicações de Cortés, ditas "góticas", são raridades atualmente.

23 Aguilar, *Relación breve de la conquista de la Nueva España*. In: Vásquez (ed.), op. cit., p.155-206. Alonso de Aguilar foi um soldado de Cortés que se reconverteu depois da conquista em comerciante/distribuidor de vinho e em *encomendero*. No final de sua vida decidiu entrar para as ordens religiosas e se juntou aos dominicanos. Como é de uso, abandonou seu antigo nome de batismo e escolheu em religião o de Francisco. Sua crônica foi escrita por volta de 1560.

24 *Le Conquistador anonyme*, 1970. Esse texto, anterior a 1533, chegou a nossas mãos através de uma tradução italiana publicada por Ramusio em Veneza, em 1556 (terceiro volume das *Navigationi et viaggi*).

Tapia[25] ou Bernardino Vázquez[26] – com quem Cortés se desentendeu durante bastante tempo. Na Espanha, os cronistas Gonzalo de Oviedo e Pedro Mártir também sintetizaram e exploraram numerosas fontes documentais. E, quando o editor e historiador mexicano José Luis Martínez resolve reunir todos os "Documentos cortesianos", chega a uma publicação de quatro volumes no total de 1.850 páginas![27] Ultradocumentada, a conquista do México não tem nenhum buraco negro historiográfico. Ora, nessa pletora de arquivos, não se encontra em lugar algum o rastro de Bernal Díaz! Aqui reside um mistério.

Na *História verídica*, Díaz sempre aparece como uma espécie de ajudante subserviente à pessoa de Cortés. Encontra-se sempre ali onde está o conquistador: em San Juan de Ulua no momento do primeiro desembarque, em Cempoala, onde se travam alianças com os totonacas contra os astescas, em Tlaxcala, onde o velho cacique Xicotencatl teria sido batizado, em Cholula, por ocasião do famoso massacre. Descobre, maravilhado, o vale da Cidade do México do alto dos vulcões. Caminha pelo imenso pavimento de Iztapalapa, seguindo o cavalo de Cortés. Entra em Tenochtitlán em 8 de novembro de 1519. Momento de comoção em que oscila o destino do México. Acompanha o novo mestre de Anahuac durante a visita guiada oferecida por Moctezuma à pequena tropa espanhola; sobe os degraus da grande pirâmide

---

25 Tapia, *Relación de algunas cosas de las que acaecieron al muy ilustre señor don Hernando Cortés, marqués del Valle, desde que se determinó ir a descubrir tierra en la Tierra Firme del Mar Océano*. In: Vásquez (ed.), op. cit., p.59-123.

26 Tapia, *Relación de méritos y servicios del Conquistador Bernardino Vázquez de Tapia* (por volta de 1545). In: Vásquez (ed.), op. cit., p.125-54.

27 Martínez, *Documentos cortesianos*.

de Tlatelolco fazendo questão de contá-los; percorre fascinado o mercado, do qual faz uma esplêndida descrição, cheia de cores, aromas, movimento. De todos esses momentos, ninguém pode duvidar que ele tivesse sido uma testemunha privilegiada. E assim, de maneira contínua, com sua memória e seu olhar preciso, Bernal Díaz del Castillo será o relator fiel das mil e uma reviravoltas da conquista: a chegada de Narváez, o concorrente invejoso, vindo de Cuba para roubar a vitória de Cortés; a debandada de *La Noche Triste*, em que os espanhóis evacuam a Cidade do México desastrosamente sob um dilúvio de chuva e de flechas; a fuga para Tlaxcala, onde os sobreviventes cuidam de seus ferimentos; o cerco naval de Tenochtitlán, rodeada por treze bergantins; a rendição de Cuauhtemoc, o último imperador asteca, em 13 de agosto de 1521; a instalação de Cortés em Coyoacan com Malinche e seus companheiros indígenas... Nada escapa aos olhos de Bernal. Sabemos que ele está presente, que vê tudo, que ouve tudo.

Tal personagem, tão ativo, tão inteligente, tão devotado, mereceria um cortejo de honras, um monte de medalhas, sua inscrição em todos os monumentos à coragem e ao heroísmo. Ora, seus contemporâneos guardam a seu respeito um silêncio ensurdecedor. Nenhuma linha, nem a menor menção a Díaz del Castillo nos escritos de Cortés! No entanto, seria vão julgar o conquistador do México egoísta: Hernán cita com facilidade seus capitães e seus tenentes, Pedro de Alvarado, Gonzalo de Sandoval, Cristóbal de Olid, Hernando de Saavedra, Francisco de las Casas, Gil González de Ávila, Alonso Hernández Portocarrero, Francisco de Montejo, Andrés de Tapia e outros mais. Contudo, sobre Bernal Díaz, nada. Marca de ingratidão? Sinal de desprezo por um soldado raso? Poderíamos concebê-lo, mas –

agrava-se o caso – as outras crônicas são igualmente mudas. Ninguém cita Bernal Díaz como ator da conquista. Então, seria ele um ator de terceira linha, tão discreto que teria sempre passado despercebido das principais testemunhas? Cada exército tem seu corpo de tropa. Poderíamos admitir que a glória e a notoriedade não respinguem necessariamente sobre o conjunto do grupo. Talvez bastasse procurar o nome de Bernal em um arquivo mais modesto. Temos sorte: possuímos essa lista. Quando, em abril de 1519, Cortés desembarcou na praia de Chalchiucuecan, ele teve o cuidado de, algumas semanas mais tarde, instituir o *ayuntamiento de la Villa Rica de la Veracruz*, isto é, a municipalidade da cidade virtual. Republicano na alma, ele promove, por eleição, o conselho municipal, com seus alcaides, assessores e guardas, em total respeito à prática nas comunas existentes por direito consuetudinário. Temos os nomes dos vinte e um primeiros eleitos da Nova Espanha:[28] Díaz não figura na lista. Mas, preocupado com a legitimidade de seu poder pessoal, Cortés cuidou também de ser eleito pelos seus homens "capitão geral e juiz supremo". Um documento lavrado em cartório foi estabelecido na ocasião. Em seguida, um ano mais tarde, veio Narváez, enviado pelo governador de Cuba para eliminar Cortés da cena mexicana. Em seguida veio *La Noche Triste* do dia 30 de junho de 1520. Cortés sentiu necessidade de consolidar seu poder. Inspirou seu exército a escrever uma carta coletiva dirigida a Carlos V. Em outubro de 1520, no momento em que o jovem rei faz sua entrada em Aix-la-Chapelle para se

28 Ver, por exemplo, uma escritura do *ayuntamiento de la Veracruz* com data de 9 de agosto de 1519. In: Martínez, *Documentos cortesianos*, t.I, p.86-90.

ajoelhar na capela octogonal dos carolíngios, no momento em que vai ser coroado imperador germânico, Hernán informa ao monarca que, nesse outro império que é o México, ele, Cortés, foi eleito capitão geral e que seus homens solicitam a ratificação dessa unção: a bravura de um chefe de guerra vale todas as coroas! Essa "carta do exército de Cortés ao imperador" chegou até nós.[29] Ela tem 544 assinaturas. Vale dizer toda a tropa. Cortés ostenta assim seus "eleitores" por completo. É possível imaginar que alguns deles tenham podido se esquivar?

Ora, buscamos em vão Bernal Díaz. Percorrendo as assinaturas, caímos em um Juan Díaz, padre: é o capelão de Grijalva, que foi reempregado por Cortés; um Juan Díaz, civil e soldado, do qual se sabe que tinha um olho vendado e que era originário de Burgos; um Cristóbal Díaz, originário de Colmenar de Arenas; um Francisco Bernal, um Francisco Díaz... Mas, de Bernal Díaz, nada. Qual é, pois, esse soldado heroico que ninguém conhece? Esse homem de confiança, esse confidente de Cortés, que não aparece em nenhum documento nem assina registro algum?

Depois da conquista da Cidade do México, a vida de Díaz del Castillo continua igualmente opaca. Em seu texto, afirma ter acompanhado o capitão Luis Marín na campanha de pacificação de Chiapas em 1523, em seguida teria ajudado Rodrigo Rangel nas operações de controle da região de Zimatlan, em terra zapoteca. Reatando com a sombra de Cortés, ele vai participar, a partir de 1524, da famosa viagem para Las Ibueras. Os historiadores modernos em geral não compreenderam o sentido desse empreendimento épico que visava atravessar

29 *Carta del ejército de Cortés al Emperador,* outubro de 1520. In: Martínez, *Documentos cortesianos*, t.I, p.156-63.

o Tabasco, encharcado por pântanos intermináveis, e depois a impenetrável floresta do Petén com seus horizontes fechados, para desembocar na costa caribenha no fundo do golfo de Honduras. A verdadeira razão não é redutível ao motivo alegado. Oficialmente, tratava-se de castigar um traidor. De fato, para manter essa investida estratégica, Cortés tinha enviado à América Central um de seus fiéis companheiros, Cristóbal de Olid, mas este abandonou o grupo; era necessário recuperar a situação *in loco*. Por trás desse pretexto, porém, Cortés busca outro objetivo, mais secreto e mais simbólico. Como ele já é o mestre do México central, sonha em se tornar soberano da antiga Meso-América pré-hispânica e quer se apropriar da parte maia desse território. Em meados de outubro do ano 1524, Cortés parte encabeçando uma expedição importante. A travessia da grande floresta iucateca levará oito meses. Oito meses de pesar e de sofrimento em imersão no desconhecido. Em junho de 1525, Cortés atinge o golfo de Honduras e o peso tórrido do mar caribenho.

Ali, fundará uma cidade que chamará de Trujillo, por referência à cidade de Estremadura, berço de sua família. Impulsionado pela degradação da situação política na cidade de México, agora nas mãos de seus opositores, Cortés inicia sua viagem de volta em 1526, por via marítima. Em 25 de junho, Cortés, recém-desembarcado, reassume o governo da Nova Espanha. Mas, rapidamente, os representantes de Carlos V irão destituí-lo e tomar o poder. Isso fará o conquistador partir para a Espanha, em 1528, a fim de encontrar o soberano e se explicar.

Essa aventura de Las Hibueras está no coração da quinta *Carta de relación* escrita por Cortés assim que chegara à Cidade do México. Podemos folhear as páginas desse relato: não encontraremos menção alguma a Bernal Díaz. O cronista nos diz que ele acompanhou em seguida Cortés em sua viagem a Espanha. No entanto, não possuímos nenhum elemento para comprovar tal fato. O jogo é, pois, complicado. Por um lado, dispomos, por via da *História verídica*, de uma quantidade de informações que atestam a presença de Díaz del Castillo, tanto por ocasião da viagem a Honduras quanto durante a estada na Espanha e, no entanto, nenhum documento de arquivos registra sua presença no teatro dessas operações.

Cortés retornará ao México com o título oficial de "marquês do Vale de Oaxaca" – que ele abreviará para *marqués del Valle*. Segundo desejara, encontra-se no topo de um império fundiário considerável, integrando a maior parte do Planalto Central mexicano, de Toluca a Oaxaca, as terras da vertente atlântica em volta de Veracruz, assim como as terras do istmo de Tehuantepec até às margens do Pacífico. A partir desse retorno, em 1530, a crônica de Díaz del Castillo torna-se muito mais elíptica. Encontram-se algumas notas sobre as viagens de exploração do Pacífico empreendidas por Cortés, a descoberta marítima da Califórnia em 1535, a chegada à Cidade do México do vice-rei Mendoza, anunciando o fim do poder cortesiano. Um capítulo impressionante relata as festas suntuosas dadas na Cidade do México pelo vice-rei e Cortés, presidindo, lado a lado, os festejos em louvor da paz de Aigues-Mortes assinada em 1538 entre Francisco I e Carlos V. Em seguida, o texto pula diretamente para a viagem sem volta que Cortés fará em 1540, para a Espanha, onde morreria. Díaz del Castillo afirma ter embarcado dois meses antes, em outubro ou novembro de 1539; situa seu retorno à Cidade do México em 1541, em plena guerra do Mixton, rebelião indígena que explodira na região de Jalisco.[30] Afora algumas considerações gerais sobre a conquista da Nova Espanha, sobre sua cristianização ou sobre a escravatura, pode-se considerar que a crônica de Díaz del Castillo vai até 1541. Concretamente, isso quer dizer que não nos fornece mais nenhum elemento biográfico, com a significativa exceção de uma viagem à Espanha, efetuada em 1550, para participar da famosa "controvérsia de Valladolid" com o título de "mais antigo conquistador da Nova Espanha".[31] De agora em diante, teremos que escutar os arquivos para reconstituir a vida de nosso autor.

Existe, precisamente, uma fonte que é um manancial para o historiador: o imenso arquivo referente à acusação de Cortés, o que se chamava à época seu *juicio de residencia*. Tratava-se de um procedimento particularmente inadequado, com espírito inquisitorial e com finalidade exclusivamente fiscal, arma permanente de Carlos V. Eis qual era a técnica empregada: o soberano nomeava de forma discricionária todos os cargos de responsabilidade; deixava aos homens designados o tempo de se enriquecer, cobrindo-os com sua autoridade; em seguida, os revogava e lançava uma auditoria sobre o modo de servir desses altos responsáveis; para maior segurança, confiava o inquérito público ao sucessor na função, incentivando a delação. Imagina-se o tipo de testemunho que era colhido: os invejosos, os delinquentes punidos, os negociantes frustrados, os inimigos políticos, aproveitavam a sorte, vindo propor seus serviços; caso necessário, recorria-se ao suborno de testemunhas. O objetivo

30 Sobre a guerra de El Mixton, ver Duverger, *La Conversion des Indiens de Nouvelle-Espagne*, p.237-42.

31 "*A mí me mandaron llamar como a conquistador más antiguo de la Nueva España.*" (Castillo, op. cit., cap.CCXI, p.587.)

era sempre o mesmo: o rei queria recuperar para ele a fortuna de seus antigos protegidos; era preciso, então, encontrar um motivo de condenação que justificasse o confisco. Tal procedimento não tinha obviamente legitimidade moral ou política alguma, pois, agindo de tal modo, o rei se contradizia incessantemente; todo *juicio de residencia* implicava condenar as decisões de nomeação tomadas pelo próprio soberano. Contudo, tal era a prática.

Cortés não iria escapar à regra. Durante uma estada do conquistador na Espanha, Carlos V tentou destituí-lo e confiou o governo da Nova Espanha a um triunvirato de sinistra memória. Formalmente constituída como uma Audiência, presidida por Nuño de Guzman, a nova autoridade lança, em 1529, uma campanha de perseguição contra Cortés. Repetindo mais ou menos as mesmas alegações, todas elas, 22 testemunhas de acusação foram ouvidas. O caso declinou quando Cortés obteve a destituição de Nuño de Guzman. Reaberto em abril 1534, o processo de Hernán prosseguiu por meio dos depoimentos de 26 testemunhas de acusação que, durante mais de um ano, se sucederam em tribunal, obrigadas a responder a 422 questões que passavam em revista toda a vida do marquês do Vale. Essas duas sessões judiciais de 1529 e 1534-1535 foram a oportunidade de testemunhos exporem a cena e os bastidores da conquista do México. Sem entrar no detalhamento das denúncias da acusação e das contradeclarações da defesa, digamos que todo o *entourage* de Cortés desfila nesse processo: nenhum de seus colaboradores escapa, de perto ou de longe, a essa atualidade judiciária. Através da leitura das minutas do documento, somos informados dos fatos e gestos do mais simples dentre os soldados; é possível facilmente reconstituir sua vida doméstica, pois são dados os nomes de todos os mordomos, intendentes, oficiais de segurança; sabe-se até a identidade dos almocreves! Ora, o grande ausente da lista, civil e militar, chama-se Bernal Díaz del Castillo. Juraríamos que seria a sombra de Cortés, que o seguia passo a passo. Mas, sobre isso, nada encontramos. Nenhuma citação, nenhuma menção a ele nessa primorosa e volumosa documentação.[32] Onde está ele? O que faz ele? Mistério.

Dessa vida em negativo só recuperamos o rastro através da *probanza* de 1539, embora pelo intermédio da cópia que mencionamos. Podemos pensar que esse documento encerra uma parte de verdade já que contém várias incongruências que não seriam encontradas em uma falsificação integral. O que ele nos informa? Primeiro, Díaz leva suas reclamações à Audiência da Cidade do México, mas esta o rejeita e o encaminha para a jurisdição de base, ou seja, um "alcaide comum" da cidade de Tenustitan-Cidade do México.[33] Sinal de fracasso: seu caso é julgado subalterno e esse procedimento diante da municipalidade da Cidade do México não tem chance alguma de dar certo. Menos ainda quando o Conselho das Índias dá igualmente um parecer negativo diante das pretensões de Bernal.

Nosso Conselho transmitiu uma cópia do processo ao Licenciado Villalobos, nosso procurador, que, em resposta, nos

32 Sobre o *juicio de residencia* de Cortés, consultar Martínez, *Hernán Cortés*, p.535-606, assim como a integralidade do segundo tomo dos *Documentos cortesianos*, op. cit., que dá em 410 páginas uma excelente seleção dos principais elementos do processo.

33 "*los dichos señores presidente e oidores dixeron que mandaban al dicho Bernal Díaz que la dé ante un alcalde ordinário desta ciudad.*" (Barbón Rodríguez, op. cit., parte II, p.821.)

> informou que era inútil dar início a uma solicitação de *probanza* tal como desejava o senhor Bernal Díaz, pois esse último não havia tomado parte na conquista, como dizia, e *encomienda* alguma lhe fora jamais concedida em troca de serviços que ele teria prestado ou por outras razões alegadas por ele.[34]

Outros teriam se desencorajado diante dessa decisão de indeferência; Díaz, não, pois irá utilizar um subterfúgio para ter ganho de causa! Por ora, estamos em 9 de fevereiro de 1539, e Bernal se apresenta diante do "alcaide comum"... que dá a impressão de não o conhecer. Ora, o alcaide da Cidade do México é, naquela altura, um certo Juan Jaramillo. Trata-se de um dos pilares da equipe de Cortés, um ator de primeiro plano na conquista. Esteve, por exemplo, à frente de uma das treze bragantinas por ocasião do cerco naval da Cidade do México. Mas Jaramillo é, sobretudo, conhecido por ter desposado Malinche, a companheira indígena de Cortés. Para surpresa geral, no caminho de Las Hibueras, perto de Orizaba, Hernán dá em casamento a Jaramillo sua concubina, batizada Marina, mas universalmente conhecida pelo nome de Malintzin ou Malinche.[35] Seu dote foi suntuoso e Jaramillo ocupou vários cargos importantes no *cabildo* da Cidade do México. Como se

---

34 "*de todo lo qual por los del dicho nuestro Consejo fue mandado dar traslado al licenciado Villalobos, nuestro fiscal, e por él fue respondido que no debíamos mandar prober cosa alguna de lo que por parte del dicho Bernal Díaz nos hera suplicado, porque no abía sido tal conquistador como decía, ni le abían encomendados los dichos pueblos por servicios que obiese fecho e por otras cosas que alegó.*" (Ibid., p.816.)

35 Sobre as relações de Cortés e Malinche, ver Duverger, *Cortés*, p.140 et seq., 249 et seq., 291 et seq.

explica que Jaramillo tenha declarado em processo que Bernal Díaz era um ilustre desconhecido? Ainda por cima, diante do escrivão público da cidade, que nada mais é do que o filho de um antigo soldado de Cortés.[36] E como explicar que as testemunhas citadas por Bernal sejam tão evasivas e tão pouco convincentes sobre seus méritos militares?[37] O próprio Luis Marín, conquistador reconhecido, e ele também alcaide comum da Cidade do México em 1539, não parece muito seguro de si. Revela que conhece Bernal "há dezessete ou dezoito anos",[38] ou seja, desde 1521 ou 1522; ora, Luis Marín, que antes morava em Cuba, chegou a Veracruz em julho de 1519 e participou de toda a campanha do México. Em seu depoimento, nos diz então, *mezzo voce*, que Bernal não participou da conquista... e que não se encontrava em Cuba desde 1514! Além disso, em seu interrogatório, maneja com prudência o verbo crer, mostrando-se pouco afirmativo. Ao final das declarações das

---

36 Trata-se de Juan de Zaragoza, *escribano de su Majestad y escribano público del número desta dicha ciudad de México*. Ver Barbón Rodríguez, op. cit., parte II, p.835. Díaz del Castillo cita um Zaragoza, soldado de Cortés, "*ya hombre viejo, padre que fue de Zaragoza, el escribano de México*" (Castillo, op. cit., cap. CCV, p.567).

37 Bernal escolheu fazer comparecerem cinco testemunhas apenas: Cristóbal Hernández, Martín Vásquez, Miguel Sánchez Gáscon, Bartolomé de Villanueva e Luis Martín. Os três primeiros se esquivam e não respondem à metade das perguntas. Os dois outros são manifestamente minimalistas. Ver o interrogatório dessas testemunhas em Barbón Rodríguez, op. cit., parte II, p.821-35.

38 "*El dicho Luis Marín, alcade hordinario en esta dicha ciudad, testigo presentado en la dicha raçón, abiendo en forma de derecho, e siendo preguntado por el interrogatorio, dixo lo siguiente: A la primera pregunta dixo qu'este testigo a que conoce al dicho Bernal Díaz de diez e siete o de diez e ocho años a esta parte, poco más o menos.*" (Ibid, p.833.)

testemunhas, um mal-estar instala-se e a dúvida paira sobre a realidade dos méritos de Bernal: o que deve ele ter feito para passar tão despercebido?

Díaz parece ter compreendido, nessa época, que sua estratégia de requerente não funcionava no México, onde nunca conseguiria ter o reconhecimento pelos serviços hipoteticamente prestados. Seria sempre confrontado com testemunhas que não o deixariam inventar histórias. No entanto, Bernal se beneficiará de uma reviravolta da história. Em 4 de julho de 1541, no momento em que auxilia fortemente Mendoza a abafar a insurreição dos Chichimecas em Jalisco, Pedro de Alvarado morre esmagado debaixo de seu cavalo em Peñón de Nochistlan. Ora, Alvarado era o governador da Guatemala. Seu desaparecimento provoca um vazio político. Em um primeiro momento, suas funções foram confiadas a sua jovem esposa, Beatriz de la Cueva, a *Sin Ventura*, "a mal-aventurada". Esta, porém, veio a falecer alguns meses mais tarde, em uma dramática inundação que destruirá a nova capital da Guatemala, então situada nos flancos do Volcán de Agua.[39] O vice-rei da Cidade do México, preocupado com a vacância do poder, irá designar um membro

39 A primeira capital da Guatemala foi fundada em Iximché, em território cakchiquel, em 1524. Depois foi deslocada em 1527 para o vale de Almolonga, ao pé do Volcán de Agua. Uma inundação, ao atingir as encostas do vulcão, carregou e destruiu completamente a jovem cidade em 11 de setembro de 1541. As ruínas dessa segunda fundação são conhecidas pelo nome de *Ciudad Vieja*. Um terceiro sítio foi escolhido, no vale do Panchoy. O *ayuntamiento* de Santiago de Guatemala celebrou aí sua primeira sessão, em 10 de março de 1543. Essa cidade, hoje chamada Antigua, foi por sua vez destruída por dois terremotos no século XVIII. A Guatemala precisou adotar uma nova capital em 1776, construída no lugar atual.

da Audiência da Cidade do México como governador provisório da Guatemala em março de 1542. Para administrar a América Central, a Coroa decide então criar a Audiência dos Confins. E o governador interino, Alonso Maldonado, é nomeado oficialmente presidente em 22 de novembro de 1542. Mas a sede da Audiência se estabelece não na Guatemala – sinistrada –, mas em Honduras, na cidade de Santa María de Comayagua. Tal sede só será transferida para Santiago de Guatemala em 1549.

Assim, a Guatemala de 1542 apresentava-se como um terreno administrativo, no qual a autoridade se encontrava distante e a troca de informações era aleatória. Bernal Díaz resolve então reconquistar uma virgindade nessa mata sem dono, agora livre da sombra tutelar de Alvarado, que era, em vida, uma testemunha inconveniente. Vemos Bernal se apresentar em Santiago de Guatemala, no dia 14 de novembro de 1541, diante de um duunvirato que serve de autoridade local, o bispo Marroquín e o tenente de Alvarado, Francisco de la Cueva.[40] O proteiforme Bernal retoma seu pedido de terras em compensação das pretensas expropriações sofridas no México, em Coatzacoalco e em Chiapas. O ano de 1542 vê Bernal dedicar-se a um ativismo desenfreado; não conseguimos segui-lo passo a passo. Tanto afirma morar na Villa de Espiritu Santo (Coatzacoalco)[41]

---

40 "*En la ciudad de Santiago de la provincia de Guathemala, a catorze días del mes de noviembre, año del nascimiento de Nuestro Salvador Jesucristo, de mil y quinientos y quarenta e un años, ante el reverendísimo y muy magnifico señores* (sic), *don Francisco Marroquín, primer obispo de la dicha provincia y el licenciado don Francisco de la Cueva, gobernadores en ella por Su Magestad, paresció presente Bernal Díaz estante en la dicha ciudad.*" (Ibid., p.1005.)

41 Ibid., p.1016, 1017, 1018.

quanto diz já estar residindo em Santiago de Guatemala.[42] Tanto envia um representante para seus processos quanto comparece pessoalmente. É praticamente certo que obtém ganho de causa em 1542 ou 1543, por causa da desordem política que reina na Guatemala. Seu sonho de *encomendero* cristaliza-se: as terras de Zacatepec estão dentre as melhores do país. É nessa época que ele abandona definitivamente o México, onde não tem mais nada a ganhar.

Outro momento-chave na vida nova de Bernal é o ano de 1552. De certa forma, conseguiu sua integração, pois é nessa data que será escolhido como conselheiro municipal de Santiago de Guatemala. Por outro lado, Bernal não parece se satisfazer com a situação. Decide então mudar de nome, acrescentando o patrônimo "del Castillo". Desejo de parecer nobre vindo de um homem de origem humilde? Veleidade de uma vida nova com nova identidade? Os biógrafos de Díaz acreditam nessas hipóteses. Mas, por que "del Castillo", e não "de la Sierra", "del Paso", "de Alarcón" ou "de Barahona"? Esta é uma pergunta que provavelmente vale a pena fazer. Pois não se pode excluir que tenha havido na estratégia de Díaz certa vontade de captura de identidade. Se, de fato, frequentara o círculo de Cortés nos anos 1530, teria cruzado necessariamente com um certo Bernaldino del Castillo, que foi o mordomo de Hernán Cortés, na casa de quem viveu, aliás, até 1540. Encontramos a assinatura de Bernaldino del Castillo como testemunha em diferentes atos cartoriais lançados pelo marquês do Vale, em especial o ato de fundação do *mayorazgo* de Cortés.[43] Sabemos que esse Castillo acompanhou Cortés na expedição da Califórnia em 1535, que

---

42 Ibid., p.1008.

43 Martínez, *Documentos cortesianos*, op. cit., t.IV, p.130.

dele recebera propriedades em Guerrero, perto de Iguala, onde cultivava o cacau, no Morelos, em Axanianalco, onde possuía um canavial. Era igualmente proprietário de uma casa no centro da Cidade do México, de que temos as escrituras. Em 1558, esse Bernaldino del Castillo tornou-se *alcalde* comum da cidade de México.[44] A questão é saber se Bernal Díaz não procurou criar uma confusão entre sua própria pessoa e a do secretário de Cortés. Assim como *Bernal* é uma abreviação corrente de *Bernaldino* ou *Bernardino*, não fica excluído que nosso Bernal tenha desejado jogar intencionalmente com essa confusão, com o intuito de se fazer passar, na Guatemala, pelo antigo mordomo de Cortés. O perfil de um usurpador delineia-se pouco a pouco.

Vejamos agora como fica a paternidade de sua obra. Aqui ainda, os biógrafos de Díaz del Castillo se deixaram enredar por declarações que não haviam sido suficientemente relativizadas. A partir de quando poderíamos associar a *História verídica* a Bernal Díaz del Castillo? Na verdade, a primeira menção de um escrito que pudesse lhe ser atribuído é bastante tardia. Essa primeira referência encontra-se na *probanza* de Alvarado, em uma declaração que já citamos: data de 4 de junho de 1563. Lembremos que, nesse processo, Bernal Díaz del Castillo testemunha em favor da filha mestiça de Pedro de Alvarado. No meio do relato da batalha de Tlaxcala, encontramos uma frase curta, como uma espécie de inciso insignificante, que nos traz, porém, uma informação de importância:

> E tendo lutado [contra os Tlaxcaltecas], o citado Fernando Cortés enviou representantes para negociar a paz. E após diferentes

44 Ver Muñoz, *El gobierno de la ciudad de México en el siglo XVI*, p.242-5.

> acontecimentos que tal testemunha possui consignados em um *memorial de las guerras*, enquanto pessoa que esteve presente em tudo isso, quis Nosso Senhor que o chamado Xicotenda, o Velho e um outro senhor que se chamava Maxescaz e os outros chefes viessem oferecer a paz.[45]

Observemos que a formulação é muito dúbia: afirma-se que a testemunha *possui* um memorial escrito, concernente às guerras de conquista. Díaz não declara que ele mesmo o tenha escrito: o fato de ter participado dessas batalhas não implica ser o redator do memorial. Os autores que acreditaram deter aqui uma prova de que Díaz já estava escrevendo sua crônica naquela data talvez tenham se precipitado.[46] Qual seria então a natureza desse *memorial de las guerras*? O que contém? "Muita coisa", afirma a testemunha Díaz: mais elíptico, impossível! Mas, definitivamente, possuímos talvez esse "memorial das batalhas": provavelmente ele corresponde ao anexo da *História verídica*.[47] Ele consiste em dois folhetos *recto verso*. Trata-se de uma lista que recapitula todas as batalhas a que Díaz del Cas-

---

45 "*Dixo que dadas las batallas, que les envió el dicho Fernando Cortés a demandar pazes. Y que pasadas muchas cosas que este testigo tiene escritas en un memorial de las guerras, como persona que a todo ello estuvo presente, que fue Nuestro Señor servido que el dicho Xicotenga el Viejo, y otro señor que se llamaba Maxescaz y los demás principales vinieron en las pazes*" (Barbón Rodríguez, op. cit., parte II, p.991).

46 Esse é o caso de Iglesia, *Semblanza de Bernal Díaz del Castillo*, p.52.

47 Castillo, op. cit., p.594-7. A primeira edição de Remón termina com essa lista das batalhas de que Bernal participou. No *Manuscrito de Guatemala* essa *memoria de las batallas y reencuentros en que me hallado* está depois do capítulo CCXII B. Num determinado momento, era o final do manuscrito; e ali foi acrescentada a falsa assinatura de Bernal.

tillo afirma ter participado. Assemelha-se a um documento que Bernal deve ter composto ou mandado compor para comprovar seus méritos, mas é um lembrete, redigido em estilo telegráfico, e não uma crônica. Pode-se aceitar ou não que Díaz del Castillo seja o autor do *memorial de las guerras* a partir de 1563, mas não há nenhum indício para que se confunda esse texto com a monumental *História verídica.*

A outra menção a um escrito associado a Díaz aparece em um documento de 9 de dezembro de 1569. Sempre na *probanza de méritos* da filha de Alvarado, por duas vezes Bernal irá mencionar uma "crônica e relatório". Ao final da segunda pergunta que trata da realidade do entendimento de Cortés com os Tlaxcaltecas, Bernal esclarece um ponto-chave: "Esta testemunha, escreve o tabelião, enquanto testemunha ocular que participou da conquista e da descoberta da Nova Espanha e de outras regiões por duas vezes antes do mencionado Hernando Cortés, possui uma crônica e um relatório, ao qual ele se refere".[48] No final da terceira pergunta, que trata da realidade da ajuda que os Tlaxcaltecas forneceram aos espanhóis durante a tomada da Cidade do México, Díaz responde nos seguintes termos:

> Tudo isso, essa testemunha sabe por ter visto e ter estado na companhia do mencionado dom Pedro de Alvarado em todas as situações tratadas aqui. Ele testemunha que, no decorrer das batalhas em questão, esse último foi ferido. E isso tudo responde

48 *"Este testigo como testigo de vista y que se halló en la conquista y descubrimiento de la Nueva España y otras partes, dos vezes antes que el dicho Hernando Cortés, tiene escrita una corónica y relación, a la qual también se remite."* (*Segunda pregunta*. In: Barbón Rodríguez, op. cit., parte II, p.1001.)

à pergunta e a testemunha pauta-se pelo que está escrito mais detalhadamente na crônica e no relatório que ele possui.[49]

Tal testemunho foi quase sempre mal interpretado. Quando Díaz afirma que tem uma crônica escrita pela qual se pauta, em nenhum momento diz ser dela o autor. Diz simplesmente que possui uma crônica escrita, ou seja, um manuscrito. Muito concretamente, diz ser o depositário dela. Aliás, se ele fosse o autor, tal frase não teria sentido algum, pois se Díaz del Castillo tivesse escrito essa crônica, esta não teria mais valor do que sua palavra. A formulação empregada subentende, assim, que ele possui um documento suplementar, exterior, que vem afiançar sua memória e reforçar seu testemunho.

Veremos mais adiante por que Bernal Díaz del Castillo hesita em se apropriar da crônica que está em sua posse. Mas fica claro que ele nunca se arriscará a isso. A prova está no anonimato do envio efetuado em 1575. Se de fato Díaz del Castillo fosse o autor dessa crônica, tendo em vista o que sabemos de sua personalidade, de sua capacidade de se apropriar de méritos que não são seus, seria crível que ele não tivesse procurado, caso lhe fosse possível, se apresentar como o autor dessa crônica? Por que ficar à margem de tanta glória? Por que não utilizar a arma fatal?

No final de sua vida, quando Díaz del Castillo atingiu uma idade avançada, seu filho Francisco não vai ter os mesmos

---

49 *"Lo qual sabe este testigo por lo aber visto y se hallar en compañía del dicho don Pedro de Alvarado a todo lo que dicho es, y salir de las dichas batallas y rencuentros herido. Y esto responde a esta pregunta, y se remite a lo que más largamente tiene escrito en la dicha su corónica y relación."* (*Tercera pregunta*. In: Ibid., p.1001.)

escrúpulos. E na vida sonhada que ele então inventa para seu pai, Francisco transforma Bernal em escritor. Disso possuímos ao menos uma prova. Em sua *probanza de méritos* de 1579, Francisco Díaz del Castillo cita uma testemunha cujo nome é Juan Rodríguez Cabrillo de Medrano e que não possui outra qualidade que a de residir em Santiago de Guatemala e ser um amigo de Francisco. Após ter afirmado que conhecia Bernal Díaz del Castillo, bem como sua esposa, Teresa Becerra, essa testemunha evoca "uma crônica que o mencionado Bernal Díaz del Castillo escreveu e compôs, tratando da conquista de toda a Nova Espanha, que foi enviada a Sua Majestade, o rei dom Filipe nosso senhor; e essa testemunha diz ter visto e lido essa crônica".[50] Seguem algumas anotações sobre o esplendor da casa de Díaz del Castillo, "digno servidor de Sua Majestade", declarações que devem ser obviamente lidas com muito recuo. Estamos no dia 12 de fevereiro de 1579, em Santiago de Guatemala, e Bernal Díaz del Castillo tornou-se pela primeira vez o autor da *História verídica*! Certamente contra sua vontade. Porém, sua idade avançada não mais permite tergiversação e Francisco, seu filho, embarcou na criação do mito.

Tal história fabricada de um Díaz del Castillo cronista torna-se então a vulgata na Guatemala. Provavelmente diminuído, Bernal não tem mais condições de se opor a ela. Sua morte em 1584, paradoxalmente, vem reforçar a ficção: a principal testemunha de acusação desaparece, deixando campo livre à difusão

50 "*Este testigo dixo constaba por informaciones que el dicho Bernal Díaz del Castillo a hecho, de que an resultado cédulas de Su Majestad, que este testigo a visto, y por una corónica que el dicho Bernal Díaz del Castillo a scripto y conpuesto, de la conquista de toda la Nueva España, que se envió a Su Magestad el rey don Felipe, nuestro señor; la qual este testigo a visto y leído.*" (Ibid., p.840.)

de uma genealogia revisada. Essa nova versão dos fatos, forjada no círculo familiar, vai se espalhar com rapidez e se impor como uma lenda urbana. Dela encontramos marca na carta de reclamação enviada pela esposa de Bernal, Teresa Becerra, em março de 1586. Nesse documento que já foi mencionado, ela outorga um membro de sua família a recuperar o manuscrito enviado para a Espanha, que, diz ela, lhe pertence, a ela e a seus filhos. Seu mandatário está encarregado de retomar a posse de

> uma história e crônica que o mencionado Bernal Díaz del Castillo, meu marido, fez e ordenou, escrita à mão, da descoberta, conquista e pacificação de toda a Nova Espanha enquanto conquistador e pessoa tendo estado presente no local. O doutor Pedro de Villalobos, que foi presidente da Audiência e governador dessa cidade, solicitou que o original fosse enviado a Sua Majestade e aos membros de seu Conselho das Índias.[51]

Há de se convir que certa prudência impregna a redação do documento: está dito que a crônica é "escrita à mão", e não "escrita por sua mão". Díaz "ordenou" a crônica, o que leva a crer que ele não a redigiu, mas compilou. Quanto à conquista, Bernal "esteve presente no local", mas não se sabe a título de quê!

Tudo leva a crer que a chegada às mãos de Bernal Díaz del Castillo do manuscrito da *História verídica* data de 1568. Assim,

---

51 "[...] *una historia y corónica que el dicho Bernal Díaz del Castillo, mi marido, hizo y ordenó, escrita de mano, del descubrimiento, conquista y pacificación de toda la Nueva España, como conquistador y persona que se halló a ello presente, la qual le pidió original en esta ciudad el dotor Pedro de Villalobos, presidente e gobernador que fue desta ciudad, en la Real Audiencia que en ella reside, y la envió a Su Magestad y los señores de su Real Consejo de Indias.*" (Ibid., p.1061.)

deve-se tratar com suspeita o testemunho tardio de Alonso de Zorita, escrito em 1585, único a sugerir que Díaz del Castillo já tinha começado sua obra de historiador quando ele mesmo era auditor junto à Audiência dos Confins, entre 1553 e 1556. Obviamente, se esse testemunho de Zorita fosse contemporâneo de sua passagem pela Guatemala, o caso seria diferente. Mas, escrever trinta anos depois dos fatos torna possível qualquer remanejamento da verdade. Podemos pensar que Zorita, dadas suas funções, tenha encontrado o manuscrito de Díaz del Castillo na Espanha e se vangloriado, com certa ingenuidade, de conhecer o autor dessa crônica, sem temer ser desmentido pelo interessado. Para o historiador, em todo caso, o testemunho – póstumo – de Zorita data de 1585, época em que a operação de captura da paternidade da *História verídica* já fora amplamente consumada.

4
O caso Gómara

Uma das principais intrigas da crônica de Díaz del Castillo é uma declarada animosidade contra Gómara. No prólogo da edição de Remón, indo diretamente ao assunto, Bernal abre as hostilidades.

> Acabo de terminar esta muito verídica e clara História, que trata da descoberta e de todas as conquistas da Nova Espanha, da tomada da grande cidade de México e de muitas outras cidades hoje pacificadas e habitadas por espanhóis. [...] E, nesta história, encontraremos quantidade de coisas notáveis e dignas de serem conhecidas. E veremos também que apontei os erros e os defeitos de um livro de Francisco López de Gómara, que se engana no que escreve sobre a Nova Espanha.[1]

---

1 "*Autor desta muy verdadera, y clara Historia, la acabé de sacar a luz, que es desde el descubrimiento, y todas las conquistas de la Nueva España, y como se tomó la gran ciudad de México, y otras muchas ciudades, y hasta las aver traido de paz e pobladas muchas ciudades e villas de Españoles, las embiamos a dar y entregar, como somos obligados, a nuestro rey, e señor. En la qual Historia hallaran cosas muy notables, e dignas de saber: e tambien van declarados los borrones, e cosas escritas*

Bernal não espera: desde as primeiras linhas instala a polêmica em seu livro. E, circunstância agravante, reprova Gómara por ter conduzido ao erro dois outros cronistas. "Não apenas ele se engana no que escreve sobre a Nova Espanha, mas também induziu ao erro dois historiadores famosos que acompanharam sua História, a saber, o doutor Illescas e o bispo Paulo Jovio."[2]

Mais adiante, no início do capítulo XVIII, Díaz del Castillo explicita as condições que o conduziram a escrever a *História verídica*.

> Enquanto eu estava escrevendo minha crônica, me deparei por acaso com uma história escrita em um estilo elegante, por um certo Francisco López de Gómora, que trata das conquistas da Cidade do México e da Nova Espanha. E depois de ter lido sua grande retórica, vendo minha obra tão grosseira, cessei de escrever e até tive vergonha que ela pudesse cair nas mãos de pessoas de certa classe. Estava, pois, perplexo. Mas me pus a ler atentamente tudo que escreveu Gómora em seus livros. E me dei conta de que, do começo ao fim, sua relação não era confiável, e até contrária ao que realmente aconteceu na Nova Espanha. [...] Levando tudo em consideração e tendo em vista que o que escreveu Gómora é bastante

---

viciosas, en un libro de Francisco Lopez de Gomara, que... va errado en lo que escrivio de la Nueva España." (Prólogo da edição Remón de 1632: fólio não numerado inserido entre a dedicatória a dom Lorenzo Ramírez de Prado e la *tabla de los capitulos*. Tem como título *El autor*. Reproduzido em uma transcrição defeituosa in: Barbón Rodríguez, op. cit., parte I, p.1.)

2 "*No solamente va errado en lo que escrivio de la Nueva España, sino que tambien hizo errar a dos famosos Historiadores que siguieron su Historia, que se dizen el Doctor Illescas, y el Obispo Paulo Iobio.*" (Ibid.)

afastado da realidade, o que é um prejuízo para muitas pessoas, continuei com a redação da minha história. Pois os letrados dizem que a boa maneira de escrever e de compor é a de acompanhar a verdade. E a simples verdade não sofre com a minha rudeza. Depois de refletir, decidi então continuar minha tarefa escrevendo do meu modo, como se verá, a fim de que sejam conhecidas as conquistas da Nova Espanha, com a devida clareza.[3]

O autor da *História verídica* se expressa aqui sem equívoco. Sem a obra de Gómara, seu projeto de crônica teria ficado em estado de veleidade. Com efeito, a referência a Gómara vai servir de encantamento regular e virá ritmar as páginas de Bernal. Calcula-se um total de umas sessenta interpelações desse autor, sistematicamente acusado de mascarar ou deformar a verdade. Dessa maneira, a versão dos acontecimentos proposta por Díaz del Castillo aparece, toda vez, dotada de uma marca

3 "*Estando escriviendo esta relacion acaso vi una Historia de buen estilo, la qual se nombra de un Francisco Lopez de Gomara, que habla de las Conquistas de Mexico y Nueva-España, y quando lei su gran retorica, y como mi obra es tan grosera, dexe de escrivir en ella, y aun tuve verguença que pareciesse entre personas notables; y estando tan perplexo como digo, torné a leer y a mirar las raçones y platicas que el Gomara en sus libros escrivio, e vi, que desde el principio y medio hasta el cabo no llevava buena relacion, y va muy contrario de lo que fue e passó en la Nueva-España* [...] *Despues de bien mirado todo lo que he dicho que escrive el Gomara, que por ser tan lexos de lo que passó, es en perjuizio de tantos, torno a proseguir en mi relación e Historia; porque dizen sabios varones que la buena política y agraciado componer, es decir verdad en lo que escribieren; y la mera verdad resiste a mi rudeza: y mirando en esto que he dicho acorde de seguir mi intento con el ornato y platicas que adelante se veran, para que salga a luz, y se vean las conquistas de la Nueva-España, claramente, y como se han de ver.*" (Texto da edição de Remón, cap. XVIII, fol. 11v e 12r; in: Ibid., parte I, p.45-6.)

de veracidade, selada na e pela contradição com o escrito de Gómara. Esse posicionamento "metodológico" do escritor Díaz del Castillo funcionou muito bem: todos os historiadores do século XVI ibérico aceitaram, de uma maneira geral, essa leitura e não cessaram de opor Díaz a Gómara. Aliás, cada um se punha de um lado ou de outro: eram "gomaristas" ou "bernaldistas". Com todo o substrato ideológico que inoportunamente ali coubera. Os gomaristas eram acusados de ter uma visão "elitista" da história, ao passo que os partidários de Bernal eram taxados de "populistas" por causa de sua simpatia pelo soldado-cronista que rompera com a versão oficial da conquista! Essa clivagem intelectual entre os dois cronistas até chegou a gerar um debate muito animado por ocasião do Congresso dos Americanistas, ocorrido em Sevilha, em 1935!

Entretanto, essa obsessão de Díaz em contrapor-se a Gómara não resiste a uma análise. Sua insistência é ao mesmo tempo obscura e suspeita.

Gómara, cronista proibido

Detenhamo-nos por um instante no personagem criado por Díaz. Quem é, pois, esse Francisco López de Gómara com quem Bernal tanto se indispõe? Quem se esconde atrás dessa estátua de comandante? Francisco López nasceu em Gómara, pequena cidade da Castela Velha, perto de Soria, em 1511. O homem nunca foi muito loquaz sobre suas origens: seus biógrafos supuseram que ele pudesse ser filho natural. Adolescente, dedica-se ao sacerdócio. Extremamente culto, bom latinista, dotado de uma escrita viva, consegue trabalhar junto de personalidades próximas da Corte. A partir de 1531, passa cerca de dez anos na Itália, em Roma, Bolonha, Veneza, onde é colaborador do embaixador de Castela. Gómara é principalmente conhecido por ter publicado, em dezembro de 1552, em Zaragoza, uma muito célebre *História geral das Índias*, em duas partes.[4] A primeira parte corresponde ao título: é uma crônica da descoberta e da conquista da América desde Colón até Pizarro; a segunda, por sua vez, é consagrada exclusivamente à conquista do México. Essa segunda parte, subintitulada, aliás, *Conquista de Mexico*, teria muito bem podido se chamar "Vida de Cortés", já que é concebida como uma biografia do conquistador, detalhando seus feitos de guerra com grande minúcia. O livro obtém imediatamente considerável sucesso e receberá duas reedições em 1553, uma em Zaragoza, pelo editor inicial, a outra em Medina del Campo, com o título de *Hispania Victrix*.[5] Esse sucesso é evidentemente devido à própria personalidade de Cortés, cuja vida é um romance. Um romance de capa e espada, evidentemente, mas no qual a intriga mistura

4 Gómara, *La istoria de las Yndias y conquista de Mexico*. Existem duas edições fac-símile dessa primeira edição princeps: México, Condumex, 1978, e Barcelona, Amigos del Círculo del Bibliófilo, 1982.

5 Id., *Primera y segunda parte de la Historia general de las Indias con todo el descubrimiento y cosas notables que han acaescido dende que se ganaron hasta el año de 1551. Con la conquista de Mexico y de la Nueva España.* O cólofon indica: "*En casa de Agustin Millan*".
Id., *Hispania Victrix. Primera y segunda parte de la historia general de las Indias con todo el descubrimiento y cosas notables que han acaescido dende que se ganaron hasta el año de 1551. Con la conquista de Mexico y de la nueva España.* O mesmo editor publicou igualmente, em um volume separado, a segunda parte consagrada a Cortés: *Segunda parte de la Chronica general de las Indias, que trata de la conquista de Mexico. Nuevamente y con licencia impressa.*

os amores de Cortés pela princesa Malinche, seu duelo político com Carlos V, seu olhar fascinado pela grandeza asteca, seu gosto pela aventura e pelo desconhecido, o que o lança na exploração do Pacífico. Cortés é um herói que lisonjeia o orgulho castelhano. Em todo caso, Gómara se dedica a apresentá-lo como tal. Quem não vibraria secretamente por esse personagem que elude todas as armadilhas, resiste a todas as ciladas, sai sempre vitorioso da adversidade e morre em casa depois de ter escapado de todas as flechas da vida? É esse o problema do livro de Gómara: embeleza Cortés em demasia, a quem incensa com deleite.

Tal pai, tal filho: tão doentiamente invejoso de Cortés quanto seu pai Carlos V, o príncipe Filipe não suporta esse panegírico. Em 17 de novembro de 1553, ele assina em Valladolid uma cédula de interdição ao livro de Gómara. Absolutismo em estado puro.

> Saibam, diz ele dirigindo-se a todas as autoridades civis, que Francisco López de Gómara, padre, escreveu um livro intitulado *Historia de las Indias y conquista de Mexico*, que foi impresso. E porque não convém que o tal livro se venda, se leia, nem sejam reimpressos outros dele; e os livros que foram impressos devem ser confiscados e levados ao Conselho Real das Índias de Sua Majestade. Vos peço, pois, [...] fazer o inventário dos exemplares impressos do dito livro que se encontram em vossas cidades, vilarejos ou outros lugares a fim de confiscá-los. [...] Vigiareis igualmente que nenhum exemplar desse livro seja novamente impresso nem vendido, por que modo seja [...] sob pena de uma multa de 200 mil maravedis. E aqueles que conservarem um exemplar em seu

domicílio serão passíveis de uma multa de 10 mil maravedis devidos à Câmara do fisco de Sua Majestade.[6]

Essa interdição não impede o editor de Gómara em Zaragoza de imprimir uma nova edição da obra em 1554. Brincando

---

6 "*El Príncipe. Corregidores, asistentes, gobernadores, alcaldes e otros jueces e justicias cualesquier de todas las ciudades, villas e lugares destos reinos e señoríos, e a cada uno y cualquier de vos a quien esta mi cédula fuere mostrada o su treslado signado de escribano público. Sabed que Francisco López de Gómara, clérigo, ha hecho un libro intitulado la Historia de las Indias y Conquista de México, el cual se ha impresso; y porque no conviene que el dicho libro se venda, ni lea, ni se impriman más libros dél, sino que los que están impresos se recojan y traigan al Consejo Real de las Indias de Su Majestad, vos mando a todos e a cada uno de vos, según dicho es, que luego que ésta veáis, os informéis y sepáis qué libros de los susodichos hay impresos en esas ciudades, villas y lugares, e todos aquellos que halláredes los recojáis y enviéis con brevedad al dicho Consejo de las Indias, e no consintáis ni deis lugar que ningún libro de los susodichos se imprima ni venda en ninguna manera ni por ninguna vía so pena que el que los imprimiere o vendiere, por el mismo caso, incurra en pena de doscientos mil maravedís para la Cámara e fisco de su Majestad; y ansimismo haréis pregonar lo susodicho por las dichas ciudades, villas y lugares, y que nadie sea osado a lo tener en su casa ni a lo leer, so pena de diez mil maravedís para la dicha Cámara.*" (Archivo general de Indias [estante 139, gaveta I, leg. II, t.23, fol. 8.) Cédula publicada por Medina, *Biblioteca Hispano-Americana* [*1493-1810*], t.I, p.264-265, apud Miralles em seu estudo preliminar à edição de Gómara, *Historia de la conquista de México*, n.566, p.XLVII-XLVIII, e por Rojas em sua introdução à edição da *Conquista de México*, Madri, 2001. Essa cédula é interessante porque nos dá uma avaliação do preço do livro de Gómara quando de sua saída/lançamento. Pela Pragmatique de 1502, que instalou a primeira regulamentação da edição na Espanha e apresentou/instalou todo o procedimento de censura e de autorização prévia, a multa por detenção de livro proibido ou não autorizado foi fixada em um montante equivalente ao preço de venda do livro. Se ainda fosse assim em 1553, a *Conquista de México* deveria ser vendida por 10 mil maravédis.

com as palavras, mudou o título do livro![7] Três outras edições em espanhol vão ser publicadas nesse ano, mas em Anvers, e com títulos distintos.[8] No entanto, vítimas de feroz censura, essas edições "góticas" serão sistematicamente destruídas, como para apagar a lembrança de Cortés. Desde então, será preciso ler em italiano (1556), francês (1569) ou inglês (1578) para ter acesso ao texto de Gómara.

---

7 "*La Historia General de las Indias y Nuevo Mundo, con mas la conquista del Peru y de Mexico; agora nuevamente añadida y enmendada por el mismo autor, con una tabla muy cumplida de los capitulos, y muchas figuras que en otras impressiones lleva. / Se vende en Zaragoza en casa de Miguel de Capila mercader de libros. / fue impresa la presente obra en la muy insigne ciudad de Çaragoça en casa de Pedro Bernuz; acabose de imprimir a doze dias del mês de octubre, año de mil y quinientos y cinquenta y quatro.*" O cólofon indica: "*fue impresa la presente historia de indias y conquista de Mexico en la muy noble y leal ciudad de Çaragoça: en casa de Agustin Millan. Ano mil y quinientos y cinquenta y quatro*".

Uma impressão separada do segundo tomo também é conhecida: *Cronica de la Nueva España, con la conquista de Mexico, y otras cosas notables hechas por el valeroso Hernando Cortes, Marques del Valle*, Saragoça, Augustin Millan, 1554.

8 As edições de Anvers são in-oitavo ou in-doze: *La Historia general de las Indias, y todo lo acaescido enellas dende que se ganaron hasta agora, y La conquista de Mexico, y de la nueva España*, ["*en Anvers por Martin Nucio. Con privilegio Imperial*"], 1554, 2v. Existe também uma impressão separada do segundo tomo: *La segunda parte de la historia general de las Indias, que contiene La conquista de Mexico y de la nueva España*, ["*en Anvers por Martin Nucio. Con privilegio Imperial*"], 1554.

Historia de Mexico, con el descubrimiento de la Nueva España, conquistada por el muy illustre y valeroso Principe don Fernando Cortés, Marques del Valle, escrita por Francisco Lopez de Gomara, clerigo. Añadiose de la nuevo descripción y traça de todas las Indias, con una tabla alphabetica de las materias y hazañas memorables en ella contenidas, Anvers, Juan Bellero, 1554.

Historia de Mexico, con el descubrimiento de la Nueva España, conquistada por el muy illustre y valeroso Principe don Fernando Cortés, Marques del Valle, escrita por Francisco Lopez de Gomara, clerigo. Añadiose de la nuevo descripción y traça de todas las Indias, con una tabla alphabetica de las materias, y hazañas memorables en ella contenidas, Anvers, ["*en casa de Juan Steelsio*"], 1554.

Gómara, capelão de Cortés?

Gómara é autor de várias obras, nas quais trabalhou entre 1541, data de seu retorno da Itália, e 1559, ano de sua morte: uma "Crônica dos Barba Roxa", esses corsários renegados passados ao serviço do poder otomano; os monumentais "Anais do Imperador Carlos V", que cobrem todo o reino, até o ano de 1556; e por fim um estudo sobre as "guerras marítimas do imperador Carlos V". Mas essas três obras permanecerão inéditas até a época contemporânea;[9] é, pois, Cortés quem faz a reputação de seu biógrafo. Assim, há muito tempo, os olhares se voltavam para a relação que pôde existir entre o conquistador do México e o eclesiástico de Soria. Bartolomeu de las Casas, que manteve com Cortés uma relação muito ambígua de fascinada abominação, revelou-se acusador de Gómara. "Em sua História, o padre Gómara relata um grande número de coisas muito inexatas, como se fosse um homem que, por iniciativa própria, não viu nada, nem ouviu, a não ser o que Hernando Cortés em pessoa lhe disse e escreveu quando era seu capelão e seu criado, por ocasião de seu último retorno à

---

9 Gómara, *Annales del emperador Carlos Quinto* [1557], manuscrito 1751, fol. I-85v. Obra publicada pela primeira vez em tradução inglesa: Merriman (ed.), *Annals of the Emperor Charles V by Francisco López de Gómaro*.

Gómara, *Crônica de los Barbarrojas* (1545). In: *Memorial histórico español*, v.VI, p.327-439 (com um apêndice: cartas e documentos p.440-539), 1.ed.

Bunes Ibarra y Jiménez (eds.), *Guerras de mar del emperador Carlos V [Compendio de lo que trata Francisco Lopez en el libro que hizo de las guerras de mar de sus tiempos]*, 1.ed.

Espanha."[10] Em outra ocasião, Las Casas repete sua crítica, idêntica na forma e no fundo:

> Gómara, padre, que escreveu a História de Cortés, que viveu com ele em Castela, quando este para aí retornara como marquês, não viu nada do que relata, nunca esteve nas Índias e não escreveu nada além do que aquilo que Cortés lhe disse; e, se desviando da verdade, organizou muitas coisas a fim de que lhe fossem favoráveis.[11]

Fazendo de Gómara secretário de Cortés, ou capelão, Las Casas nunca perdeu a oportunidade de acrescentar que ele era seu *criado*.[12]

A intenção de Las Casas é, naturalmente, insistir na parcialidade da crônica de Gómara, que ele vê como uma obra feita sob encomenda para pôr a coroa de louros na cabeça do conquistador, reduzindo o sofrimento dos povos indígenas, vergonhosamente subjugados pela força e pela brutalidade. Quase todos os comentadores admitiram que Gómara teria acompanhado Cortés na expedição dos berberes, na qual, em

---

10 "*Dice el clérigo Gómara en su Historia muchas y grandes falsedades como hombre que ni vido ni oyó cosa della más de lo que el mismo Hernando Cortés le dijo y dio por escripto siendo su capellán y criado después de marqués, cuando volvió la postrera vez a España.*" (Las Casas, *Historia de las Indias*; estudo preliminar de Lewis Hanke, t.III, p.222.)

11 "*Gómara, clérigo, que escribió la Historia de Cortés, que vivió con él en Castilla siendo ya marqués, y no vido cosa ninguna, ni jamás estuvo en las Indias y no escribió cosa sino lo que el mismo Cortés le dijo, compone muchas cosas en favor dél, que, cierto, no son verdad.*" (Ibid., t.II, p.528).

12 Ibid., t.II, p.529; t.III, p.222, 225, 237, 241, 242, 249, 251, 253, 383, 385.

outubro de 1541, a armada espanhola teve de renunciar a tomar Argel, defendida pelos irmãos Barba Roxa. Depois, Gómara teria permanecido em contato com Cortés, tanto em Valladolid quanto em Madri, o que lhe teria permitido extrair suas informações de fonte segura. A historiografia admite igualmente que Gómara teria permanecido em contato com Martín Cortés, filho espanhol do conquistador, depois da morte deste último, em 1547. O caso traz uma espécie de evidência: Gómara dedicou a Martín a segunda parte de sua *Historia*, consagrada exclusivamente a Cortés.

Houve, no entanto, algumas vozes dissidentes, como a de Juan Miralles, que negou a vida toda que Gómara tenha podido encontrar Cortés, tanto nos navios da batalha de Argel quanto em seu país, a Espanha. Mas os arquivos finalmente descreditaram Miralles; em um ato tratando do dote de María, uma das filhas de Hernán, Gómara afirma, sob juramento, que conhece Cortés desde 1529, e que ele fazia parte da intimidade do marquês em 1545, data do processo jurídico em que é testemunha.[13] Cabe pois ver em Gómara o capelão de Cortés.

A testemunha ocular contra o homem de gabinete

Qual é a natureza da animosidade de Díaz del Castillo contra o eclesiástico? Bernal formula duas queixas principais. Reprova inicialmente a Gómara de ter concentrado sua relação da história

---

13 Esses documentos foram publicados por Martínez, Francisco López de Gómara y Hernán Cortés: nuevos testimonios de la relación del cronista con los marqueses del Valle de Oaxaca, *Anuario de Estudios Americanos*, 67, 1, p.267-302.

na pessoa única de Cortés, de quem Bernal, aliás, não contesta o heroísmo e a coragem. Mas julga inadequado não associar o conjunto do grupo dos conquistadores aos triunfos de Cortés. Bernal se faz então o porta-voz dos soldados rasos a fim de que lhes seja restituída uma parte da honra que Gómara focaliza exclusivamente em Cortés. Por outro lado, Díaz considera que Gómara – que não foi ator na conquista, não sendo, pois, testemunha ocular – comete erros factuais, e se engana aqui e ali. A *História verídica* corrige, pois, em seu relato, certo número de dados. Esse duplo propósito do autor está presente várias vezes em sua escrita, de forma – é preciso dizer – um pouco encantatória:

> Nós, que vivemos esses acontecimentos, nós, que somos testemunhas oculares, vamos dizer qual foi a verdade e refutaremos desta forma os comportamentos e as narrativas mentirosas dos que escrevem por ouvir-dizer, pois sabemos que a verdade é coisa sagrada. Nisso, podemos suspeitar o cronista [Gómara] de ter sido enganado por falsas informações quando escrevia sua História, pois fez respingar toda a glória e a honra apenas sobre o marquês dom Hernando Cortés, ao passo que não conservou nenhuma memória de nenhum de nós, valorosos capitães e bravos soldados.[14]

14 "*Diremos lo que en aquellos tiempos nos hallamos ser verdad, como testigos de vista, e no estaremos hablando las contrariedades y falsas relaciones, como dezimos, de los que escrivieron de oídas, pues sabemos que la verdad es cosa sagrada: y quiero dexar de más hablar en esta matéria; y aunque avía bien que decir della. E lo que se sospechó del Coronista, que le dieron falsas relaciones quando hazía aquella Historia; porque toda la honra y prez della la dio sólo al Marqués don Hernando Cortés, e no hizo memoria de ninguno de nuestros valerosos Capitanes y fuertes soldados.*" (Castillo, op. cit., cap.XVIII. Texto da edição Remón, fol. 12v. In: Barbón Rodríguez, op. cit., parte I, p.46).

Já que Díaz toma a iniciativa de corrigir Gómara, seria interessante voltar-se para o conteúdo das retificações que ele introduz e verificar alguns exemplos.

Nada é mais conhecido do que a cena de Cortés queimando suas naves! Contrariamente à lenda, Cortés não ordena queimá-las, mas sim afundá-las na praia de Veracruz. Recordemos que o conquistador, por esse ato tão tático quanto simbólico, desejava impedir o retorno a Cuba de alguns de seus homens e queria mostrar o caráter irrevogável de seu investimento na conquista. Cortés sabota, então, os onze navios com que tinha vindo. Gómara afirma que Cortés o fez em segredo e de surpresa.

> Era um ato radical, perigoso e caro. Ele pensa duas vezes, não tanto pela perda dos navios quanto pelo receio da reação de seus companheiros. Temia, com efeito, que eles se rebelassem ao tomar conhecimento disso. Determinado a sacrificar seus navios, negociou então secretamente com alguns construtores navais para que os sabotassem e afundassem de forma irreversível; e pediu a outros pilotos que espalhassem a notícia de que os navios, roídos por vermes, não mais estavam em condições de navegar.[15]

15 "*Acordó quebrar los navíos; cosa recia y peligrosa y de gran pérdida; a cuya causa tuvo bien que pensar, y no porque lo doliesen los navíos; sino porque no se lo estorbasen los compañeros; ca sin duda se lo estorbaran y aun se amotinaran de veras si lo entendieran. Determinado pues de quebralos, negoció con algunos maestros que secretamente barrenasen sus navíos, de suerte que se hundiesen, sin los poder agotar ni atapar; y rogó a otros pilotos que echasen fama cómo los navíos no estaban para más navegar de cascados y roídos de broma.*" (Gómara, *Historia de la conquista de México*, estudo preliminar de Juan Miralles Ostos, n.566, cap.XLII, p.65.)

Díaz del Castillo, ao contrário, diz que foi de pleno acordo com seus homens que Cortés tomou essa decisão; e o fez essencialmente para obrigar os marinheiros que não queriam combater a integrar o grupo que se dirigia ao planalto para entrar na capital asteca.

> Falando com Cortés, nós, que éramos seus amigos, o aconselhamos a não deixar barcos no porto e afundá-los a fim de evitar que quisessem bater em retirada, como já havia ocorrido. E asseguramos que poderíamos assim obter apoio dos armadores, dos pilotos e dos marinheiros, que representavam uma centena de pessoas e que poderiam nos ajudar a ficar de sentinela e a guerrear... E foi aí que o cronista Gómara disse que quando Cortés ordenou sabotar os navios, assim o fez porque não ousava dizer a seus soldados que queria ir à Cidade do México ver o grande Montezuma. Mas as coisas não se passaram dessa maneira: seria possível aos espanhóis hesitar em tomar a frente e se esquivar diante da guerra?[16]

---

16 "*Estando en Cempoal, como dicho tengo, platicando con Cortés en las cosas de la guerra y camino que teníamos por delante, de plática en plática le aconsejamos los que éramos sus amigos, y otros hubo contrarios, que no dejase navio ninguno en el puerto, sino que luego diese al través con todos y no quedasen embarazos, porque entretanto que estábamos en la tierra adentro no se alzasen otras personas, como los pasados; y demás de esto, que tendríamos mucha ayuda de los maestres y pilotos y marineros, que serían al pie de cien personas, y que mejor nos ayudarían a velar y a guerrear que no estar en el puerto.* [...] *Aquí es donde dice el coronista Gómara que cuando Cortés mando barrenar los navios, que no lo osaba publicar a los soldados que queria ir a México en busca del gran Montezuma. No pasó como dice, pues, ¿de qué condición somos los españoles para no ir adelante y estarnos en partes que no tengamos provecho y guerras?*" (Castillo, op. cit., cap.LVIII, p.98-9.)

E, aproveitando o ensejo, Díaz retifica outro erro de Gómara, assinalando que a vigilância de Veracruz não foi deixada aos cuidados de Pedro de Ircio, mas, sim, de Juan de Escalante.[17]

Esse exemplo é revelador do estado de espírito de Bernal: quer sistematicamente reabilitar a tropa e mostrar, na ocasião, que é uma testemunha precisa dos acontecimentos. Do ponto de vista da história, seria indiferente saber se ele foi nomeado por Cortés como guardião do porto de Veracruz nesse exato momento, mas Díaz entra nesse tipo de detalhes a fim de dar a César o que é de César, e transformar modestos executores em atores da grande história.

Outra divergência entre o eclesiástico e o soldado emerge durante a narração da batalha de Centla. Atingindo a embocadura do rio Grijalva, às margens das terras maias, Cortés, a caminho da antiga Tenochtitlán, deu ordem de desembarque: tinha, ao que parece, esperança de estabelecer contato com os autóctones a fim de preparar sua expedição ao interior do Império Asteca. Os maias, entretanto, dispostos a negociar no ano anterior, agora acolhem os intrusos em formação de combate. Os espanhóis enfrentaram uma dura batalha. De um contra vinte. Corpo a corpo arriscado, onde as espadas dos conquistadores cruzam a imensidão das armas dos indígenas, debaixo de uma chuva de flechas. É nessa ocasião que os mexicanos descobrem os cavalos, e é à presença desses treze cavaleiros, pelo efeito surpresa, que Díaz del Castillo atribui a

---

17 "*También dice el mismo Gómara que Pedro de Ircio quedó por capitán en la Vera Cruz; no le informaron bien; Juan de Escalante fue el que quedó por capitan y alguacil mayor de la Nueva España, que aún a Pedro de Ircio no le habían dado cargo ninguno, ni aun de cuadrillero.*" (Ibid., p.99.)

vitória. Diferentemente, em seu texto Gómara não hesita em escrever que São Tiago em pessoa veio prestar forte ajuda aos espanhóis para garantir-lhes milagrosa vitória.

> Quando nossos espanhóis viram que tinham sido salvos das flechas e da multidão dos índios contra quem tinham lutado, foi com efusão que deram graças ao Senhor por tê-los salvado milagrosamente. E todos disseram que tinham visto o cavaleiro do cavalo cinza malhado vir por três vezes apoiá-los contra os índios, e que esse cavaleiro era São Tiago, nosso santo padroeiro. Fernando Cortés pendia para São Pedro, seu intercessor pessoal. Fosse um ou outro, a intervenção parecia miraculosa. Disso, não apenas os espanhóis testemunharam, mas também os índios que constataram a devastação cometida em suas fileiras cada vez que o cavaleiro se arremetia contra eles: parecia cegá-los e paralisá-los. Foi em todo caso o que disseram os índios capturados naquele dia.[18]

Díaz evidentemente zomba ironicamente dessa intervenção dos céus e justifica a vitória espanhola pela coragem dos combatentes.

---

18 "*No pocas gracias dieron nuestros españoles cuando se vieron libres de las flechas y muchedumbre de indios, con quien habían peleado, a nuestro Señor, que milagrosamente los quiso librar; y todos dijeron que vieron por tres veces al del caballo rucio picado pelear en su favor contra los indios, según arriba queda dicho; y que era Santiago, nuestro patrón. Fernando Cortés más quería que fuese sant Pedro, su especial abogado; pero cualquiera que dellos fue, se tuvo a milagro, como de veras pareció; porque no solamente lo vieron los españoles, más aún también los indios lo notaron por el estrago que en ellos hacía cada vez que arremetía a su escuadrón, y porque les parescía que los cegaba y entorpescía. De los prisioneros que se tomaron se supo esto.*" (Gómara, *Historia de la conquista de México*, op. cit., cap.XX, p.35.)

> Foi aqui que Francisco López de Gómara disse [...] que foram os santos apóstolos, senhor São Tiago ou senhor São Pedro. Ele diz que todas nossas proezas e todas nossas vitórias, nós as devemos às mãos de Nosso Senhor Jesus Cristo. [...] É possível que o que diz Gómara seja verdadeiro, e que tenha sido mesmo os gloriosos apóstolos, senhor São Tiago ou senhor São Pedro; mas, eu, pobre pecador, não fui digno de vê-los. O que eu vi, foi Francisco de Morla, em um cavalo marrom, ao lado de Cortés. [...] Mas se, por minha indignidade, não mereci ver nenhum dos dois gloriosos apóstolos, por outro lado, lembro-me perfeitamente que lá haviam, nesse instante, mais de quatrocentos soldados, Cortés e outros cavaleiros. [...] Agradou a Deus que esse milagre tenha ocorrido, como diz o cronista; mas até eu ter lido sua crônica, nunca tinha ouvido falar dele, nem eu nem nenhum dos conquistadores que lá se encontravam.[19]

Foi em registro bastante similar que Díaz del Castillo corrigiu Gómara em relação a *La Noche Triste*. Em 30 de junho de 1520, quando os espanhóis tiveram de enfrentar a rebelião geral

19 "*Aquí es donde dice Francisco López de Gómara que... eran los santos apóstoles señor Santiago o señor San Pedro. Digo que todas nuestras obras y victorias son por mano de Nuestro Señor Jesucristo, y que en aquella batalla había para cada uno de nosotros tantos indios que a puñados de tierra nos cegaran, salvo que la gran misericórdia de Nuestro Señor en todo nos ayudaba; y pudiera ser que los que dice Gomara fueron los gloriosos apóstoles señor Santiago o señor San Pedro, y yo, como pecador, no fuese digno de verlo. Lo que yo entonces vi y conocí fue a Francisco de Morla en un caballo castaño, y venía juntamente con Cortés* [...]. *Y ya que yo, como indigno, no fuera merecedor de ver a cualquiera de aquellos gloriosos apóstoles, allí en nuestra compañía había sobre cuatrocientos soldados, y Cortés y otros muchos caballeros* [...]. *Y plugiera a Dios que así fuera, como el coronista dice: y hasta que leí su corónica nunca entre conquistadores que allí se hallaron tal les oí.*" (Castillo, op. cit., cap.XXXIV, p.56.)

dos habitantes da Cidade do México, não tiveram outra escolha senão fugir da cidade sob catástrofe ao cair da noite. Cortés decidiu abrir passagem e confiou a retaguarda a Pedro de Alvarado. Dessa retaguarda, houve apenas cinco sobreviventes, dentre eles o colossal Alvarado, força da natureza, que media mais de dois metros. Para fugir, levando em conta a situação insular da cidade de México, era preciso utilizar um caminho de pavimento elevado. Em vários pontos estratégicos, essa via era entrecortada por pontes móveis que, em tempos normais, permitiam a circulação das pirogas. Nessa noite fatídica, os astecas haviam, claro, retirado essas pontes: os espanhóis foram pegos na armadilha e entregues à sorte. Mas Cortés, previdente, mandara fabricar passarelas portáteis que serviram efetivamente para deixar passar uma parte de sua tropa. Uma parte apenas. Pois, em combates de incrível violência, a retaguarda se fez dizimar diante do braço de lagoa que interrompia o caminho, no lugar da ponte destruída pelos mexicanos. Em sua versão de *La Noche Triste*, Gómara repete um fato heroico: o famoso "salto de Alvarado".

> Não podendo resistir à impetuosidade dos inimigos e vendo que seus companheiros morriam ao redor dele, Alvarado compreendeu que não poderia escapar se continuasse ali. Seguiu, pois, Cortés, lança na mão, marchando sobre os cadáveres dos espanhóis mortos em combate, em meio a gritos e gemidos. Chegando à cabeça de ponte, saltou para o outro lado apoiando-se em sua lança. Diante desse salto, os índios ficaram estupefatos; os espanhóis também; pois Alvarado era de tamanho gigantesco. E os outros não puderam fazer o mesmo; tentaram e se afogaram.[20]

20 "*Alvarado no pudiendo resistir ni sufrir la carga que los enemigos daban, y mirando la mortandad de sus compañeros, vio que no podia él escapar si atendía,*

Em comparação, a narrativa de Díaz del Castillo é mais terra a terra; o autor se mostra mais racionalista:

> [Tendo alcançado Cortés,] Pedro de Alvarado diz que toda a retaguarda estava morta quando da travessia da ponte e que ele mesmo e os quatro soldados que vinham com ele passaram a ponte de forma extremamente perigosa, marchando por cima dos mortos e dos cavalos deles que tinham sido mortos e sobre esteiras de vime. Na verdade, essa passagem da ponte estava repleta de cadáveres... E eu acrescento que, em momentos como esses, nenhum soldado teria a ideia de parar para ver se Alvarado pulava um pouco ou muito; pois tínhamos apenas uma coisa na cabeça: salvar nossa vida, tão em perigo de morte nos encontrávamos diante da multidão dos mexicanos que nos atacavam. E tudo que Gómara diz a respeito desse episódio é uma farsa, pois quem quer que tivesse querido saltar se apoiando em sua lança não teria podido fazê-lo, pois a água era muito profunda e a lança não teria podido tocar o fundo.[21]

---

y siguió tras Cortés con la lanza en la mano, pasando sobre españoles muertos y caídos, y oyendo muchas lástimas. Llegó a la puente cabera, y salto de la outra parte sobre la lanza; deste salto quedaron los indios espantados y aun españoles, ca era grandísimo, y que otros no pudieron hacer; aunque lo probaron, y se ahogaron." (Gómara, *Historia de la conquista de México*, op. cit., cap.CX, p.156.)

21 "*Volvamos a Pedro de Alvarado; que como Cortés y los demás capitanes le encontraron de aquella manera y vieron que no venían más soldados, se le saltaron las lágrimas de los ojos, y dijo Pedro de Alvarado que Juan Velásquez de Léon quedó muerto con otros muchos caballeros, así de los nuestros como de los de Narváez, que fueron más de ochenta, en la puente, y que él y los cuatro soldados que consigo traía, que después que les mataron los caballos pasaron en la puente com mucho peligro sobre muertos y caballos y petacas, que estaba aquel paso de la puente cuajado de ellos, y dijo más: el que todas las puentes y calzadas estaban llenas de guerreros, y en la triste puente, que dijeron después que fue el salto de Alvarado, digo que aquel tiempo ningún soldado se paraba a verlo si saltaba poco o mucho,*

Em todos os exemplos precedentes, vemos que Díaz del Castillo introduz sobretudo uma diferença de tonalidade; na verdade, sua versão dos fatos não diverge sensivelmente da narrativa de Gómara. Suas retificações são mais de ordem psicológica. Ele aparece como observador preciso, pragmático e seguro de si; pode mesmo ser minucioso na descrição dos acontecimentos, consignando detalhes que dão vida ao relato, mas não mudam a incidência dos fatos. Afinal, é estranho que a maioria das retificações feitas por Díaz del Castillo trate de pontos menores. Aqui, ele corrige um nome; ali, modifica uma data, com alguns dias de diferença; ali ainda, acrescenta um elemento secundário, reprovando a Gómara de tê-lo calado! Mais estranho ainda, mostra algumas vezes contradizer Gómara, fazendo-nos buscar em vão as divergências anunciadas![22] Ao

---

porque harto teníamos que salvar nuestras vidas porque estábamos en gran peligro de muerte, según la multitud de mexicanos que sobre nosotros cargaban. Y todo lo que en aquel caso disse Gómara es burla porque ya que quisiera saltar y sustentarse en la lanza, estaba el agua muy honda y no podía llegar al suelo con ella." (Castillo, op. cit., cap.CXXVIII, p.257.)

22 Por exemplo, a respeito dos preparativos de Cortés em Cuba, Díaz escreve: "em sua história, Gómora diz o contrário do que se passou" [*verán las palabras que dize Gómora en su istoria cómo son todas contrarias de lo que pasó*] (Ibid., cap.XX, p.34). Ora, procuramos em vão quais poderiam ser as diferenças, excetuado o fato que Gómara não menciona Alvarado entre os onze capitães de Cortés. Ver Gómara, *Historia de la conquista de México*, cap.VIII, p.17. Da mesma forma, quando se trata da entrada em Cempoalla – onde Cortés ia negociar a aliança com os Totonaques –, não vemos a razão de Bernal ter escrito: "Eis o que aconteceu realmente, o que é diferente da relação que demos ao cronista Gómara" [*Esto es lo que pasa, y no la relación que sobre ello dieron al coronista Gómara*] (Castillo, op. cit., cap.XLVII, p.81). O leitor, ao contrário, fica surpreso com a semelhança entre as duas narrativas.

longo das páginas, forja no leitor a convicção de que a recriminação dirigida ao cronista de Soria é exagerada, e que o tom da crítica não se baseia em nenhum fator decisivo.

A leitura impossível

O mal-estar do analista se intensifica quando se compara o conteúdo das duas obras. Sem chegar, como alguns, a acusar Díaz del Castillo de plágio, olhando-se pelo lado do capelão de Cortés,[23] é certo que o confronto dos dois textos revela detalhes desconcertantes. Não me parece pertinente incriminar Bernal por ter, tal como seu predecessor, seguido um plano minuciosamente cronológico: não foi Gómara quem ordenou o desenvolvimento dos fatos, mas a história. E, além disso, esse último introduz dois grandes cortes na sua narrativa, que vêm romper com elegância a continuidade estritamente temporal: ele estabelece uma primeira descrição etnológica de Cidade do México-Tenochtitlán no momento da chegada dos espanhóis na capital asteca (capítulos LXVII a LXXXII), depois outra, mais longa, no fim do livro, entre a exploração da Califórnia e a morte de Cortés (capítulos CC a CCXLVIII). Díaz não o imita nesse assunto. A simetria das duas obras não é, pois, tão nítida quanto se quis acreditar.

23 O primeiro a falar de plágio foi Eberhard Straub em seu livro sobre Cortés, *Das Bellum iustum des Hernán Cortés in Mexico*, p.175-7. É um pouco a posição expressa mais recentemente por Graulichap, "La mera verdad resiste a mi rudeza": forgeries et mensonges dans l'*Historia verdadera de la conquista de la Nueva España* de Bernal Díaz del Castillo, *Journal de la Société des Américanistes*, t.82, p.63-95.

Entretanto, certo ar de família entre Díaz del Castillo e Gómara é perceptível, por exemplo, nas escolhas dos acontecidos comentados ou em parágrafos inteiros que oferecem, de uma versão a outra, apenas ligeiras modificações redacionais.[24]

---

24 Sobre certas preocupantes / misteriosas semelhanças redacionais, darei dois exemplos: um relativo à chegada a San Juan de Ulua e o discurso que Cortés dirige à delegação indígena que tinha vindo acolhê-lo; o outro, ao encontro do conquistador com o chefe dos Tlaxcaltèques, Xicotencatl.

San Juan de Ulua: Gómara, *Historia de la conquista de México*, cap. XXVI, p.42: "*Y díjoles Cortés cómo era vasallo de don Carlos de Austria, emperador de cristianos, rey de España y señor de la mayor parte del mundo, a quien muchos y muy grandes reyes y señores servían y obedecían, y los demás príncipes holgaban de ser sus amigos, por su bondad y poderío; el cual, teniendo noticia de aquella tierra y del señor de ella, lo enviaba allí para visitarle de su parte, y decirle algunas cosas en secreto, que traía por escrito, y que holgaría de saber; por eso que lo hiciese saber luego a su señor, para ver donde mandaba oír la embajada*". Castillo, op. cit., cap.XXXVIII, p.64: "*Y alzadas las mesas, se apartaron Cortés con las dos lenguas y con aquellos caciques, y les dijo cómo éramos cristianos y vasallos del mayor señor que hay en el mundo, que se dice el emperador don Carlos, y que tiene por vasallos y criados a muchos grandes señores; y que por su mandado venimos a estas tierras, porque ha muchos años que tiene noticia dellos y del gran señor que les manda, y que le quiere tener por amigo y decirle muchas cosas en su real nombre; y desque las sepa y haya entendido, se holgará; y también para contratar con él y sus índios y vasallos, de buena amistad; y que queria saber donde manda su señor que se vean*".

Xicotencatl: Gómara, *Historia de la conquista de México*, cap.LIII, p.82: "*Entró por el real Xicotencatl... con cincuenta personas principales... y sentados, le dijo como venía de su parte y de la de Maxixca... y de otros muchos que nombró, y en fin, por toda la república de Tlaxcallan, a rogarle los admitiese a su amistad, y a darse a su rey, y a que les perdonase por haber tomado armas y peleado contra él y sus compañeros, no sabiendo quién fuesen... y temiendo no fuesen de Moteczuma, antiguo y perpetuo enemigo suyo*". Castillo, op. cit., cap.LXXIII, p.125-6: "*Y dijo el Xicotenga que él venía de parte de su padre y de Maseescaci y de todos los caciques y república de Tascala a rogarle que les admitiese a nuestra amistad, y que venía a dar la obediencia a nuestro rey y señor y a demandar perdón por haber tomado armas y habernos dado guerras; y que*

Há, pois, uma suspeita. A diatribe anti-Gómara de Díaz del Castillo não seria um artifício? Uma espécie de cisco no olho, destinado a desviar a atenção do leitor? Uma astúcia que permitiria forjar, mediante módica soma, uma originalidade? A historiografia desses últimos anos questionou esse surpreendente parentesco, que não se define, entretanto, nem por uma semelhança estilística nem por uma desmarcação estrutural. Mas essa intuição nunca resultou em uma explicação satisfatória: na realidade, veremos que existe uma.

Mas, por ora, continuemos nossa investigação. O caso Gómara não se limita a essa similitude de conteúdos, por estranha que seja. Existe, com efeito, um impedimento que dirime o fato de Díaz del Castillo ter podido conhecer a crônica de Gómara! E nos vemos diante de um verdadeiro mistério. Em termos claros, a utilização da crônica de Gómara por Bernal é uma impossibilidade técnica. Recoloquemos as coisas em perspectiva. Oficialmente, Díaz del Castillo termina sua crônica na Guatemala, em 1568, como já vimos anteriormente. Por outro lado, a crônica de Gómara está proibida – sob um ou outro nome – a partir de 1553; e sabemos que, desde 1554, os exemplares em circulação foram procurados e apreendidos. A questão que se coloca então é a de saber como Bernal, na sua longínqua Guatemala, pôde tomar conhecimento da *História geral das Índias* de Gómara, obra proibida. Os livros, no século

---

si lo hicieron, que fue por no saber quién éramos, porque tuvieron por certo que veníamos de la parte de su enemigo Montezuma".

José Antonio Barbón Rodríguez realizou um estudo muito precioso desse jogo de ecos entre Díaz e Gómara na segunda parte de sua magistral edição de Bernal. Ver Barbón Rodríguez, op. cit., parte II, p.183-203.

XVI, são mercadorias raras e caras. Mencionemos que Isabel, a católica, no momento de sua morte, em 1504, possuía apenas dois livros! São os eclesiásticos, os senhores, as ordens religiosas, os universitários, os grandes burgueses, que são os clientes dos livreiros. Trata-se fundamentalmente de um mercado local e, além do mais, um mercado local rigorosamente controlado. Essa vigilância inquisitorial implicava um sistema draconiano de licenças e de aprovações, emanante de instituições de censura tanto políticas quanto religiosas. A vigilância redobrava quando se tratava de exportar livros para as Índias: as bagagens eram vasculhadas e feitas listas dos objetos contidos na mudança, a fim de taxá-los. Nessas condições, como a obra de Gómara teria podido chegar à América? Isso faria supor que Díaz, a par da publicação em tempo real, se tenha mostrado interessado em obter a obra, e tenha enviado um emissário a Zaragoza, a Medina del Campo ou a Anvers para adquirir o livro clandestinamente. Em seguida, teria sido preciso pagar a passagem de seu enviado especial, de Sevilha até Veracruz. Depois, encontrar uma forma de encaminhamento de Veracruz à Cidade do México, e desta à Guatemala. É possível imaginar a dificuldade de importar um livro comum, isto é, autorizado. Mas, no caso que nos interessa, o livro é proibido: será então preciso, além disso, driblar a alfândega em Sevilha, depois enganar a vigilância organizada na entrada do México e, em seguida, frustrar eventuais denúncias. Missão impossível. Do início ao fim! Esse cenário rocambolesco não teria podido existir. Como Díaz, vivendo na Guatemala, poderia ter sido informado dessa publicação? Nada do que sabemos sobre o personagem real permite esboçar a personalidade de um cuidadoso bibliófilo! Como supor que Bernal tenha podido infringir conscientemente uma proibição real para satisfazer uma simples curiosidade? Por que teria ele tomado tais riscos?

Mas o mistério não termina aí. Em nenhum momento Díaz aparenta ter consciência de que faz referência a um livro proibido quando cita Gómara. Por causa disso, sua reivindicação de verdade em detrimento do eclesiástico está perpetuamente sem justificativa: o leitor não atento poderia ter o sentimento de que Gómara é um autor oficial e que Díaz faz o papel de franco-atirador contra a instituição. No entanto, é o inverso: o capelão de Cortés é quem é o autor proibido e perseguido; e Bernal, denunciando Gómara, se põe, contra sua vontade, no papel de defensor da história oficial... Mas, percebe-se que alguma coisa não se encaixa. Os atores representam na contramão. Por quê?

Nesse estágio, o enigma já comporta uma bela série de incógnitas. E vai se complicar mais ainda! Pois, já notamos, Díaz associa a seu rancor anti-Gómara dois outros "historiadores" que ele indica para vindita: Paulo Jovio e Gonzalo de Illescas. Para falar a verdade, não se esperava encontrar esses nomes na pena de um velho homem de guerra, que certamente frequentou mais os campos de batalha do que os lugares do culto. Jovio e Illescas são homens da Igreja.

O enigma Jovio

Paolo Giovo[25] é italiano, nascido em Como, em 1483. Ele é conhecido na França pelo nome de Paul Jove e, na Espanha, pelo nome de Paulo ou Pablo Jovio. Médico formado pela

25 Sobre a vida de Paolo Giovio, ver Zimmermann, *Paolo Giovio. The Historian and the Crisis of Sixteenth-Century Italy*.

Universidade de Pavia, é um grande erudito e conhece autores e artistas tanto da Antiguidade quanto de seu tempo. Chegado a Roma em 1512, inicia sua carreira tornando-se médico particular de numerosas personalidades da época, príncipes ou prelados, como o cardeal Júlio de Médici, que receberá a mitra sob o nome de Clemente VII, de quem se tornará conselheiro próximo. A ascensão de Leão X ao papado o propulsa para os palácios pontificais; oficialmente professor de filosofia, vai servir três papas e percorrer por mais de vinte anos os corredores do Vaticano. É ao mesmo tempo uma testemunha e um ator da história, um homem de gabinete e um diplomata eficiente; por várias vezes delegado do papa, ele viaja pela Europa, conhece os príncipes de seu tempo. Tem acesso aos segredos de Estado, passeia pelos bastidores do poder. Em recompensa por seus leais serviços, Clemente VII o nomeia bispo de Nocera, na diocese de Salerno. Mas, no fundo, se interessa tanto pela arte quanto pela política. E Paulo Jovio passará para a posteridade por ter inventado duas coisas: o conceito de museu e o *who's who*.

A partir de 1521, enquanto do outro lado do Atlântico Cortés se torna senhor da Nova Espanha, Jovio se lança em um projeto faraônico que será a alma de sua vida: reunir os retratos dos homens ilustres, da Antiguidade até nossos dias. A essa galeria ideal de retratos dá o nome de *Museu*, em homenagem às Musas inspiradoras da ciência e das artes. O que poderia ter sido apenas uma coleção de quadros vai mudar de natureza quando Jovio decide apresentá-la ao público de forma permanente, em lugar que lhe será exclusivamente dedicada. Ele manda então construir em Borgovico, em 1538, às margens do lago de Como, no lugar da antiga vila de Plínio, o

Jovem, um edifício de grande elegância, concebido para abrigar seu "Museu": tendo inventado a palavra e a coisa, cria assim o modelo do que virão a ser, depois dele, todos os museus do mundo. Em Borgovico, Jovio imagina um museu de arte e de história onde serão levados a coabitar filósofos, escritores, homens de Igreja e homens de Estado. Em resumo, prevê escrever sob os quadros não um simples título com o nome do personagem retratado, mas uma verdadeira nota biográfica: o elitismo se torna didático.

Como fará Jovio para reunir os retratos com que sonha? Pagando, é claro, com seu próprio dinheiro, o trabalho de vários artistas: ele se arruinará, aliás, com essas grandezas. Mas ele tem outra ideia: ganhar as obras de arte em troca da honra de vê-las penduradas em seu Museu! Humanista moderno, recorre à edição e inventa o princípio da subscrição: a todos os doadores solicitados que enviarem seu retrato, ele oferece em contrapartida a inclusão de uma nota biográfica em um livro! Quem seria insensível à ideia de aparecer nesse fechado cenáculo de celebridades atemporais? Pois a isca consiste em fazer figurar os contemporâneos ao lado de Alberto, o Grande, São Tomás de Aquino, Dante, Petrarca ou Boccaccio... Jovio, com sua diplomacia e perseverança, alcança seu intento. Seu Museu de Borgovico contará, ao final, com mais de 400 quadros. Em 1546, ele publica – em latim, língua europeia – um primeiro tomo de *Elogios dos homens ilustres*, consagrado aos escritores dos quais ele tem o retrato. Em 1551, um segundo tomo – sempre em latim – inclui os homens "que se tornaram ilustres por sua coragem na guerra": neste inclui tanto antigos chefes de guerra quanto príncipes reinantes. Nesse areópago de notáveis, encontramos Rômulo, Aníbal, Alexandre, o Grande, e também

Francisco I, Henrique VIII da Inglaterra ou Soliman, o Magnífico. Jovio conseguiu uma façanha: obteve um retrato de Cortés. Por ter o prazer de sentar nesse panteão laico, antecâmara da imortalidade, e, além do mais, em pé de igualdade com Carlos V, o conquistador do México modificou suas convicções, que durante toda sua vida o impediram de autorizar a reprodução de sua imagem: alguns meses antes de sua morte, consentiu em fazer executar seu retrato. Às margens do lago de Como, mede com seu olhar sombrio o monarca espanhol crispado em sua eterna careta. Cortés assumiu postura para a eternidade.[26]

A crítica feita por Díaz del Castillo a Jovio é amplamente incompreensível. Procuram-se em vão, na obra do italiano, os elementos que poderiam suscitar esses lampejos. O bispo de Nocera publicou em latim uma *História de seu tempo*, na cidade de Florença, em 1552, pouco antes de sua morte.[27] É difícil imaginar Díaz tendo acesso ao texto em latim; mas existiu uma tradução espanhola publicada em 1563, em Salamanca,[28] que

---

26 O retrato original de Cortés, que figurava no Museu de Jovio desapareceu; mas, copiado várias vezes, serviu de modelo aos retratos de Yale, Florença, Viena e Madri. Jovio descreve um pouco o quadro falando desse "Hernán Cortés que vemos aqui com essa espada dourada, esse colar de ouro, coberto com ricas peles" (ver nota 30). É assim que sabemos que a gravura de Tobias Stimmer, publicada na edição ilustrada dos *Elogios* (Bâle, 1575), não é fiel ao quadro original; trata-se de preferência de uma adaptação da medalha gravada em 1529 por Christopher Weiditz. Sobre essa questão dos retratos de Cortés, ver Duverger, *Cortés*, p.480-9.

27 Giovio, *Pauli Iovii Novocomensis Episcopi Nucerini Historiarum sui temporis*. In: officina Laurentinii Torrentini, MDLII.

28 *Segunda parte de la Historia general de todas las cosas succedidas en el mundo en estos cincuenta años de nuestro tiempo en la qual se escriven particularmente todas las victorias y successos que el invictissimo emperador don Carlos uvo dende que*

obteve uma licença autorizando sua exportação para as Índias Ocidentais, com data de 28 de outubro de 1566. Isso deixa tecnicamente tempo para Bernal ter tomado conhecimento. Todavia, não se vê a razão do autor de *História verídica* ter se interessado nesse texto que trata apenas das guerras da Itália e da situação política da Europa entre 1494 e 1547. Por mais que se folheie esse livro, não se encontra nada que seja conectado com a história da conquista do México. Examinemos os fatos: Jovio era colaborador do papa Clemente VII no momento do saque de Roma; foi, pois, uma testemunha preocupada, chocada e ferida. Foi esse acontecimento que despertou sua vocação de historiador; por trás dos sobressaltos da Europa Renascentista, suas *Historiarum*, no fundo, desenvolvem uma profunda crítica a Carlos V, responsável direto por essa barbárie. O livro de Jovio é, portanto, bastante veemente a respeito dos espanhóis e muito acerbo a respeito do imperador ao qual nega o direito de se apresentar como chefe da cristandade. A *História de seu tempo* é seguramente um livro com tonalidade antiespanhola mas, com certeza, não é uma crônica da conquista do México. Será então preciso buscar em outro lugar o motivo da irritação manifestada por Díaz e voltar nosso olhar para os *Elogios*.[29] Jovio escreveu de fato um texto sobre Cortés, mas perfeitamente inserido no espírito de seu livro, que é uma antologia biográfica;

començo a reynar en España, hasta que prendio al duque de Saxonia. Escrita en lengua latina por el doctissimo Paulo Iovio obispo de Nochera, traduzida de latin en castellano por el licenciado Gaspar de Baeça... en Salamanca en casa de Andrea de Portonariis, impressor de Su Catholica Magestad. MDLXIII.

29 Giovio, *Elogia veris clarorum imaginibus apposita quae in Musaeo Ioviano Comi spectantur.* Id., *Elogia virorum bellica virtute illustrium veris imaginibus supposita.*

trata-se de uma simples publicação de seis folhetos em que o autor resume um esboço da trajetória de Cortés. Acrescenta, aliás, um toque pessoal ao contar como, em março de 1529, recebeu os dois embaixadores astecas que Cortés enviara ao papa Clemente VII:

> Eu mesmo vi esses embaixadores em Roma. Pela cor de sua pele, por seus cabelos e seu temperamento alegre, se pareciam a nossos mulatos. Eles ofereceram ao papa pequenos objetos de ouro e o Soberano Pontífice agradeceu a eles vestindo-os com brocados. E conferiu-lhes a dignidade de cavaleiro, dando, a cada um deles, um cinturão, uma espada, um escudo dourado e lhes passou uma corrente de ouro em volta do pescoço. E foi assim que eles voltaram para suas terras muito contentes; e fui capaz de dizer que na sua volta à casa eles não deixaram de falar na grandeza de Roma.[30]

Globalmente, o texto de Jovio, de grande brevidade, faz constar na vida de Cortés apenas noções comuns e aceitas. O leitor de boa vontade teria dificuldade em encontrar aí matéria de polêmica.

---

30 Texto original em latim. A notícia sobre Cortés se encontra no livro VI das *Elogia virorum bellica virtute illustrium*. Está inserida entre a de Francisco I e a do rei Sigismundo da Polônia. Estende-se por mais de seis folhetos, enquanto a do rei da França, que, apesar de ter sido protetor de Jovio, ocupa apenas duas folhas e meia, ao passo que o texto consagrado a Carlos V, que abre o livro VII, cabe em uma página e meia. Existe uma tradução espanhola desse curto texto de Jovio, que figura em apêndice em Gómara, *Historia de la conquista de México*, 1943, t.II, p.321-34.

Ora, Díaz del Castillo se refere a Jovio por três vezes na edição Remón e por quatro no *Manuscrito de Guatemala*. Por duas vezes trata-se de denúncia vaga, que não remete a nenhum episódio preciso.[31] No entanto, há dois casos mais surpreendentes. Em um dos primeiros capítulos de sua história, Bernal menciona o ouro do Tabasco. Acusa nomeadamente Gómara, Illescas e Jovio de terem exagerado na quantidade de ouro reunida por Grijalva por ocasião de sua viagem de exploração em 1518.[32] Díaz retifica secamente: "Na província do rio de Grijalva e seus arredores, não há ouro; a não ser algumas joias que eles herdaram de seus ancestrais".[33] É, aliás, a verdade: a maioria dos objetos que os conquistadores, no calor de sua ação, acreditavam ser de ouro, se comprovou ser de cobre. O problema aqui é o de ver Jovio associado a esse boato. Pois, em nenhum momento, nem na *História* nem nos *Elogios*, não se encontra menção ao ouro do Tabasco.

Sabemos que os espanhóis, derrotados depois de *La Noche Triste*, se refugiaram em Tlaxcala para tratar de suas feridas. Foram acolhidos pelo velho chefe da cidade, Xicotencatl, apesar da hostilidade manifestada por seu filho. Esse episódio, por parte de Díaz, expressa uma longa refutação a Gómara, refutação argumentada, ponto a ponto, à qual ele associa "Pablo Jovio".[34] Esse capítulo figura tanto na edição Remón quanto

31 Castillo, op. cit., introdução da edição Remón e capítulo XVIII.

32 Ibid, cap.XIII, p.24.

33 "*Y esto debe ser lo que dicen los coronistas Gómara, Illescas y Jovio que dieron en Tabasco, y así lo escriben como si fuera verdad porque vista cosa es que en la provincia del río de Grijalva ni todos sus rededores no hay oro, sino muy pocas joyas de sus antepasados.*" (Ibid.)

34 Ibid., cap.CXXIX, p.267.

no *Manuscrito de Guatemala*. Aí, também, não é fácil encontrar a mínima referência a Tlaxcala e a Xicotencatl nos escritos de Jovio. Fica-se então com o sentimento de que Díaz del Castillo não leu os *Elogios* e que ele associa o nome de Jovio ao de Gómara para causar boa impressão.

Essa impressão vem a ser confirmada pela observação das datas de publicação dos *Elogios* de Jovio. O livro é publicado, em latim, na data de 1551, em Florença. Mas a tradução espanhola dessa obra foi impressa apenas em 1568, em Granada.[35] Ou seja, *depois* da data indicada por Díaz del Castillo para o final da redação de sua *História verídica*. Torna-se, pois, impossível que Bernal, em Santiago de Guatemala, tenha tido conhecimento da notícia escrita por Jovio sobre Cortés em seus *Elogios dos homens ilustres*. Essa irrupção de Paolo Giovio na vida de Díaz é, de qualquer forma, incongruente: como esse autor italiano, eclesiástico mundano, culto humanista, poeta, colecionador, amigo dos artistas e dos grandes deste mundo, teria podido atravessar o caminho do desconhecido soldado-cronista instalado ao pé dos vulcões da Guatemala? Para dizer a verdade, Jovio não esteve também em condições de atravessar o caminho de Gómara! Observemos os fatos: o criador do *Museu* publica o segundo e último tomo de seus *Elogios* em 1551, sua *História*, no ano seguinte. Seu trabalho terminado, Jovio morre em Florença, em 11 de dezembro de 1552, com a idade de 69 anos. Gómara, por seu lado, publica sua crônica no final desse mesmo

---

35 *Elogios o vidas breves de los Cavalleros antiguos y modernos ilustres en valor de guerra, que están al vivo pintados en el Museo de Paulo Iovio. Es autor el mismo Paulo Iovio. Y tradúxolo de latín en castellano el Licenciado Gaspar de Baeça. Dirigido a la Católica y Real Magestad del Rey Don Felipe II nuestro señor. En Granada, en casa de Hugo de Mena, con privilegio, 1568.*

ano de 1552.[36] Isso quer dizer que Jovio escreveu *antes* que o capelão de Cortés publicasse. Ora, Díaz repete por duas vezes que Jovio *seguiu* Gómara, e reprova esse último por se deixar influenciar por ele: "além dos enganos que Gómara escreveu, fez que o doutor Illescas e Pablo Jovio seguissem suas palavras";[37] "Francisco López de Gómara induziu ao erro dois historiadores famosos que seguiram sua História, a saber, o doutor Illescas e o bispo Paulo Jovio".[38] Ficou estabelecido que Jovio não pôde de modo algum ser influenciado – bem ou mal – pelos escritos de López de Gómara, pois, quando aparece a *História geral das Índias*, já tinha falecido! Resta uma importante pergunta: qual a razão que leva Díaz a introduzir Jovio em sua crônica? Sem ter conhecido nenhuma palavra de seus escritos e sem nenhuma preocupação com a veracidade de suas asserções. Por que mentir quando se pretende restabelecer a verdade?

O mistério Illescas

O absurdo da referência a Illescas é ainda mais evidente. No texto da edição Remón, o nome de Illescas encontra-se citado cinco vezes. Por outro lado, ele aparece doze vezes no *Manuscrito*

36 O colofão da primeira edição da *Historia de las Indias* de Gómara indica com precisão que a obra foi impressa em 24 de dezembro de 1552: "*Fue impressa la presente obra en casa de Agustin Millan. Y acabose vispera de Navidad Año de mil y quinientos y cinquenta y dos en la insigne ciudad de Çaragoça*".

37 "*Y demás de los cuentos porque ha escrito, ha dado ocasión que el doctor Illescas y Pablo Jovio sigan sus palabras.*" (Castillo, op. cit., cap.CXXIX, p.267.)

38 "*Francisco Lopez de Gomara... hizo errar a dos famosos Historiadores que siguieron su Historia, que se dizen el Doctor Illescas, y el Obispo Paulo Iobio.*" (Prólogo da edição Remón.)

de Guatemala, quatro vezes associado a Gómara e Jovio e oito vezes a Gómara apenas.[39] Illescas tem até a honra de um título de capítulo bastante depreciativo: "Rabiscos dos cronistas Gómara e Illescas sobre as coisas da Nova Espanha".[40]

Quem é, pois, esse personagem que tanto contrariou Díaz? Gonzalo de Illescas é um padre, doutor em teologia, nascido em Duenas, em 1521.[41] A grande obra de sua vida é uma monumental história do papado, de São Pedro até 1572, escrita em espanhol. Seu início como historiador foi caótico, já que a primeira parte de sua *História pontifical e católica*, das origens até 1304, publicada em 1565, foi sinalizada no Index. Uma segunda edição, quatro anos mais tarde, teve o mesmo destino.

---

39 As ocorrências do nome de Illescas são as seguintes: edição Remón: prólogo (Gómara/Jovio), fol. 12v (Gómara/Jovio), 111v (Gómara/Jovio), 250v (Gómara), 252v (Gómara); *Manuscrito de Guatemala*: fol. 11v (Gómara/Jovio), 14r (2 vezes Gómara/Jovio, 1 vez Gómara), 121r (Gómara/Jovio), 282v (Gómara), 284v (Gómara), 285r (2 vezes Gómara), 286v (Gómara), 286r (Gómara), 287r (Gómara).

40 Trata-se do título do capítulo XVIII no *Manuscrito de Guatemala*: *De los borrones y cosas que escriven los coronistas Gomora e Illezcas acerca de las cosas de la Nueva España*. Esse título é diferente na edição de 1632: *De algunas advertencias acerca de lo que escribe Francisco Lopez de Gomora, mal informado, en su Historia.* Nota-se que Illescas não aparece.

41 As biografias oficiais hesitam sobre as datas de nascimento e de morte de Gonzalo de Illescas. Na prática, será preciso ir procurar a informação relativa a seu ano de nascimento... na vida de Cortés. Illescas, com efeito, escreve: "*Salio Cortes de Tlaxcallan, en nombre de Dios, dia señalado de los Innocentes del año en que yo naci, de mil y quinientos y veynte y uno*", *infra*, op. cit., p.166. Na verdade, Illescas comete um erro: a saída de Tlaxcala aconteceu no fim do ano de 1520. Sobre a data de sua morte, segui a judiciosa argumentação de Pérez: Gonzalo de Illescas y la Historia pontifical, *Estudios literarios dedicados al Profesor Mariano Baquero Goyanes*, p.587-638.

Depois de amplas discussões com a Inquisição e as autoridades da Igreja, depois de um certo número de correções e de penalidades, sua obra foi editada em Salamanca, em 1573, em uma versão devidamente aprovada e acrescida de uma segunda parte cobrindo o período de 1305-1572.[42] Esse livro conheceu então um sucesso significativo; foi considerado obra de referência e, por isso, constantemente reeditada. Mas tal glória foi póstuma: Gonzalo de Illescas faleceu em 1573, pouco tempo depois de ter visto seu livro publicado. O cronista dos papas foi certamente uma figura de seu tempo; mas o abade de Saint-Front de Zamora construiu sua notoriedade principalmente nos meios eclesiásticos. Como, então, Díaz del Castillo, o ex-aventureiro recluso em sua Guatemala de adoção, pôde atravessar o caminho de Illescas? Tocamos aí na face mais opaca da *História verídica*. Pois não é possível imaginar encontro mais improvável. No fundo, haveria uma justificativa para Bernal se interessar pela *História pontifical*: Illescas inseriu na descrição do pontificado de Leão X uma relação da conquista do México.[43]

---

42 Illescas, *Segunda parte de la Historia pontifical y catholica en la qual se prosiguen las vidas y hechos de Clemente Quinto y de los demas Pontifices sus predecessores hasta Pio Quinto y Gregorio Decimo Tercio... compuesta y ordenada por el doctor Gonçalo de Illescas, Abbad de San Frontes y Beneficiado de Dueñas...* Como essa edição é raríssima, utilizei a de 1606, publicada em Barcelona por Jaime Cendrat.

A obra de Illescas conheceu numerosas reedições. Por exemplo: Salamanca, 1576, 1577; Burgos, 1578; Saragoça, 1583, 1593; Barcelona, 1584, 1589, 1596, 1602, 1606, 1608, 1609, 1622; Madri, 1613.

43 O texto sobre a conquista do México está incluído no capítulo XXIV do livro VI da *História pontifical*, § VIII. Tem por título "*De la conquista y conversion de la Nueva España, y de la gran ciudad de Mexico, y parte de los esclarecidos hechos del famoso Hernando Cortes Marques del Valle*". Na edição de 1606, esse texto corresponde aos fólios 158r a 170r. Encontra-se publicado em Argensola, *Conquista de México*, p.267-329.

Cortés é tratado como herói da cristandade, por ter arrancado do paganismo as populações indígenas do México. Tendo convertido os índios, aumentou consideravelmente o número de cristãos sobre a terra. Como consequência, Illescas considera a conquista da Nova Espanha um acontecimento importante do pontificado de Leão X; e não deixa de ver a mão de Deus atrás da espada de Cortés.

Nesse ponto, a ira de Díaz del Castillo é compreensível. O abade de Saint-Front idealiza indubitavelmente Hernán Cortés, e Bernal tem provavelmente razão em exclamar:

> Não há memória de nenhum de nós nas histórias escritas pelo cronista Francisco López de Gómara e pelo doutor Illescas, autor da *Pontifical*... Há apenas do marquês Cortés: só ele descobriu e conquistou. E nós, capitães e soldados, artesãos da vitória, passamos em branco, sem que se tenha lembrança de nossas pessoas.[44]

Quando Bernal afirma que Illescas segue a narrativa de Gómara, não é possível contradizê-lo dessa vez. Mesmo que o autor da *História pontifical* nunca cite o nome do capelão de Cortés, os empréstimos são evidentes. Algumas vezes se chega perto da cópia palavra por palavra. E Illescas dá testemunho de sua leitura de Gómara até fora do capítulo consagrado à conquista do México. Por exemplo, ele evoca no pontificado de

---

44 "*No hay memoria de ninguno de nosotros en los libros e historias que están escritas del coronista Francisco López de Gómara, ni en la del doctor Illescas, que escribió El Pontifical, ni en otros modernos coronistas, y solo el marqués Cortés dicen en sus libros que es el que lo descubrió y conquistó, y que los capitanes y soldados que lo ganamos quedamos en blanco, sin haber memoria de nuestras personas.*" (Castillo, op. cit., cap.CCX, p.585.)

Paulo III o episódio de quando Cortés perde suas esmeraldas por ocasião da batalha de Argel, em 1541, utilizando as mesmas palavras de Gómara.[45]

O problema é a questão da cronologia. Digamos claramente: nas duas primeiras edições – censuradas – de 1563 e 1569, o fio da história considerada por Illescas se detém em 1304. A

---

45 A título de comparação, mostramos as duas versões. Texto de Gómara (1553): "*Por el miedo de no perder los dineros y joyas que llevaba, dando al través, se ciñó un paño con las riquísimas cinco esmeraldas que dije valer cien mil ducados; las cuales se le cayeron por descuido o necesidades, y se le perdieron entre los grandes lodos y muchos hombres; y así, le costó a él aquella guerra más que a ninguno, sacando a su majestade, aunque perdió Andrea de Oria once galeras. Mucho sintió Cortés la pérdida de sus joyas; empero más sintió que no le llamasen a consejo de guerra, metiendo en él otros de menos edad y saber; que dio que murmurar en el ejército. Como se determinó en consejo de guerra de levantar el cerco e irse, pesó mucho a muchas; e yo, que me hallé allí, me maravillé. Cortés entonces se ofrecía de tomar a Argel con los soldados españoles que había, y con los medios tudescos e italianos, siendo dello servido el Emperador. Los hombres de guerra amaban aquello, e loábanle mucho. Los hombres de mar y otros no lo escuchaban; y así, pienso que no lo supo su majestade y se vino.*" (Gómara, *Historia de la conquista de México*, cap.CCLI, p.335.)

Texto de Illescas (1573): "*De los que en esta triste jornada perdieron mucho, o por mejor dezir el que más perdió después del Emperador, fue el famoso Hernando Cortes Marques del Valle. Porque se le cayeron en un cenagal tres piedras Esmeraldas, riquissimas, que le apreciaban en cien mil ducados, y nunca se pudieron hallar. Pero no sintió el tanto la perdida de las Esmeraldas, como el poco caso que del se hizo en esta guerra. Porque con haber sido tan valeroso y exercitado Capitan quanto arriba lo hemos visto, nunca le metieron en consejo de guerra, ni le dieron parte de cosa que en ella se hiziesse. Y aun después de passada la tormenta, porque dezia el que se viniesse el Emperador, y le dexasse con la gente que allí tenia, que se obligaba de ganarle con ella la ciudad de Argel, no le quisieron oyr. Y unos dizen que hizieron burla del; y otros que no lo supo su Magestad, que toda via ho hiziera. Como quiera que sea, el vino de allá más corrido que perdidoso, y no sé porque se hizo del tan poca cuenta, pues la habia el dado de si tan buena en todas las cosas.*" (Illescas, *Historia pontifical*, edição de 1606, fol. 288v.)

descoberta da América só entra em cena na "Segunda Parte" da *História Pontifical*, que abarca o período de 1305-1572. É aí que figura o famoso capítulo sobre Cortés. Ora, a primeira edição completa da crônica de Illescas, integrando ao mesmo tempo a primeira e a segunda parte, é editada em Salamanca em setembro ou outubro de 1573. O mistério se formula então nos seguintes termos: como Bernal Díaz del Castillo consegue citar em sua obra, terminada em 1568, um livro ainda não publicado? Mesmo que se admita que ele tenha podido modificar seu texto depois de 1568, Bernal, então septuagenário, ou talvez mesmo octogenário, teria de qualquer forma lido Illescas antes do mês de março de 1575, data em que o manuscrito da *História verídica* foi enviado à Espanha. O que é impossível: nessa época, nenhum livro circula nessa velocidade entre a Espanha e a Guatemala. Nessa matéria, temos pelo menos uma referência: Fuentes y Guzmán, o descendente de Bernal, que escreveu a *Recordación florida*, nos dá uma indicação preciosa. Diz que a edição de Díaz del Castillo, preparada por Remón e datada de 1632, chegou à Guatemala em 1675.[46] Teriam sido precisos quarenta

46 Ver Fuentes y Guzmán, *Historia de Guatemala o Recordación florida*..., t.I, p.12: "*Habiéndome aplicado en mi juvenil edad a leer, no sólo con curiosidad sino con afición, veneración y cariño, el original borrador de el heroico y valeroso capitán Bernal Díaz de el Castillo, mi rebisabuelo, cuya ancianidad manuscrita conservamos sus descendientes con aprecio de memoria estimable, y llegado á esta ciudad de Goathemala, por el año de 1675, el libro impreso que sacó a luz el reverendo padre maestro Fr. Alonso Remón, de el sagrado militar orden de Nuestra Señora de la Merced, Redempción de cautivos, hallo que lo impreso no conviene en muchas partes con el venerable amanuense suyo, porque en unas partes tiene de más, y en otras de menos de lo que escribió el autor mi bisabuelo, como lo reconozco adulterado en los capítulos 164 y 171, y así en otras partes del progreso de la historia, en que no solamente se oscurece el crédito y fidelidad de mi Castillo, sino que se defraudan muchos verdaderos méritos de verdaderos héroes*".

e três anos para que a *História verídica* publicada atravessasse o Atlântico! Esses tempos de latência mostram-se preocupantes, mas são a realidade.

Já que ficou provado que Díaz del Castillo não pôde conhecer as obras de Gómara, de Jovio, nem de Illescas, nada mais corresponde ao que se acreditava saber da vida de nosso soldado-cronista. Excetuando admitir uma outra data e outro lugar para a redação da *História verídica*. Ou interpolações substanciais. Percebe-se que desse ponto em diante, o peso das suspeitas altera nossa visão: a imagem alegre de um Díaz autêntico e rústico, amavelmente resmunguento, em luta contra a história oficial, se desconecta cada vez mais da silhueta fantasmagórica do oficial do governo de Santiago de Guatemala. Como resultado disso, a dúvida se estende a outras asserções que, até então, não despertavam nenhuma desconfiança. Quando Bernal nos afirmava ter lido Cortés e Las Casas, acreditávamos espontaneamente nele. Mas, ao olhar mais de perto, nada é menos certo.

Díaz, amador do interdito

Cortés é um autor proibido, e todos seus livros publicados foram queimados em 1527, por ordem de Carlos V. Os exemplares salvos do "auto da fé" podem ser contados nos dedos. Nessas condições, como Díaz pode afirmar que leu Cortés?[47] É possível que nenhum exemplar das *Cartas de relación* tenha

47 "*No lo escribiera sino porque fue público en todo el real, y aun después lo vi escrito de molde en una cartas y relaciones que Cortés escribió a Su Majestad haciéndole saber de todo lo que pasaba, y del viaje de Indias, por esta causa lo escribo.*" (Castillo, op. cit., cap.CLXXVII, p.469.)

atravessado o Atlântico. Perseguido pelo furor da Coroa, Cortés-escritor é um autor proibido, não encontrado em livrarias e não consultável em bibliotecas. Bernal não estaria se vangloriando de ser mais letrado do que na realidade?

O caso Las Casas não é claro tampouco. No capítulo dedicado à mortandade de Cholula, consecutiva ao cerco em que os espanhóis foram presos quando seguiam para a Cidade do México, Díaz não se priva de denegrir o bispo de Chiapas:

> Foram essas – exclama – as grandes crueldades escritas e repetidas com emulação pelo bispo de Chiapa, frei Bartolomeu de las Casas. Ele afirma que tal castigo se produziu sem nenhuma razão, para nosso passatempo e porque assim o desejamos. De fato, ele o diz com talento em seu livro; aplica-se a fazer crer, aos que nada viram e não sabem que foi assim, desta feita e por ocasião de outras crueldades descritas por ele. Mas ele reverte os fatos e nada se passou como ele escreve.[48]

De aparência banal, esta passagem é na realidade portadora de um enigma maior. Las Casas, de quem se conhece os talentos de polemista e defensor dos índios, teve uma estranha relação com a edição. Depois de ter passado a vida redigindo uma monumental *História das Índias*, compilando e cruzando um número impressionante de fontes, decidiu, em 1559, uma

48 "*Digamos que éstas fueron las grandes crueldades que escribe y nunca acaba de decir el obispo de Chiapa, fray Bartolomé de las Casas, porque afirma que sin causa ninguna, sino por nuestro pasatiempo, y porque se nos antojó, se hizo aquel castigo, y aun dícelo de arte en su libro a quien no lo vio ni lo sabe, que les hará creer que es así aquello y otras crueldades que escribe, siendo todo al revés que no pasó como lo escribe.*" (Ibid., cap.LXXXIII, p.150-1.)

vez sua obra terminada, interditar sua publicação por quarenta anos![49] Isso teve por efeito fazer cair no esquecimento o texto muito antiespanhol do impetuoso dominicano: a despeito de uma tradução francesa do século XVII, a *História* de Las Casas precisou esperar até 1875 para obter uma edição espanhola.[50] Passando por cima de sua antipatia pela impressão, o dominicano, no entanto, a ela recorreu uma única vez em sua vida após a controvérsia de Valladolid. Las Casas decidiu então editar textos curtos com vistas a difundir no meio dominicano o que hoje é chamado "elementos de linguagem". Dessa forma, surgiram nos editores de Sevilha, entre agosto de 1552 e janeiro de 1553, nove opúsculos conhecidos pelo nome de *Tratados*;[51] o primeiro deles é "Muito breve relação da destruição das Índias

49 "*Esta historia dejo yo fray Bartolomé de las Casas, obispo que fue de Chiapa, en confianza a este colegio de San Gregorio, rogando y pidiendo por caridad al padre rector y consiliarios dél que por tiempo fueren, que a ningún seglar la den para que ni dentro del colegio ni mucho menos fuera dél la lea, por tiempo de cuarenta años desde este de sesenta que entrará, comenzados a contar, sobre lo cual les encargo la conciencia. Y pasados aquellos cuarenta años, si vieren que conviene para el bien de los indios y de España, la pueden mandar imprimir para gloria de Dios y manifestación de la verdad principalmente. Y no parece convenir que todos los colegiales la lean, sino los más prudentes, porque no se publique antes de tiempo, porque no hay para que, ni ha de aprovechar.*" (*Fecha por noviembre de 1559. Deo gratias. El obispo fray Bartolomé de las Casas*; apud Saint-Lu em sua introdução à *Historia de las Indias*, de Las Casas, v.I, p.XXVI.)

50 *Historia de las Indias, escrita por Fray Bartolomé de las Casas, ahora por primera vez dada a la luz por el Marqués de la Fuensanta del Valle y D. José Sancho Rayón*.

51 Las Casas, *Tratados*, fac-símile da edição de Sevilha, 1552, prólogo de Lewis Hanke e Manuel Giménez Fernández, transcrição de Juan Pérez de Tudela Bueso, tradução de Agustín Millares Carlo e Rafael Moreno.

Ocidentais",[52] pequeno livro de 55 fólios, que iria se tornar célebre pela denúncia da violência exercida pelos espanhóis contra as populações ameríndias. Nesse espantoso panfleto, o antigo bispo de Chiapas faz da mortandade de Cholula – descontextualizada – uma espécie de símbolo da barbárie dos conquistadores. Díaz del Castillo responde aos escritos de Las Casas explicando os detalhes do complô que visava exterminar a pequena tropa espanhola e a forma, certamente sanguinolenta, com que a emboscada foi frustrada. O problema nasce pelo fato de que a obra do dominicano, de tiragem confidencial, foi impressa sem autorização. Provavelmente para evitar a censura ou, talvez, por desafio. De qualquer forma, o opúsculo não comporta nem licença real nem imprimátur eclesiástico: por causa disso, nenhum exemplar da *Brevísima relación* pôde ser vendido ou até mesmo transitar livremente. Muito menos em terras americanas, das quais o protetor dos índios tinha sido banido pelos antigos conquistadores. Para ter lido tantos livros proibidos, Díaz possuía certamente um segredo! Uma pena que ele não nos o tenha confiado! Pois, desde então, além dessas leituras improváveis, começamos a duvidar de tudo; a capacidade de mentir de nosso Bernal lança a suspeita para o conjunto de sua obra.

---

52 "*Brevissima relación de la destruycion de las Indias: colegida por el Obispo don fray Bartolome de las Casas/o Casaus de la orden de Sancto Domingo. Año. 1552.*" O colofão indica: "*Fue impressa la presente obra en la muy noble e leal ciudad de Sevilla en casa de Sebastian Trujillo impresor de libros. A nuestra señora de Gracia. Año de MDLII*".

5
Uma obra apócrifa?

A impossível cultura

Díaz del Castillo gosta de se fazer passar por um "tolo sem cultura".[1] Alude inúmeras vezes à aspereza de seu estilo, a sua inexperiência literária. Constantemente se faz de humilde para melhor pôr em evidência o que julga ser o valor de seu testemunho, isto é, a verdade tal como pôde aparecer para uma testemunha ocular. Ele quer privilegiar o fundo sobre a forma. De certo modo, essa postura condiz com seu personagem de simples soldado, mais para ignorante. No entanto, ao longo de toda sua narrativa, Díaz vai revelar uma incrível cultura.

Folheemos a *História verídica* ao acaso. Sabemos que Cortés montou um cerco naval de maneira a tomar a Cidade do México-Tenochtitlán. Para tanto, construiu doze bragantins, que dispôs em volta da ilha da Cidade do México. Ao final de uma heroica resistência, o chefe dos astecas, Cuauhtemoc, tentou

---

1 "*de sabios siempre se pega algo de su ciencia a los idiotas y sin letras como yo soy.*" (Castillo, op. cit., cap.CCXII A, p.590.)

quebrar o bloqueio. Organizou então a fuga, acompanhado por sua família e seus próximos, carregando suas vestimentas de luxo e suas joias, atributos de seu poder. A pequena tropa instalou-se em cinquenta pirogas guardadas por guerreiros mexicanos armados com arcos. Mas essa tentativa foi malsucedida, e os espanhóis interceptaram as embarcações de Cuauhtemoc. Acontece que um certo García Holguín, capitão de um dos bragantins, sequestrou Cuauhtemoc. Algum tempo depois, Gonzalo Sandoval, que era o chefe do dispositivo marítimo instalado por Cortés, apresentou-se junto à embarcação de García Holguín para que levassem a bordo o famoso prisioneiro. García Holguín recusou devolver o soberano asteca ao comandante supremo, argumentando que a honra dessa captura cabia a ele. Um caloroso debate se seguiu entre os dois homens, que necessitou da intervenção de Cortés. Foi quando ocorreu o célebre episódio no qual Cuauhtemoc, apresentado ao conquistador, deu a ele a faca que trazia à cintura, pedindo que o matasse para salvar sua honra perdida.

Até aqui, graças à narrativa de Díaz del Castillo, estamos mergulhados no coração da ação militar; e esses conflitos de interesse entre soldados desejosos de recompensa nos fazem viver de perto o que era a realidade da conquista, com suas rivalidades, suas susceptibilidades, seus desejos exacerbados de reconhecimento. Até aqui, o narrador está em seu registro de testemunha, solidamente fixado à precisão da "relação". Mas, algumas linhas além, Díaz explica que Cortés, descontente com a rivalidade entre os dois homens, lhes faz um discurso moralizador, referindo-se à história de Jugurta.[2] No século II a.C.,

2 Ibid., cap.CLVI, p.369.

Jugurta era rei dos numídias, habitantes da África do Norte. Enquanto conduzia uma guerra contra o Exército romano comandado por Mário, Jugurta foi entregue ao inimigo por seu sogro, o rei da Mauritânia. Foi entregue nas mãos de Sula, na ocasião tenente de Mário. Em sua volta a Roma, orgulhoso por esse sucesso, Sula exibe seu prisioneiro em triunfo e faz Jugurta desfilar com uma corrente de ferro em volta do pescoço. Desse acontecimento resultou uma durável disputa entre Sula, que reivindicava, a título pessoal, essa façanha de guerra, e Mário, que desejava se apropriar do feito como chefe do exército. E vê-se Díaz del Castillo detalhar amplamente o discurso atribuído a Cortés, que teria então explicado a seus dois auxiliares o desvio que esse conflito entre Sula e Mário produziu, o primeiro tendo se tornado chefe de um partido aristocrata, e o segundo virando o porta-voz dos plebeus: sucedeu-se a isso uma verdadeira guerra civil, sangrenta e desastrosa para a imagem de Roma.

Podemos apenas retrospectivamente admirar a importância de Cortés, que utiliza esse exemplo antigo para chamar à ordem seus homens: pois, com efeito, a devastadora disputa entre Mário e Sula nasceu do litígio relacionado à captura de Jugurta. A simetria das situações é absolutamente perfeita. O caso se complica no problema da cultura – ou da memória – de Díaz del Castillo. Pois, o texto da *História verídica* entra nesse episódio da história de Roma com uma precisão muito grande. Menciona-se que Mário foi cônsul por sete vezes, que era natural de Arpino, que Jugurta era o genro do rei Boco etc. Esse exemplo é de grande interesse, pois mostra a cultura clássica de Cortés. Mas, para se lembrar de todos os detalhes dessa peroração feita no calor dos acontecimentos pelo capitão geral, como procede Díaz del Castillo? Seria ele leitor de Saluste e conheceria de cor *A guerra de Jugurta*? Vive sempre com uma pena e um tinteiro nas mãos? Seria tabelião ou escriba? Ou possui memória fenomenal que lhe permite, quarenta anos depois dos fatos, restituir o discurso de Cortés sem cometer o menor erro no desenvolvimento desse episódio da história romana datado do século II a.C.?

Aliás, para completar a profundidade de nossa dúvida, nesse mesmo capítulo que narra a captura de Cuauhtemoc e a queda de Tenochtitlán, Díaz del Castillo faz uma comparação com a destruição de Jerusalém[3] por Tito, em 70. Ora, esse relato da destruição de Jerusalém, convém buscá-lo em *A guerra dos judeus*, escrita por Flavio Josefo, escritor greco-judeu do primeiro século de nossa era. Os textos de Flavio Josefo foram inicialmente escritos em aramaico, depois traduzidos por ele mesmo para o grego. Quanta surpresa descobrir nosso conquistador guatemalteco capaz de dissertar sobre esse historiador como se fosse um autor fetiche dos facínoras que participaram da conquista do México!

Na verdade, a cultura bíblica de nosso autor também não é desprezível. Díaz chega a falar de Malinche, a intérprete de Cortés, e nos explica que seus pais a venderam muito jovem como escrava a um dignitário do Tabasco. Mas, por uma mudança inesperada de situação, Cortés faz dela uma personagem-chave da conquista, que é capaz de falar em grau de igualdade com o soberano asteca. Bernal faz então, imediatamente, a aproximação com a história de José vendido por seus irmãos, tornando-se mais tarde conselheiro do faraó, célebre episódio

3 "*Yo he leído la Destruiçión de Jerusalén.*" (Ibid., cap.CLVI, p.370.)

da Bíblia inserido no final do *Gênesis*.[4] Alhures, destacando a importância das riquezas enviadas por Cortés ao imperador Carlos V, o soldado-cronista escreve:

> Desde que o sábio rei Salomão construiu o santo templo de Jerusalém com o ouro e a prata trazidos das ilhas de Tarsis, de Ofir e de Saba, acreditando-se nas escrituras antigas, nunca país algum recebeu tanto ouro, prata e objetos preciosos quanto Castela, graças a tudo que lhe enviou essa terra da Nova Espanha.[5]

O reino de Saba ou os barcos voltando de Tarsis e de Ofir não são referências correntes na linguagem dos soldados mercenários, mesmo os cristãos; elas revelam um conhecimento bastante preciso do livro das *Crônicas*.[6]

Dito isso, mais do que um pendor bíblico, percebe-se em Díaz del Castillo uma predileção pela história romana; seu relato é pontuado de alusões aos fatos e gestos dos antigos. Quando Cortés sabota sua frota em Veracruz, Bernal empresta ao conquistador uma arenga, que ele transcreve em estilo indireto.

> Cortés explicou... que não tínhamos doravante outro recurso senão a ajuda de Deus, pois não tínhamos mais navios

---

4 "*Y esto me parece que quiere remedar lo que acaeció con sus hermanos en Egipto a Josef, que vinieron en su poder cuando lo del trigo.*" (Ibid., cap.XXXVII, p.62.)

5 "*Después que el sabio rey Salomón fabricó y mandó hacer el santo templo de Jerusalén con el oro y plata que le trajeron de las islas de Tarsis, Ofir y Saba, no se ha oído en ninguna escritura antigua que más oro y plata y riquezas hayan ido cotidianamente a Castilla que de estas tierras.*" (Ibid., cap.CCX, p.583.)

6 Segundo livro das *Crônicas*, 9, 1-24.

para retornar a Cuba. Somente poderíamos contar com nossa habilidade de combate e a bravura de nosso coração. E Cortés compara a situação aos grandes feitos militares dos romanos. E todos nós, em uma única voz, respondemos que faríamos o que ele ordenasse, que os dados estavam lançados, como dissera Júlio César no Rubicão, e que nosso dever era servir a Deus e a sua majestade.[7]

Júlio César parece ser autor conhecido de Bernal, que cita pelo nome os *Comentários da guerra das Gálias*.[8] Podemos ficar surpresos, pois Díaz não é considerado um grande latinista! Onde e como poderia ele ter tido contato com a raríssima edição da *Guerra das Gálias* traduzida para o espanhol?[9]

Bernal faz alusão ao imperador Augusto, que ele chama de Otaviano, cita Pompeia três vezes, Cipião duas vezes. Evoca Aníbal, o cartaginês, Mitrídates, o último rei do Ponto, além de Alexandre, o Grande. Nesse último caso, o leitor do *Manuscrito de Guatemala* tem o direito de questionar: pois, em quatro ocorrências, Bernal Díaz del Castillo designa o conquistador macedônio pelo nome de *Alexandre*, escrito com a grafia fran-

---

7 *"No teníamos otro socorro ni ayuda sino el de Dios, porque ya no teníamos navíos para ir a Cuba, salvo nuestro buen pelear y corazones fuertes; y sobre ellos dijo otras muchas comparaciones y hechos heroicos de los romanos. Y todos a una le respondimos que haríamos lo que ordenase, que echada estaba la suerte de la buena ventura, como dijo Julio César sobre el Rubicón, pues eran todos nuestros servicios para servir a Dios y a Su Majestad."* (Castillo, op. cit., cap.LIX, p.99.)

8 Ibid., cap.CCXII B, p.593.

9 *Los comentarios de Cayo Julio Cesar. Trasladacion de latin en romane fecha por frey Diego Lopez de Toledo. Imprimidos en... Toledo... por maestro Pedro Hagembach, alemán... Año de 1498.* Existe uma edição posterior feita em Alcala de Henares, por Miguel de Eguia, em 1529.

cesa.[10] Isso subentende que o autor da *História verídica* conhece o personagem por esse nome "literário", imortalizado em uma canção de gesta muito célebre, escrita na língua de oïl no século XII. Essa *Chanson d'Alexandre*, também conhecida pelo nome de *Roman d'Alexandre*, é atribuída a um menestrel chamado Lambert li Cors ou le Tors (o Torto). A obra, entretanto, foi completada por outro menestrel normando, conhecido pelo nome de Alexandre du Bernay, que aproveitou para refazer completamente a versificação da peça, desprezando a composição inicial em decassílabos para impor versos rimados de doze pés e dois hemistíquios. Porque narravam as façanhas de Alexandre, o Grande, esses versos dodecassílabos tomaram o nome de "alexandrinos": foi assim que passaram para a posteridade. Que Bernal Díaz del Castillo se utilize da ortografia "Alexandre", isso pressupõe que ele tivesse conhecimento dessa canção de gesta francesa! Que boa surpresa ver nosso guatemalteco afiado na cultura francesa! Ainda mais que ele repete o feito em outro lugar, citando a *Canção de Rolando*. De fato, depois de *La Noche Triste*, ele põe na boca de Cortés a seguinte exclamação: "Que Deus nos dê o favor das armas como fez para o paladino Rolando".[11]

Seria possível pensar que conhecer Homero era componente obrigatório da cultura da época. O que é correto, à condição, no entanto, de ser helenista. Ora, fica excluído que Bernal tivesse

---

10 Ver Castillo, *Historia verdadera de la conquista de la Nueva España (Manuscrito Guatemala)*. Edição crítica de Barbón Rodríguez, cap.XIX, p.50; cap.LXIX, p.167; cap.CXXIV, p.335; cap.CLXIV, p.566. A edição de Remón hispaniza a grafia em "Alexandro".

11 "*Demos Dios ventura en armas, como al paladín Roldán.*" (Castillo, op. cit., cap.XXXVI, p.61.)

podido conhecer a língua grega. Então, poderíamos crer, talvez cite Heitor por ouvir dizer, como um personagem lendário de quem se repete o nome para evocar virtudes guerreiras: "Tal como Heitor, Cristobal de Olid se sobressaía no combate corpo a corpo".[12] No entanto, quando Díaz compara o descobridor do Colorado, Francisco Vázquez de Coronado, a Ulisses, ele o faz com precisão, sem que o toque erudito pareça forçado:

> Francisco Vázquez acabara de se casar com uma jovem, filha do tesoureiro Alonso de Estrada, que, não satisfeita de ser cheia de virtudes, possuía uma grande beleza. E quando ele se dirigia para as cidades de Cibola, sem cessar queria retornar a Nova Espanha para aí encontrar sua mulher. E alguns dos soldados que o acompanhavam disseram que ele queria imitar Ulisses, capitão grego que, durante o cerco de Troia, tinha apenas um desejo, o de voltar para junto de sua mulher Penélope.[13]

Quando Bernal descreve a casa de Cortés na Cidade do México, diz que "ela possuía tantos pátios que se poderia dizer tratar-se do labirinto de Creta".[14] Enfim, a maneira que tem Bernal de nomear "o valoroso Cortés" ou "o corajoso Cortés"

---

12 "*Cristobal de Olid que era un Héctor en esfuerzo para combatir persona por persona.*" (Ibid., cap.CCV, p.560.)

13 "*Francisco Vázquez era recién casado con una señora hija del tesorero Alonso de Estrada, y además de ser llena de virtudes era muy hermosa, y como fue* [*a*] *aquellas ciudades de la Zibola, tuvo gana de volver a la Nueva España y a su mujer, y dijeron algunos soldados de los que fueron en su conpañia que quiso remedar a Ulises, capitán greciano, que se hizo loco cuando estaba sobre Troya por venir a gozar de su mujer Penélope.*" (Ibid., cap.CXCVIII, p.538.)

14 "*Cortés estaba haciendo sus casas y palacios, y eran tamaños y tan grandes y de tantos patios como suelen decir el laberinto de Creta.*" (Ibid., cap.CLXII, p.403.)

só pode ter uma piscadela à prática homérica do qualificativo: Atena tem olhos imensos, Aurora, dedos de rosa, Aquiles é rápido, Telêmaco é sábio, Cortés é valoroso. Para sempre. Esse discreto artifício de estilo transmuda o conquistador do México em herói de epopeia. Temos dificuldade em acreditar no manejo de noções comuns; estamos longe da fresca ingenuidade.

Ao acaso das páginas, nosso Bernal semeou outras pepitas de erudição. No início da *História verídica*, como já vimos, Díaz faz críticas aos cronistas Gómara, Jovio e Illescas. Nesse caso, reprova-os, de forma crua, por terem imputado aos conquistadores um número supervalorizado de mortes, o que é, aliás, uma acusação fantasiosa.

> Eles dizem de nossos massacres, quando éramos 450 soldados a manejar as armas! Tínhamos que nos defender para não morrermos ou sermos feitos prisioneiros! E mesmo que os índios estivessem amarrados, não teríamos feito tantos mortos! Eles têm armaduras de algodão, que cobrem seus corpos, arcos, flechas, escudos, grandes lanças, uma grande quantidade de armas com lâminas de obsidiana que, manejadas com as duas mãos, são mais cortantes que nossas espadas. E, além disso, são valentes guerreiros. E esses cronistas de que falo, eles escrevem que deixamos para trás tantos mortos e crueldades, como Alarico, rei feroz, e Átila, guerreiro cheio de coragem e de ódio. De acordo com o que dizem em suas histórias, teríamos feito mais mortos que nos campos catalônicos![15]

15 "*Pues de aquellas matanzas que dicen que hacíamos, siendo nosotros cuatrocientos y cincuenta soldados los que andábamos en la guerra, harto teníamos que defendernos no nos matasen y nos llevasen de vencida, que aunque estuvieran los indios atados, no hiciéramos tantas muertes, en especial que tenían sus armas de algodón, que*

Esse belo impulso de um irônico lirismo remete a eventos ocorridos no século V, que devemos rever. Alarico, rei dos Visigodos, é conhecido por ter devastado a Trácia, ameaçado Constantinopla, tentado invadir o Peloponeso. Chegando à Itália, o chefe bárbaro apossou-se de Roma em 410 e saqueou a cidade. Morreu algum tempo depois, quando se preparava para pilhar a Sicília. Sua figura deu corpo ao conceito de barbárie. Para completar sua metáfora, Bernal escolheu a pessoa de Átila. Depois de ter devastado a Europa, de Pont-Euxin no Mar Negro ao Adriático, o Flagelo de Deus atravessou o Reno em 451 e entrou em Paris. Sabemos como Santa Genoveva incitou os parisienses a resistirem. Como Paris não se rendia, o confronto aconteceu na Champagne, perto de Troyes, em um lugar conhecido na tradição como campos catalônicos. Foi ali, em 23 de junho de 451, que ocorreu uma das mais mortíferas batalhas da história. De um lado, as hordas dos hunos, dirigidos por Átila; do outro, os romanos de Aécio, os francos de Meroveu e os visigodos de Teodorico. Átila, vencido, tornou a atravessar o Reno. Mas diz a lenda que a carnificina foi tão grande e tão demorada que os espíritos dos soldados mortos batalharam ainda durante três dias, em meio ao sangue que não chegava a secar. Bernal Díaz del Castillo, que gosta de se dizer inculto, faz aqui prova de uma excelente erudição! Por que ele escolhe evocar o século V? Se ele recorre a essa metáfora histórica, é

---

les cubrían el cuerpo, y arcos, saetas, rodelas, lanzas grandes, espadas de navajas como de a dos manos, que cortan más que nuestras espadas, y muy denodados guerreros. Escriben los coronistas por mí memorados que hacíamos tantas muertes y crueldades que Atalarico, muy bravísimo rey, y Atila, muy soberbio guerrero, según dicen y se cuentan de sus historias, en los campos catalanes no hicieron tantas muertes de hombres." (Ibid., cap.XVIII, p.30.)

simplesmente para significar: Nós, os espanhóis, não somos bárbaros. Procedimento literário de escritor culto. Admitimos que possamos estar surpresos de ver Díaz, inexpressivo em suas declarações junto às jurisdições da Guatemala, mostrar tanto domínio da técnica de exposição na *História verídica*.

Em matéria artística, Díaz revela igualmente certa inclinação. Na primeira visita ao mercado da Cidade do México, o vemos, por exemplo, maravilhar-se com o talento dos artistas indígenas. Deixa escapar, projetando-se vários anos mais tarde, esta incisa:

> Percebendo a que ponto é sublime o que realizam hoje pintores e escultores, não podemos senão considerar sua produção. Há hoje na cidade de México três índios que se sobressaem na arte da pintura e escultura: eles se chamam Marcos de Aquino, Juan de la Cruz e Crespillo. E poderíamos colocá-los em pé de igualdade com o famoso Apeles, se tivessem vivido no tempo antigo, ou com Michelangelo e Berruguete, que são do nosso tempo.[16]

Fazendo eco com seu gosto artístico, Díaz del Castillo maneja também referências literárias. Estamos em 2 de novembro de 1519. Pela primeira vez, o imenso lago da Cidade do México

---

16 "*Vamos adelante a los grandes oficiales de labrar y asentar de pluma, y pintores y entalladores muy sublimados, que por lo que ahora hemos visto la obra que hacen, tendremos consideración en lo que entonces labraban; que tres indios hay ahora en la ciudad de México tan primísimos en su oficio de entalladores y pintores, que se dicen Marcos de Aquino y Juan de la Cruz y el Crespillo, que si fueran en el tiempo de aquel antiguo o afamado Apeles, o de Micael Angel, o Berruguete, que son de nuestros tiempos, también les pusieran en el número de ellos.*" (Ibid., cap.XCI, p.169-70.)

se oferece à vista dos conquistadores. Para evitar possíveis emboscadas, Cortés decidiu chegar à capital asteca tomando um caminho inesperado: ele passa pelos vulcões e atravessa a passagem que separa o Popocatepetl do Iztaccihuatl; cerca de 4 mil metros de altura, um esplendoroso panorama aguarda os espanhóis.

> Caímos de admiração, exclama o autor de *História verídica*. Dizíamos que tudo aquilo se parecia com os encantamentos que conta o livro de Amadís, com essas grandes torres e templos de pedra que se elevavam do meio da água. E alguns soldados diziam que o que eles viam só podia ser um sonho. Não se espantem que eu escreva assim, tão difícil é contar essas coisas que estávamos vendo, essas coisas desconhecidas, que nem tinham jamais sido sonhadas.[17]

E Bernal, com seu aguçado estilo, fixa a cena para a posteridade. Capta a emoção que toma conta dos aventureiros. Cortés, alquimista, cristalizava os sonhos. Os espanhóis mal podiam acreditar. Díaz encontra apenas um elemento de comparação: os encantamentos do livro de Amadís. Os romanos de cavalaria estavam no espírito da época. A gesta de Amadís de Gaula, o famoso "Beltenebros", filho de um rei francês puramente

17 "*Nos quedamos admirados, y decíamos que parecía a las cosas de encantamiento que cuentan en el libro de Amadis, por las grandes torres y cues y edificios que tenían dentro en el agua, y todos de calicanto, y aun algunos de nuestros soldados decían que si aquello que veían si era entre sueños, y no es de maravillar que yo escriba aquí de esta manera, porque hay mucho que ponderar en ello que no sé como lo cuente: ver cosas nunca oídas, ni aun sonadas, como veíamos.*" (Ibid., cap.LXXXVII, p.159.)

fictício, é uma obra escrita em castelhano, que teve grande difusão na Espanha durante todo o século XVI, a ponto de engendrar a mais famosa imitação do gênero com Dom Quixote de Cervantes.[18]

A fim de completar o toque castelhano de suas referências literárias, Bernal cita dois *romanceros* de sua época. Quando os navios de Cortés ancoram na baía de San Juan de Ulua, atingindo seu objetivo, Díaz faz um dos primeiros-tenentes de Cortés recitar a primeira estrofe do *romancero Cata Francia, Montesinos.*[19] Adaptado da *Chanson d'Aïol*, história de cavalaria francesa do século XIII, esse *romancero* gozava de certa notoriedade sem ser uma obra inevitável. Em todo caso, a estrofe citada – cheia de subentendidos – pressupõe conhecido o restante da intriga;[20]

---

18 Os três primeiros livros do romance de cavalaria *Amadis de Gaula* foram compostos aparentemente no século XIV. Atribui-se a Garci Rodríguez de Montalvo, falecido em 1504, a redação do quarto livro e de uma continuação que se tornou célebre na Espanha, *Las sergas de Esplandián*. A primeira edição conhecida de *Los quatro libros de Amadis de Gaula* data de 1508, em Saragoça.

19 Castillo, op. cit., cap.XXXVI, p.61.

20 A seguir o texto de *Romance de Montesinos*, tal como figura no *Cancionero* de 1550.

Cata Francia, Montesinos, cata París la ciudad,
cata las aguas de Duero, do van a dar en la mar;
cata palacios del rey, cata los de don Beltrán,
y aquella que ves más alta y que está en mejor lugar
es la casa de Tomillas, mi enemigo mortal.
Por su lengua difamada me mandó el rey desterrar
y he pasado a causa de esto mucha sed, calor y hambre,
trayendo los pies descalzos, las uñas corriendo sangre.
A la triste madre tuya por testigo puedo dar,
que te parió en una fuente sin tener en qué te echar.
Yo triste quité mi sayo para haber de cobijarte;

se veria nela, por engano, um elemento de cultura popular. Em outro momento – dramático –, Bernal utiliza o mesmo procedimento. Enquanto Cortés está abatido pelo revés sofrido com *La Noche Triste* e deve superar seu abatimento, sentado sob um cipreste em Tacuba, Díaz põe na boca de um soldado "graduado" uma palavra de encorajamento: "Vossa Graça, não fique tão triste. Nas guerras, as derrotas são coisas que acontecem. E não será possível dizer de Vossa Graça: 'Da rocha Tarpeia, Nero olha Roma queimar'".[21] Bernal cita os dois primeiros versos de um poema "de antigamente" que descreve o incêndio de Roma:[22] pode-se acreditar que fosse bastante conhecido.

---

ella me dijo llorando por te ver tan mal pasar:
– Tomes este niño, conde, y lléveslo a cristianar;
llamédesle Montesinos Montesinos le llamad. –
Montesinos que lo oyera los ojos volvió a su padre;
las rodillas por el suelo empezóle de rogar
le quisiese dar licencia, que en París quiere pasar,
y tomar sueldo del rey si se lo quisiere dar,
por vengarse de Tomillas, su enemigo mortal;
que si sueldo del rey toma, todo se puede vengar.
Ya que despedirse quieren a su padre fue a rogar
que a la triste de su madre él la quiera consolar
y de su parte le diga que a Tomillas va buscar.
Existe uma versão mais longa no *Cancionero* de 1582.

21 "*Señor capitán: no esté vuestra merced tan triste, que en las guerras estas cosas suelen acaecer, y no se dirá por vuestra merced:/ Mira Nerón de Tarpeya/ a Roma como se ardía...*" (Castillo, op. cit., cap.CXLV, p.324.)

22 A seguir o texto completo do poema *Romance de Nerón y el incendio de Roma*. Vê-se que se está muito distante da cultura popular:
Mira Nero de Tarpeya
a Roma cómo se ardía;
gritos dan niños y viejos,
y él de nada se dolía.

El grito de las matronas
sobre los cielos subía;
como ovejas sin pastor;
unas a otras corrían;
perdidas, descarriadas,
a las torres se acogían.
Los siete montes romanos
lloro y fuego los hundía;
en el grande Capitolio
suena muy gran vocería;
por el collado Aventino
gran gentío discurría;
van en caballo rotundo,
la gente apenas cabía;
por el rico Coliseo,
gran número se subía.
Lloraban los ditadores
y los cónsules a porfía;
daban voces los tribunos.
los magistrados plañían,
los cuestores se mataban,
los senadores gemían.
Llora la orden ecuestre,
toda la caballería,
por la crueldad de Nero,
que lo ve y toma alegría.
Siete días con sus noches,
la ciudad toda se ardía;
por tierra yacen las casas,
los templos de tallería;
los palacios muy antiguos,
de alabastro y sillería,
por tierra van en ceniza
sus lazos y pedrería.
Las moradas de los dioses han triste postrimería:
el templo Capitolino

---

do Júpiter se servía,
el grande templo de Apolo
y el que de Mars se decía, sus tesoros y riquezas
el fuego los derritía.
Por los carneros y osarios,
la gente se defendía.
De la torre de Mecenas,
mirábala todavía
el ahijado de Claudio,
que a su padre parecía;
el que a Séneca dio muerte,
el que matara a su tía;
el que, antes de nueve meses
que Tiberio se moría,
con prodigios y señales
en este mundo nacía;
el que siguió los cristianos,
el padre de tiranía.
De ver abrasar a Roma
gran deleite recebía,
vestido en sénico traje
decantaba en porfía.
Todos le ruegan que amanse
su crueldad y porfía:
Doriporo se lo ruega,
Esporo la combatía;
a sus pies Rubia se lanza
acepte lo que pedía.
Claudí Augusta se lo ruega;
ruégalelo Mesalina.
Ni lo hace por Popea
ni por su madre Agripina;
no hace caso de Antonia,
que la mayor se decía;
ni de padre tío Claudio
ni de Lípida, su tía.

Simultaneamente, Díaz realiza uma estrofe em homenagem a Cortés, no estilo das cantigas de cavalaria.[23] Piscadela literária que transfigura Cortés em herói épico. Como encontrar nesses brilhantes exercícios de estilo, de tonalidade falsamente popular, a candura rústica do conquistador guatemalteco? A questão torna-se mais aguda quando sabemos que a modalidade escolhida por Díaz del Castillo para situar essas referências literárias é uma cilada para o leitor: ou somos forçados a admirar a fabulosa memória do escritor que, cinquenta anos mais tarde, se lembra, ao pé da letra, de todas essas citações; ou admitimos estar em presença de um procedimento de escritor reconstituindo *a posteriori* cenas imaginárias para dar vida a sua narrativa. Nos dois casos, que manifestação de talento!

Não é então necessário acumular mais provas. A cultura manifestada por Bernal Díaz del Castillo marca de modo inquestionável seu pertencimento ao círculo restrito das elites

---

Aulo Plauco se lo habla,
Rufino se lo pedía;
por Britanico ni Trusco
ninguna cuenta hacía.
Los ayos se lo rogaban,
el Tonsor y el que tenía;
a sus pies se tiende Otavia;
esa queja no quería.
Cuanto más todos le ruegan,
él de nadie se dolía.

23 "*En este instante suspiro Cortés con una muy gran tristeza, muy mayor que la que antes traía, por los hombres que le mataron antes que en el alto cu subiese, y desde entonces dijeron un cantar o romance: En Tacuba esta Cortés/ con su escuadrón esforzado,/ triste estaba y muy penoso,/ triste y con gran cuidado,/ una mano en la mejilla/ y la otra en el costado etc.*" (Castillo, op. cit., cap. CXLV, p.323-4.)

da época. Essa mistura de cultura clássica e contemporânea, evidenciada com brio por Bernal, esse ponto de equilíbrio entre universalidade e castilanidade, esse recurso permanente a uma forma de memória coletiva, isso tudo está assinado: é a marca da cultura dispensada a dois grupos sociais com contornos bem definidos, a aristocracia e o alto clero. Na Espanha medieval do final do século XV, existiam duas maneiras, e apenas duas, de obter esse tipo de educação fundamentada no latim, na literatura antiga e nas Sagradas Escrituras. Ou o jovem era entregue nas mãos da Igreja de forma a integrar sua rede de escolas e de seminários e receber a formação de um clérigo, ou o jovem se beneficiava em casa das lições de um preceptor, que adaptava seu ensinamento à personalidade e receptividade de seu aluno. Por seu custo elevado, essa segunda modalidade se encontrava apenas em famílias nobres, que tinham no estatuto social a justificativa de tal investimento. No caso, a cultura impregnada nas páginas da *História verídica* seria de preferência a de um filho de família um pouco atípico, a cultura dos clérigos tendo sido muito mais padronizada e muito mais religiosa.

Todas essas considerações tendem a desqualificar o vereador de Santiago como autor da *História verídica*. Em nenhum momento sua opaca biografia parece oferecer a Bernal a possibilidade material dessa cultura. Esse homem que não sofreu a influência de um pai, esse soldado de lugar algum se formou na trepidante escola da vida, que não deixa lugar para cavalgadas intelectuais. Não é possível acreditar que, ao final dos exaustivos combates da conquista, à noite, ele tirasse de seu bornal os *Comentários* de Júlio César ou *Vidas paralelas* de Plutarco para ler à luz da vela. Bernal é um fantasma, um testa de ferro.

A impossível memória

Mas, outras anomalias nos devem alertar. No final de sua obra, Díaz del Castillo redige a lista dos "valorosos capitães e corajosos soldados" que passaram da ilha de Cuba com "o aventuroso e corajoso dom Hernando Cortés que, depois de ter chegado à Cidade do México, tornou-se marquês do Vale e teve outros títulos".[24] E aí desfila sob nossos atônitos olhos a lista dos membros da expedição de Cortés! E não uma lista qualquer! Nada esquelética, nada aleatória, nada imprecisa. Trezentos e vinte nomes talhados no mármore de sua memória! Bernal traça frequentemente retratos fiéis, gritantes de verdade. Ele detalha estatura, idade, cidade de origem de todos esses heróis da conquista, capitães, simples soldados, marinheiros, carpinteiros ou músicos. Indica quase sistematicamente a maneira como morreram. Pois essa lista é um obituário: ela identifica apenas quatro sobreviventes.[25] Por trás do tom da litania, a pena é viva e afiada:

24 "*De los valerosos capitanes y fuertes y esforzados soldados que pasamos desde la isla de Cuba con el venturoso y animoso Don Hernando Cortés, que después de ganado México fue marqués del Valle y tuvo otros dictados*" (Ibid., cap.CCV, p.560).

25 Em outro lugar, Bernal confessa que dos 550 membros da expedição de Cortés, restam apenas cinco vivos em 1568. "*Hágoos saber, que de quinientos cincuenta soldados que pasamos con Cortés desde la isla de Cuba, no somos vivos en toda la Nueva España de todos ellos, hasta este año de mil quinientos sesenta y ocho, que estoy trasladando esta mi relación, sino cinco, que todos los más murieron en las guerras ya por mi dichas, en poder de indios, y fueron sacrificados a los ídolos, y los demás murieron de sus muertes, y los sepulcros que me pregunta donde los tienen, digo que son los vientres de los indios, que los comieron las piernas y muslos, y brazos y molledos, pies y manos, y los demás fueron sepultados, y sus vientres echaban a los tigres y sierpes y halcones, que en*

E passou certo Andrés de Monjaraz, que foi capitão na tomada da Cidade do México; ele sofria muito com a catapora, e suas dores não o ajudavam na guerra... E passaram quatro soldados de nome Solis: um, que já era idoso, morreu nas mãos dos índios; outro era apelidado de "o capacete", porque era do gênero que se protegia das perguntas; morreu de morte natural na Guatemala. Outro, chamado "Solis detrás da porta", porque, em sua casa, ele estava sempre escondido atrás da porta vendo o que se passava; foi genro de Orduña, o velho, de Puebla, e morreu naturalmente. O outro Solis era chamado "do pomar", pois possuía um, do qual tirava bom proveito; tinha também o apelido de "casaco de seda", pois muito se orgulhava de possuir roupas de seda; morreu de forma natural... E passou certo Juan Díaz, que tinha um tapa-olho; era nativo de Burgos e estava encarregado da pilhagem e das vitualhas trazidas por Cortés; morreu nas mãos dos índios... E passou certo Francisco de Saucedo, natural de Medina de Río-seco; como fosse muito polido, nós o chamávamos de Galante; dizia-se que tinha sido cozinheiro oficial do almirante de Castela; morreu nas mãos dos índios por ocasião de *La Noche Triste*.[26]

---

aquel tiempo tenían por grandeza en casas fuertes, y aquello fueron sus sepulcros, y allí están sus blasones." (Ibid., cap.CCX, p.584.)

26 "*Y pasó un Andrés de Monjaraz, capitán que fue en lo de México; estaba muy doliente de bubas y no le ayudaba su dolencia para la guerra* [...] *Y pasaron cuatro soldados que tenían por sobrenombres Solises: el uno, que era hombre anciano, murió en poder de indios; el otro se decía Solís Casquete, porque era algo arrebatacuestiones: murió de su muerte en Guatemala; el otro se decía Pedro de Solís Tras la Puerta, porque estaba siempre en su casa tras la puerta mirando los que pasaban por la calle y él no podía ser visto; fue yerno de un Orduña el Viejo, de la Puebla, y murió de su muerte; y el otro Solís se decía el de la Huerta, porque tenía una muy buena huerta y sacaba buena renta de ella, y también le llamaban Sayo de Seda, porque se preciaba mucho de traer seda; murió de su*

Longe de nos impor uma enumeração fastidiosa, Bernal esboça anedotas e mostra uma incrível capacidade de pintar a diversidade da equipe cortesiana. Vemos desfilar aquele que matou sua mulher com uma pedra de moer milho, aquele que era "amigo dos rumores", o que decidiu um belo dia mudar seu nome de Villareal para Serrano de Cardona, o que tinha uma perna de pau porque tinha sido ferido na ponte do Garigliano, combatendo o cavaleiro Bayard... O retrato do grupo é muito bem-feito. Mas que sortilégio é esse? Como Bernal faz, cinquenta anos mais tarde, para se lembrar com tanta precisão de nomes, rostos, parentescos, origens dessa tropa tão colorida? Pois, não o esqueçamos, Bernal Díaz del Castillo supostamente escreveu no interior da Guatemala entre 1565 e 1568! Ou seja, quase meio século depois dos fatos. Dividamos a dificuldade por dez e perguntemo-nos: quem dentre nós se lembra do conjunto de seus colegas do ano do vestibular? Mesmo com a ajuda de uma foto, teríamos com certeza dificuldade em colocar um nome em cada rosto. Ora, Bernal consegue perfeitamente a façanha de fazer reviver nos mínimos detalhes dois terços do exército de Cortés...

Mas o mistério da fenomenal memória de Díaz del Castillo não para na lista dos soldados que tomaram parte na conquista. Toda a *História verídica* é um fascinante exercício de domínio mnésico. Memória dos fatos, memória dos nomes, memória

---

muerte [...] *Y pasó un Juan Díaz que tenía una gran nube en el ojo, natural de Burgos, y traía a cargo el rescate y vituallas que traía Cortés; murió en poder de indios* [...] *Y pasó un Francisco de Saucedo, natural de Medina de Ríoseco, y porque era muy pulido le llamábamos el Galán, y decían que fue maestresala del almirante de Castilla; murió en las puentes en poder de indios.*" (Ibid., cap. CCV, p.562, 563, 567, 572.)

dos lugares, memória das datas. O leitor pode apenas sorrir quando o autor parece hesitar quanto ao nome de um personagem de segundo plano! Para não ficar com dúvidas, me dediquei a enumerar os atores da epopeia cortesiana encenados por Bernal ao longo das páginas da *História verídica*: cheguei ao número – considerável – de 883; e provavelmente alguns, escondidos na curva de uma frase, escaparam da minha conta.

Não nos enganemos! A técnica de Díaz del Castillo não consiste em acumular informações pelo prazer de acumular. Em nenhum momento ele se perde nos detalhes. Ao contrário, Bernal Díaz del Castillo é um criador de dramaturgia. Sua narrativa articula os principais acontecimentos em um encadeamento que os torna compreensíveis. Mas, para torná-los vivos e, sobretudo, para lhes conferir autenticidade, o cronista recorre à precisão, um pouco como um jornalista descrevendo a atualidade ao vivo, ou ainda como um fotógrafo fazendo uso do *zoom*. Por alguns aspectos, a *História verídica* pode parecer uma pungente reportagem sobre a aldeia cortesiana: os fatos são sempre entendidos em situação, credenciados pela força do detalhe. Bernal Díaz del Castillo conta os cavalos, os jumentos, os arquebuses, as balestilhas, as bombardas, os arpões; ele identifica os atores, descreve o terreno das manobras; os combates se desenrolam sob nossos olhos em tempo real. Estamos nos bastidores da História; assistimos às missões que trazem informações, seguimos as embaixadas secretas, sentimos os perfumes de antecâmara, esperamos, impacientes, pelo resultado das arbitragens da Coroa. Folheando a crônica, o leitor é tomado pouco a pouco por uma dúvida: de onde provém essa avalanche de informações? Díaz del Castillo se transportou para Santiago da Guatemala em 1541 com toneladas de arquivos? Se for esse o caso, onde os obteve? Com que propósito os reuniu? Será preciso acreditar em uma premeditação, que invalidaria então a tese segundo a qual foi a publicação da crônica de Gómara, em 1552, que teria despertado a vocação de escritor de Bernal?

A dúvida é significativa. Como um soldado raso conheceria o nome da mulher de Pánfilo de Narváez, o rival enviado pelo governador de Cuba para assassinar Cortés?[27] Ou ainda o nome do mordomo do vice-rei Mendoza?[28] Ou ainda os detalhes íntimos da vida de Marcos de Aguilar, efêmero governador temporário da Nova Espanha?[29] Ora, a cada vez, Díaz del Castillo mostra uma segurança muito grande no manejo da informação. Várias vezes revela um perfeito conhecimento dos arcanos do poder. Ele conhece o triunvirato hieronimita que, em São Domingos, fica encarregado da administração das Índias Ocidentais no início da conquista;[30] conhece a equipe – no entanto, informal – que, até 1524, orienta os assuntos das Índias no seio do conselho de Castela: Juan Rodríguez de Fonseca, bispo de Burgos e arcebispo de Rosano, Luís Zapata e Lope de Conchillos.[31] Quando, em 1540, Cortés é recebido pelo Conselho Real das Índias, Bernal dá sua exata

---

27 Ibid., cap.LV, p.95, e cap.CLXII, p.403.

28 Ibid., cap.CCI, p.547, e cap. CCIII, p.553.

29 "Estava tão enfermo e tão magro que uma ama de leite de Castilha dava de mamar a ele; e bebia também leite de cabra, que tinha feito vir consigo." [*Estaba tan doliente y hético que le daba de mamar una mujer de Castilla, y tenía unas cabras que también bebía la leche de ellas.*] (Ibid., cap.CXCIII, p.511.)

30 Trata-se dos irmãos hieronimitas Luis de Figueroa, Alonso de Santo Domingo e Bernardino de Manzanedo, ibid., cap.LV, p.94.

31 Ibid., por exemplo: cap.XVII, p.29, e cap.LX, p.101.

composição.[32] Bernal também não fica em débito para identificar os conselheiros influentes de Carlos V: o flamengo Charles Poupet, senhor de la Chaulx (Lasao), ou o espanhol Francisco de los Cobos. Quem seria então esse soldado de carreira, sempre pronto a responder junto às redes de influência e aos círculos de poder? O velho soldado aposentado pena para ser digno de crédito em seu papel de depositário da memória coletiva. O redator da *História verídica* sabe demais para continuar a se fazer passar humildemente por Díaz del Castillo.

Pois esse diabo de homem sabe tudo. Tudo, absolutamente tudo sobre Cortés. É de se crer que ele tenha espiões por toda parte, que escute atrás das portas, que abra a correspondência do capitão geral, e que leia seus pensamentos. Aceitamos que nos explique que a barba do conquistador dissimula uma cicatriz, indício de um duelo travado pelos belos olhos de uma mulher: podemos pensar em uma confidência viril, recolhida em alguma noite de libações. As revelações sobre Malinche, companheira de Cortés, pertencem talvez ao mesmo registro:

32 *"Le llevaba bajo los estrados donde estaba el presidente, don fray García de Loaisa, cardenal de Sigüenza, y después fue arzobispo de Sevilla, y oidores licenciado Gutierre Velázquez, y el obispo de Lugo, y el doctor Juan Bernal Díaz de Luco, y el doctor Beltrán."* (Ibid., cap.CCI, p.549.) Ver também cap.CXXXIII, p.275. Notar que os dados fornecidos por Díaz del Castillo para o ano de 1540 estão perfeitamente em dia: Juan Suárez de Carvajal, designado como bispo de Lugo, recebeu a mitra em 1539. Quanto ao presidente Fray García de Loaysa, antigo confessor de Carlos V e antigo general dos dominicanos, foi bispo de Osma, depois de Sigüenza, antes de tornar-se, como indica Bernal, arcebispo de Sevilha em 1539. Por outro lado, Juan Bernal Díaz de Luco não está designado por seu título episcopal: ele se tornará bispo apenas em 1545.

o conquistador pôde desabafar perante seus homens. Mas essa forma de seguir passo a passo o dono do México, relatar suas mínimas palavras – públicas ou privadas –, detalhar o conteúdo de suas trocas epistolares com o rei ou o Conselho das Índias – em princípio confidenciais –, esse talento de estar presente em todo lugar onde esteja presente Cortés, na Espanha, no México, em Honduras, em uma palavra, essa intimidade permanente com o herói da *História verídica*, se fundamenta em quê? O que a justifica? Bernal nos revela, por exemplo, a epígrafe gravada no cano de uma colubrina de prata maciça, moldada em Michoacán e enviada por Hernán ao imperador, num gesto desafiador. Sob a imagem do pássaro fênix, Cortés tinha versificado uma dedicatória bastante presunçosa:

> Este pássaro não tem semelhante.
> Eu, para vos servir, não tenho rival,
> Vós que sois na terra sem igual![33]

Reconhecemos no episódio uma peleja, deveras simbólica, mas a bem dizer bastante íntima, entre o capitão geral e o rei. O que justifica que Bernal se encontre ali, naquele momento, lendo e memorizando tal inscrição?

Bernal Díaz del Castillo apresenta-se como uma espécie de guarda-costas, aderido à pessoa de Cortés: mas será que um segurança é convidado para um casamento? Pode-se acreditar que ele assista às audiências com o imperador Carlos V, que possa captar e rememorar palavra por palavra os diálogos trava-

33 *"Aquesta nació sin par. Yo en serviros sin segundo. Vos sin igual en el mundo."* (Ibid., cap.CLXX, p.447.)

dos entre o conquistador e o soberano asteca Montezuma? Por que cargas d'água teria informação do testamento de Hernán? Díaz del Castillo não consegue fazer o leitor acreditar que ele seja apenas um personagem acessório. Para ter conhecimento de tudo que sabe, ele *tem* que pertencer ao primeiro círculo. Sua aparente modéstia nada mais é que fachada.

Díaz, iletrado?

Chegamos, ao cabo desta pesquisa, munidos de uma certeza: Bernal Díaz del Castillo, veterano da conquista e desfrutando em paz seus dias na Guatemala, não é o autor da *História verídica*. Ainda que protegido por algumas mentiras, refugiado em prudentes silêncios, Bernal sob o fogo cruzado da investigação não pôde encobrir a verdade. Seu papel não se reduz ao de cúmplice de uma mistificação, é preciso dizer quase perfeita, mas ainda assim mistificação. Aliás, Díaz del Castillo poderia bem ter sido incapaz de escrever a *História verídica* por uma simples razão: ele era provavelmente iletrado.

Tenho consciência do ruído tonitruante que essa afirmativa faz ressoar no mundo dos historiadores, até mesmo no mundo da literatura, pois Bernal Díaz del Castillo é com frequência o pináculo para eles. Alguns autores, e não dos menores, o veem como inventor do romance moderno. Longe de mim a ideia de depreciar o talento do autor da *Historia verdadera de la conquista de la Nueva España*. Apenas, esse autor não é o Díaz del Castillo da lenda. Ele nos entrega seu segredo em uma carta escrita a Carlos V em 22 de fevereiro de 1552. Em uma prosa que oscila entre o repetitivo, o irrisório e o confuso, aquele que assina, no caso, Bernal Díaz del Castillo, escreve ao imperador para se queixar do presidente da Audiência dos Confins, Alonso López Cerrato. Esse alto magistrado, inicialmente presidente da Audiência de São Domingos, foi deslocado para a América Central, assumindo suas funções em Gracias a Dios (Honduras) em 26 de maio de 1548. Foi ele quem decidiu e obteve a transferência da sede da Audiência dos Confins para Santiago de Guatemala, o que aconteceu no ano seguinte. Em sua carta, Díaz del Castillo se queixa fortemente das formas de agir do presidente Cerrato: corrupção, nepotismo, favoritismo e, acima de tudo, deposição dos antigos *encomenderos.* Depois de ter severamente criticado essa nomeação feita pela Coroa, Bernal, que conheceu mais de um paradoxo, se transforma em solicitador.

> Eu, na condição de leal servidor, declaro da melhor maneira que posso a Vossa Majestade, porque eu vos sirvo há mais de trinta e oito anos, e por isso suplico a Vossa Majestade que me admita em sua casa real dentre os seus servidores, porque assim receberei grandes favores e não repareis a descortesia de minhas palavras, pois, como não sou letrado, não sei dizer mais delicadamente, porém muito veridicamente, o que se passa.[34]

Nesse linguajar laborioso, em que ninguém conseguiria encontrar o estilo rebuscado da *História verídica*, deve-se compreender que nosso presumido literato refere-se a si mesmo

34 *"Yo, como leal criado, lo declaro lo mejor que puedo a Vuestra Magestad, porque a sobre XXXVIII años que le sirvo, por tanto suplico a Vuestra Magestad sea servido mandarme admetir en su real casa en el número de los criados, porque en ello reçebiré grandes mercedes, y no mire a la mala polezía de las palabras, que como no soy letrado no lo sé proponer más delicado sino muy berdaderísimamente lo que pasa."* (Barbón Rodríguez, op. cit., parte II, p.1040.)

ao confessar que não é *letrado*. No século XVI, não ser *letrado* significa não saber nem ler nem escrever. Seria, pois, Díaz del Castillo pura e simplesmente analfabeto? Que golpe pesado para os admiradores do escritor! Podemos certamente abrir o debate sobre o sentido da palavra *letrado*[35] e tentar salvar o soldado Bernal. Podemos também ver aqui, por trás dessa formulação, o uso do procedimento da falsa modéstia. No entanto, há outras presunções em jogo. Não resta nenhuma dúvida que sua esposa, Teresa Becerra, é também analfabeta a ponto de não saber assinar o nome. Os Arquivos Gerais da Guatemala conservam pelo menos dois documentos que testemunham isso. Ao final de um contrato de arrendamento, que já mencionamos, concedido em dezembro de 1574 pelo casal Díaz, encontramos: "E os acima mencionados Bernal Díaz e Juan Moreno [o arrendatário] assinaram e pela mencionada Teresa Becerra, que alega não saber, uma testemunha assinou em seu lugar... Diante de mim, Pedro López, tabelião".[36] Em 1586, vimos que Teresa

35 Eis a definição dada pela *Real academia española. Diccionario de la lengua española* (vigésima segunda edição): "*letrado, da. (Del lat. litterātus). 1. adj. Sabio, docto o instruido. 2. adj. coloq. Que presume de discreto y habla mucho y sin fundamento. 3. adj. ant. Que solo sabía leer. 4. adj. ant. Que sabía escribir. 5. adj. ant. Que se escribe y pone por letra. 6. m. y f. Abogado (licenciado o doctor en derecho). 7. m. y f. Jurista de una institución pública encargado de estudiar y preparar sus dictámenes o resoluciones. Letrado del Consejo de Estado. Letrado del Tribunal Constitucional. 8. m. y f. Asesor jurídico permanente de una sociedad o empresa*".

36 "*Y los dichos Bernal Díaz e Juan Moreno lo firmaron y por la dicha Theresa Bezerra que dixo no saber firmo un testigo en el registro e yo, el escrivano, conozco a los otorgantes y son los que lo ortogan Bernal Díaz del Castillo, Juan Moreno, por testigo Alonso de Molina. Ante mí. Pero López, escrivano.*" (Barbón Rodríguez, op. cit., parte II, p.1058.)

Becerra lavrava um documento em cartório para tentar recuperar o manuscrito da *História verídica* enviado para a Espanha onze anos antes. O texto da procuração dada com esse efeito a um de seus parentes começa assim: "[...] Eu, Teresa Bezerra, viúva de Díaz del Castillo, falecido, residente e antigo alcaide desta muito nobre e leal cidade de Santiago etc.". Não resta dúvida quanto à pessoa. Seguem a história do envio do manuscrito e a outorga da procuração. No fim do ato, a viúva de Bernal dita a seguinte frase: "E como eu não sei assinar, solicitei que uma testemunha o fizesse em meu lugar".[37] Coube ao tabelião autenticar a assinatura por procuração.

É notório que os casamentos se façam sempre em um mesmo meio. Que Teresa Becerra seja totalmente analfabeta não surpreende: é a norma da época. Em compensação, é impossível imaginá-la como esposa de um erudito, grande mestre em retórica, leitor de Tito Lívio e Flavio Josefo, a viver cercado de resmas de papel e de livros proibidos. A versão prosaica de um Díaz del Castillo mais ou menos iletrado corresponde

37 O poder assim se inicia: "*Sepan quantos esta carta vieren como yo, Teresa Bezerra, viuda, mujer que fui de Bernal Díaz del Castillo, difunto, vezino y regidor que fue desta muy noble y leal ciudad de Santiago de la provincia de Guatimala, Indias del Mar Océano, adondeyo resido y soy vezina*"... O final é o seguinte: "... *fue fecha y otorgada en la dicha çiudad de Santiago de Guatimala a veinte dias del mes de março de mill y quinientos y ochenta y seis años. Y por no saber firmar rogué a un testigo lo firmase por mí. E yo, el presente scrivano, doy fee que conozco a la dicha otorgante y es la misma aquí contenida. Testigos que fueron presentes Alonso de Bargas Lobo y Sebastian del Castillo y Pedro de Sandoval, vecinos desta çiudad. / Va entre renglones o dize al dicho don Albaro de Lugo/ vala/. A ruego y por testigo Alonso de Vargas Lobo. Paso ante mí, Cristoval Azetuno, scrivano de Su Magestad. Derechos 4 reales*" (Ibid., p.1061-2).

certamente melhor à realidade. Dessa forma compreendem-se as variações da grafia de suas cartas: podem ter sido redigidas por terceiros ou eventualmente por escrivães pouco talentosos. Em todo caso, parece certo que o escriba de 1567 não é o mesmo que o de 1552.

Em compensação, não resta dúvida que Bernal sabe assinar seu nome. Sua primeira assinatura conhecida data de 1544; ela aparece em um recibo do dote de sua esposa. Um ano antes de morrer, o velho conquistador assina pela última vez no final da ata da primeira sessão do *cabildo* de Santiago de Guatemala, no ano de 1583, na data de 1º de janeiro. Carmelo Sáenz de Santa María, que havia, na época, identificado nada menos que 90 assinaturas de Bernal Díaz del Castillo, indicava uma anomalia: essa assinatura parecia-lhe perpetuamente mudada.[38] Com efeito, ela é tão polimorfa que o erudito jesuíta não reparou na metade das assinaturas que figuravam nos documentos do *cabildo*! As páginas da parte final dão uma ideia da volatilidade do código gráfico empregado por Bernal: ora ele assina Díaz, ora Díaz del Castillo, em uma linha ou em duas, com ou sem ornamentos laterais, com ou sem sublinhado; suas cesuras são aleatórias, a forma das letras também. É preciso reconhecer que tal inconstância alimentou suspeita. Depois de ter escrupulosamente estudado as 153 assinaturas originais que identifiquei nas deliberações do Conselho Municipal de Santiago de Guatemala, tendo a pensar que foram escritas pela mão de Bernal. Inclusive as rosetas ornamentais que figuram não raro de um lado e de outro da escrita do nome. Isso significa que nosso

38 Santa María, *Historia de una historia, Bernal Díaz de Castillo*, op. cit., p.18-20, 167 et seq.

Díaz passou por um aprendizado e que treinou a assinatura. Ele deve ter tentado recopiar o modelo no estilo da época, sem tornar-se capaz de reproduzi-lo sistematicamente. Para ele, que havia endossado a vestimenta de notável, sua assinatura, mesmo laboriosa, mesmo mutável, fazia que salvasse as aparências! Mas, saber assinar é uma coisa, saber ler e escrever é outra, e, até o momento, as provas das capacidades escriturais de Bernal são quase inexistentes. Muitas dúvidas persistem.

Ao cabo da análise grafológica do *Manuscrito de Guatemala*, Carmelo Saénz de Santa María tinha sido levado a "desclassificar" de forma espetacular a assinatura atribuída a Díaz del Castillo que se encontra no final do documento. Inserida após o *Memorial de las batallas* que devia, em dado momento, fechar o texto da *História verídica*, essa assinatura, apesar disso reproduzida muitas vezes, inclusive no frontispício de edições raras, é hoje considerada unanimemente como um "falso". É preciso dizer que há nela uma menção manuscrita indicando: "cópia terminada na Guatemala em 14 de novembro de 1605".[39] Isso nos autorizaria, de fato, a perguntar: que milagre teria feito Bernal assinar de próprio punho esse exemplar vinte e um anos

39 "*Acabóse de sacar esta historia en Guatemala a 14 de noviembre 1605 años.*" Esta menção está escrita duas vezes, em duas grafias diferentes. Ver Castillo, op. cit., cap.CCXII, p.597, e Barbón Rodríguez, op. cit., parte I, p.829. A autenticidade desse folheto não numerado, inserido entre os fólios 288 e 289 do *Manuscrito de Guatemala* (donde sua identificação como 288A), é tão discutida que ele nem figura no fac-símile publicado em 1992 pelo governo do estado de Chiapas. *Historia verdadera de la conquista de la Nueva España, escrita por Bernal Díaz del Castillo*, 1992, v.1: Códex/códice autógrafo, 1568, Edição fac-símile; v.2: Texto comparado, Genaro García, 1904/Alonso Remón, 1632; v.3: Estudos críticos.

após sua morte? Essa assinatura, aposta no final do manuscrito como se fosse para autenticá-lo, como se fosse para credenciar seu valor autógrafo, é com toda evidência uma falsificação, da qual voltaremos a tratar.

O erro de percepção quanto ao personagem de Bernal escritor é imputável a Fuentes y Guzmán, que foi seguido, com um entusiasmo mais sentimental do que científico, por Heredia. Foi, de fato, o parnasiano que reforçou a ideia de que o *Manuscrito de Guatemala* tinha sido escrito por Díaz del Castillo.[40] E o

---

40 Enquanto o poeta estava engajado em sua grande obra em prosa, no caso, a tradução da crônica de Díaz del Castillo, Heredia tomou conhecimento da *Recordación florida*, que tinha acabado de ser publicada em Madri em 1882. Essa obra, escrita em 1690 por um descendente de Bernal, o guatemalteco Fuentes y Guzmán, revelava a existência de dois manuscritos de Díaz del Castillo, guardados com sua família. Adotando uma tradição familiar não verificada, o autor atribuía sem sombra de dúvida os dois manuscritos a seu ilustre ancestral. Ver Fuentes y Guzmán, op. cit., t.I, p.8-15 e 57.

Eufórico com essa descoberta, assim se exprimia Heredia ao final de sua tradução, terminada em 1887:

> O manuscrito original da *História verídica* existe. Ele é totalmente de autoria do Conquistador, *de puño y letra*, como dizem os espanhóis. Os rascunhos, que Bernal Díaz menciona no prólogo de seu livro, o completam. Guiados por uma intuição apaixonada, ajudados em nossas pesquisas por um inteligente amigo, tivemos a sorte de encontrar intacto, após trezentos anos, esse precioso e venerável monumento da grande conquista. Onde? Como? Contar isso seria muito original. O manuscrito não está em nossas mãos e no momento podemos somente apresentar uma página fotografada cujo tamanho é um quarto da original e fornece a descrição que se segue.
>
> O volume é um in-fólio enorme, com 297 folhetos escritos com letra apertada. Mede aproximadamente 60 centímetros de altura por 38 de largura e 7 de espessura. É revestido por

editor mexicano do texto de 1904, Genaro García, batendo na mesma tecla, apresentou o manuscrito como autógrafo! Mas não é preciso ser gênio para perceber que o *Manuscrito de Guatemala* é uma obra composta, formada por reescritos e páginas interpostas, cuja grafia é manifestamente flutuante ao longo dos 299 folhetos atuais. Em 1984, em seu livro *Historia de una historia*, Carmelo Sáenz vislumbrava a presença de pelo menos três escreventes que ele chamou de A, B e C. Todavia, foi levado a subdividir o escrevente A em A1 e A2 e o escrevente B em B1, B2 e B3, optando por definir três famílias caligráficas que revelavam a mão de seis participantes, aos quais ele acrescentava o autor ou os autores das correções interlineares, escritas em caracteres minúsculos! Sem critério probatório algum, esse autor tendia a associar Bernal Díaz del Castillo ao escrevente C, que teria escrito apenas doze dos fólios, colocados no final

---

uma encadernação de couro, escurecido pelo tempo. Algumas páginas, em pequeno número, estão rasgadas (sem, no entanto, terem sido retiradas) ou roídas pelos insetos. Os fragmentos dos rascunhos permitem reconstituir integralmente o texto. Em resumo, o estado de conservação do manuscrito é tão perfeito quanto possível. A letra varia duas ou três vezes. Inicialmente, firme e bonita, depois, confusa e nervosa, retoma em seguida sua clareza inicial. O final é apressado. Passagens inteiras estão ilegíveis atravessadas por linhas retas. As correções e os acréscimos são numerosos, em parte escritos com uma tinta mais escura e de difícil leitura. Devem datar da última revisão da obra. O velho Bernal parecia estar com pressa para acabar. Sentia-se sem forças, depois de um século de vida. E estava praticamente cego.

No último folheto, o conquistador-historiador assinou seu nome, como uma testemunha ao final de um certificado público. Essa assinatura tem uma tinta muito mais pálida que o resto do escrito. (Heredia, op. cit., t.IV, p.401-2.)

do manuscrito.[41] Assim, faz quase trinta anos que a análise escrupulosa do *Manuscrito de Guatemala* – análise do papel, da tinta e da grafia – tirava de Bernal Díaz del Castillo a posse da paternidade da quase totalidade desse escrito: não nos encontrávamos mais em presença de um manuscrito autógrafo, como acreditaram Fuentes y Guzmán, Heredia e García, mas diante de uma cópia que só conservava 4% da versão original. Em 2005, José Antonio Barbón Rodríguez, ao publicar a edição crítica do *Manuscrito de Guatemala*, retinha apenas sete fólios como autógrafos, "vestígios do manuscrito original".[42] Mas, como identificar a grafia de Bernal Díaz del Castillo, se ele é analfabeto ou semianalfabeto? Comparar a grafia desses

---

41 Sáenz de Santa María, *Historia de una historia, Bernal Díaz de Castillo*, p.17 et seq.

Observaremos que o próprio Heredia notava modificações na escrita de Bernal ao longo das páginas, mas as atribuía a mudanças de estado psíquico do velho conquistador. O trabalho realizado pelo erudito jesuíta mostra que o assunto é mais complexo; se Sáenz vê os últimos folhetos, a partir do fol. 269, como sendo de preferência da mão de Díaz (escrevedor C), atribui, no entanto, os fólios 271 a 274 ao escrevedor B3, o 279 ao escrevedor A2, os fólios 280 a 283 novamente ao escrevedor B3, o 284 novamente a A2. Quanto ao fólio 285, a frente seria da mão de A2, enquanto o verso seria da mão de Bernal! Esse último teria igualmente escrito a frente do fólio 295, enquanto B3 teria escrito o verso... Como vemos, as cópias se sobrepõem e se entremeiam à vontade. O fólio 216r mostra um caso extremo: encontramos nele a mão de três copistas diferentes, um deles não sendo nem A, nem B, nem C!

42 "*Sólo se pueden aceptar como de mano de Bernal Díaz los fols. 269, 270, 274v, 275, 276, 277, 278... Es decir sólo 7 folios cuya letra, como Sáenz de Santa María señala, es la misma y también idéntica la calidad de la tinta. Estos folios habría que considerarlos como restos del manuscrito original.*" (Barbón Rodríguez, op. cit., parte II, p.52.)

hipotéticos sete fólios residuais com a das cartas atribuídas a Bernal não faz nenhum sentido se tais cartas foram escritas por um terceiro.[43] Tudo leva a crer que Bernal Díaz del Castillo nunca escreveu nada, pois nunca soube escrever. Em todo caso, não suficientemente para compor a *História verídica*.

Pensando bem, a qualidade de iletrado de Bernal Díaz não surpreende. Mesmo que seja difícil quantificar o analfabetismo na Europa do século XVI, estima-se que, através da maioria dos autores que trataram do assunto, ele seja muito elevado: em torno de 98% ou 99% da população espanhola da época. Se aplicarmos essas proporções aos 550 companheiros de conquista de Cortés, chegamos a um leque de 5 a 10 pessoas alfabetizadas. Talvez, sendo otimista, pode-se chegar a uns doze. Ora, calculemos: devemos integrar nesse grupo o próprio Cortés, os dois tabeliães e os três eclesiásticos devidamente identificados, Juan

---

43 A hipótese da existência de folhetos residuais da mão de Bernal no final do *Manuscrito de Guatemala* repousa em uma constatação: a grafia das cartas de Díaz del Castillo datadas de 1552 a 1558 corresponde à grafia do escrevedor C identificado por Sáenz. Mas não temos nenhuma prova de que o escrevedor C não seja, ele também, um copista. Parece difícil, no entanto, sustentar a hipótese das "folhas residuais", pois no fólio 274r vemos o copista C tomar o lugar do copista B3 no meio da página! Essas identificações grafológicas são, em todo caso, delicadas. E, mesmo sendo especialista, Carmelo de Santa María se enganou ao atribuir os fólios 288 a 292 ao escrevedor C: será preciso ver aí a mão de A2. Em definitivo, os fólios atribuíveis ao escrevedor C no *Manuscrito de Guatemala* são os seguintes: 269, 270, metade inferior do fólio 274 frente, 274v, 275, 276, 277, 278, 285v. Observemos que o fólio 285v não tem nada a ver com a *História verídica*: é um rascunho de certificado jurídico, aliás bastante ilegível, cujo verso em branco foi utilizado por economia na confecção do *Manuscrito de Guatemala*.

Díaz, Bartolomé de Olmedo e Pedro Melgarejo; em seguida vêm o tesoureiro do rei, Julian de Alderete, e alguns de seus assessores; é preciso acrescentar um certo Botello, astrólogo de profissão, que, segundo Díaz, seria latinista;[44] procurando melhor, encontraremos a presença de três "bacharéis" como esse Escobar, boticário que também tem ofício de cirurgião,[45] como esse Ortega, que se tornou alcaide da Cidade do México,[46] como esse Alonso Pérez, que compôs um elogio rimado para Cortés após *La Noche Triste*.[47] Ainda que incompleta, essa lista permanece restrita: na verdade, ela reserva pouco espaço para acolher os soldados patenteados. Tal é a realidade do corpo expedicionário de Hernán Cortés, um exército de combatentes, e não uma sucursal da Universidade de Salamanca. De todo modo, se Bernal Díaz del Castillo fosse letrado, certamente não teria permanecido no anonimato dos homens da tropa.

Em busca do autor da *História verídica*, a pesquisa desqualificou, portanto, Bernal Díaz del Castillo. Talvez seja uma decepção para alguns, que tinham feito dele um alegre ícone popular cuja celebridade contrabalançava o renome dos clérigos e dos letrados oficiais. Dava gosto ver esse representante das grandes aventuras vir oxigenar o ar confinado dos gabinetes em que são tramados torpes golpes. Além disso, esse antiburocrata tinha língua grande, o que não estragava em nada o efeito do contraste. Mas o mito se desvaneceu diante de nossos olhos. Na verda-

44 Castillo, op. cit., cap.CXXVIII, p.255.
45 Ibid., cap.CXXXVII, p.288, e cap.CCV, p.571.
46 Ibid., cap.CLXXXIX, p.501.
47 Ibid., cap.CLXV, p.324.

de, implodiu, sob a pressão conjugada das inverossimilhanças e das impossibilidades. No entanto, a crônica atribuída a Bernal existe de fato. A *História verídica* tem forçosamente um autor: resta-nos agora desmascará-lo. Mas visto estarmos diante de uma mistificação literária, resta-nos explicá-la, compreendê-la, mostrar suas engrenagens, tirar as implicações... Ao iniciar a biografia de Bernal Díaz del Castillo pensávamos esclarecer um mistério. Temos agora dois enigmas para elucidar.

Um manuscrito a várias mãos

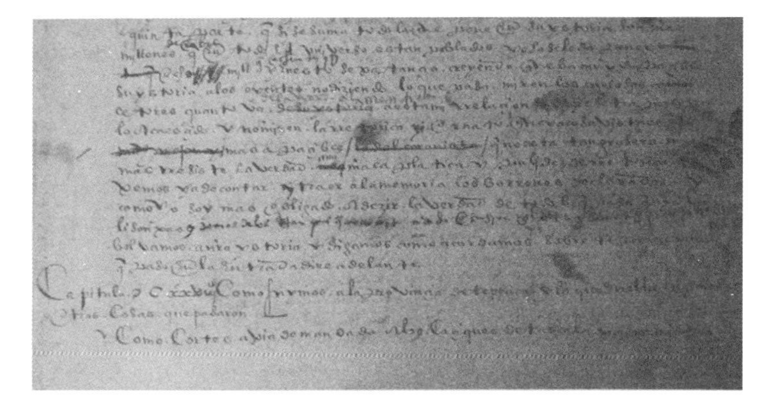

O *Manuscrito de Guatemala* recebeu a contribuição de seis copistas diferentes que alternam ao longo das quase 300 páginas que o compõem, bem como de vários releitores, que deixaram correções interlineares. Vemos anteriormente um trecho do fólio 121r, que corresponde ao escrevente chamado de B1. As rasuras e correções são feitas com outra tinta e por outra mão. A seguir, o trecho do fólio 274r mostra como o escrevente C substituiu o escrevente B3 no meio de uma página e no meio de uma palavra! (Cortesia Archivo general de Centro America, Guatemala.)

O mistério da assinatura de Bernal Díaz del Castillo

A partir de 1544, Bernal deixou numerosas assinaturas que diferem perpetuamente, a ponto de alimentar uma dúvida sobre sua capacidade escritural. Ora ele assina Díaz, ora Díaz del Castillo, em uma linha ou em duas, com ou sem fiorituras laterais; as cesuras gráficas variam constantemente; ele pode ou não sublinhar.

1. Recibo do dote, 1544, primeira assinatura conhecida. (AGCA.)
2. Carta ao rei Carlos V, 1552. (AHN.)
3. Actas del cabildo, 4, fol. 65r, 1555. (AGCA.)
4. Carta ao rei Filipe II, 1558. (AHN.)
5. Actas del cabildo, 4, fol. 177r, 1561. (AGCA.)
6. Actas del cabildo, 4, fol. 194v, 1562. (AGCA.)
7. Actas del cabildo, 7, fol. 113r, 1581. (AGCA.)
8. Actas del cabildo, 7, fol. 155v, 1583, última assinatura conhecida. (AGCA.)

1

5

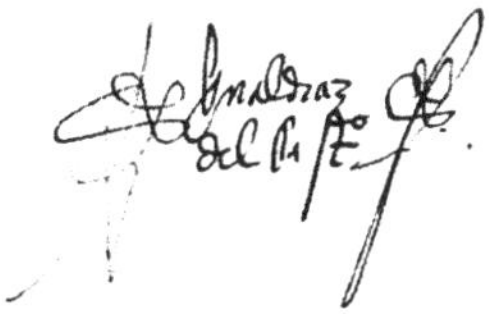

2

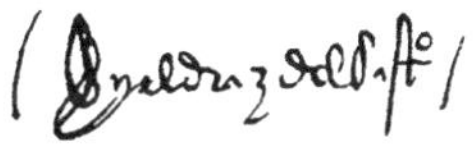

6

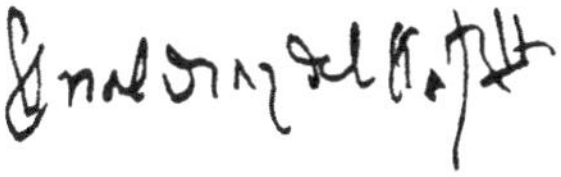

3

7

4

8

Parte II
A resolução do mistério

1
Pesquisa da paternidade

Se ainda não temos a identidade do autor da *História verídica da conquista da Nova Espanha*, temos, no entanto, seu retrato-robô. Antes de tudo, sabemos que deve se tratar de um soldado, pois esse soldado é testemunha de todas as batalhas que se realizaram por ocasião da conquista do México. De modo algum esse observador atento pode ser um ator intermitente; ele deve ter participado de *toda* a epopeia da conquista, de 1517 a 1540. Além disso, deve ter acompanhado Cortés nas suas duas viagens à Espanha, em 1528-1530, depois em 1540. Se refletirmos sobre isso, já se reduz consideravelmente o campo dos possíveis. Porque essa testemunha é um sobrevivente. Escapou de uma centena de combates, para, em seguida, resistir às febres, à disenteria, às epidemias. Inoxidável força da natureza, escapado por milagre da adversidade, essa espantosa testemunha deve ser, além de tudo, dotada de memória. De memória ou de arquivos, porque, como vemos, a quantidade de informações compiladas é impressionante. Como não se enganar sobre os lugares, as datas, a personalidade dos atores, o desânimo dos combatentes, o nome dos cavalos, a configuração do terreno? Como evitar a confusão dos dados e a superposição dos acontecimentos? É preciso então, muito provavelmente, pensar na existência do suporte de um arquivo, constituído antes da escritura da *História verídica*. Estaríamos então em plena premeditação... Mas quem, então, dentre esses soldados do acaso, esses homens com seus bornais e cordas, teria essa cultura da memória que induz o homem a salvaguardar os traços da história no momento em que ela se faz?

Entretanto, ter condições de conservar a memória dos acontecimentos não é razão suficiente para ser cronista. A nosso redator da *História verídica* foi preciso, também, ser capaz de ordenar a matéria da epopeia com um certo sentido da dramaturgia. Já mencionamos que nosso misterioso autor é um letrado, dotado de uma grande cultura clássica; acrescentemos que ele domina a prosódia e manifesta uma grande competência linguística. Essa última característica – o emprego da palavra exata – é, evidentemente, uma consequência de seu alto nível cultural. E, tem mais: nosso autor também tem talento. Um talento muito pessoal, em que se misturam o sopro épico e a espontaneidade do estilo oral. Ora, o talento é uma qualidade rara. Do pequeno número dos soldados sobreviventes suscetíveis de serem as testemunhas permanentes de toda a epopeia da conquista, quantos deles seriam capazes de escrever uma crônica e, ainda mais, uma crônica hoje em dia considerada uma obra-prima literária?

Mas os pré-requisitos do retrato-robô não terminam nessas primeiras considerações. O autor que procuramos identificar deve ser, ainda por cima, um íntimo de Hernán Cortés. A todo momento, ao longo das páginas, o autor mostra que se beneficia de uma informação privilegiada sobre o comportamento e a ação do capitão geral. E não se incomoda em perscrutar seus pensamentos ou reportar suas palavras. Permite-se até alguma familiaridade com o conquistador, autorizando-se aqui e ali a julgá-lo, como se fosse habilitado para tal! Essa proximidade do autor com seu chefe reduz ainda mais o círculo dos candidatos possíveis.

Nosso autor deve igualmente ser interessado pelo poder. A *História verídica* transborda de notas sobre a competição que se instala entre a Nova Espanha e a Castela Velha, entre os homens da aventura e os homens de gabinete, entre os conquistadores, expostos ao perigo, e os burocratas ao longe, gestores dos estados de fato. A *História verídica* não é somente uma sucessão de narrativas de batalhas. É, também, uma reflexão sobre a essência do poder. Sobre a legitimidade do absolutismo de direito divino diante da legitimidade republicana advinda da eleição. De certa maneira, a crônica se lê como o romance do poder. Tudo é passado pelo escalpelo do analista: a traição, a calúnia, a volatilidade dos estados de alma, a parte do entusiasmo, a isca do ganho, o desejo de riqueza, a importância das redes, o medo, a coerção, o espírito de submissão, a irrupção do irracional com seu cortejo de inveja, de cobiça ou de ódio, e seus contrários, as inquietações do amor, a amizade, a fidelidade.

Se a *História verídica* é uma autópsia do poder, a obra debruça-se também sobre uma questão de alcance metafísico: o sentido da história e a construção da posteridade. Entre as linhas da crônica, discernimos uma interrogação permanente sobre os traços que podem deixar sobre a terra as ações dos homens e o sentido desses atos. Nosso autor é, sem dúvida, um cronista, um memorialista, desejoso de compreender a fuga do tempo. É certo, toda essa crônica está centrada na personalidade de

Cortés, principal ator do encontro desses dois mundos que tinham vivido tanto tempo em recíproca ignorância. Mas a originalidade da obra atribuída a Díaz del Castillo é, precisamente, querer preservar a memória de todo o grupo de soldados que participaram da conquista. A *História verídica* considera todos esses homens, humildes e desconhecidos, que fizeram dom de sua coragem e de sua valentia à causa da conquista, completos atores da História. Nosso autor assume, dessa forma, uma postura filosófica muito original.

Essa tomada de posição vem acompanhada, aliás, por outra temática, em torno da noção de verdade. Mesmo que exista pouca chance de que o manuscrito original tenha tido um título, o conceito de história *verídica* é um conceito elaborado. Segundo nosso autor, sua história é verídica porque ela é obra de uma testemunha ocular, enquanto, geralmente, a história é escrita *a posteriori*, a partir de documentos, por profissionais da escrita, e não por atores da história. Tal reflexão sobre a escrita da história em sua relação com a verdade, reconhecemos, é de uma incontestável sofisticação intelectual. O círculo de candidatos possíveis está, pois, se restringindo: devemos encontrar um soldado sobrevivente que tenha participado, continuamente, da epopeia da conquista, de 1517 a 1540, um soldado dotado de cultura, de capacidades literárias, um soldado que seja também um filósofo, que se questione sobre o sentido da vida, sobre o sentido da ação humana, da fabricação da história, da verdade com relação à posteridade. A essa altura, existem muitos candidatos elegíveis? Certamente muito poucos.

Mas ainda é preciso acrescentar dois traços marcantes ao retrato-robô que estamos tentando fazer. Em primeiro lugar, devemos procurar um homem fascinado pelo México indígena. Essa observação poderia ser sem importância. Mas, não é nada disso. A pulsão natural dos participantes na campanha mexicana seria detestar o inimigo: essa é, aliás, uma tendência bastante natural nos conflitos. Ora, encontramos sob a pena do autor da *História verídica* palavras que traem sem cessar seu amor pela terra que conquista. Os espanhóis chegam com vistas à Cidade do México? Nosso autor traça da capital asteca um retrato cheio de emoção e de admiração.[1] Será que visita o mercado ou o grande templo de Tlatelolco? Faz deles descrições fascinadas, e as comparações que se permite fazer são a favor do Novo Mundo.[2] Essa disposição de espírito nos faz eliminar

---

1 "*No sé como lo cuente: ver cosas nunca oídas, ni aun soñadas, como veíamos. Pues desde que llegamos cerca de Estapalapa, ver la grandeza de otros caciques que nos salieran a recibir, que fue el señor de aquel pueblo, que se decía Coadlabaca* [*Cuitlahuac*], *y el señor de Culuacan, que entrambos eran deudos muy cercanos de Montezuma. Y después que entramos en aquella ciudad de Estapalaca, de la manera de los palacios donde nos aposentaran, de cuán grandes y bien labrados eran, de cantería muy prima, y la madera de cedros y de otros buenos árboles olorosos, con grandes patios y cuartos, cosas muy de ver, y entoldados con paramentos de algodón. Después de bien visto todo aquello fuimos a la huerta y jardín, que fue cosa muy admirable verlo y pasearlo, que no me hartaba de mirar la diversidad de árboles y los olores que cada uno tenía, y andenes llenos de rosas y flores, y muchos frutales y rosales de la tierra, y un estanque de agua dulce, y otra cosa de ver: que podían entrar en el vergel grandes canoas desde la laguna por una abertura que tenían hecha, sin saltar en tierra, y todo muy encalado y lucido, de muchas maneras de piedras y pinturas en ellas que había harto que ponderar, y de las aves de muchas diversidades y raleas que entraban en el estanque. Digo otra vez lo que estuve mirando, que creí que en el mundo hubiese otras tierras descubiertas como éstas... Ahora todo está por el suelo, perdido, que no hay cosa en pie.*" (Castillo, op. cit., cap.LXXXVII, p.159.)

2 Díaz deixa uma longa descrição maravilhada do Mercado de Tlatelolco que ele conclui assim: "*Ya querría haber acabado de decir todas las cosas que allí se vendían, porque eran tantas de diversas calidades, que para que lo*

acabáramos de ver e inquirir, que como la gran plaza estaba llena de tanta gente y toda cercada de portales, en dos días no se viera todo." (Ibid., cap.XCII, p.172.)

Depois ele se aproxima do Templo principal e se entusiasma com as construções que o cercam: "*Y así dejamos la gran plaza sin más verla y llegamos a los grandes patios y cercas donde esta el gran cu; tenía antes de llegar a él un gran circuito de patios, que me parece que eran más que la plaza que hay en Salamanca, y con dos cercas alrededor, de calicanto, y el mismo patio y sitio todo empedrado de piedras grandes, de losas blancas y muy lisas, y adonde no había de aquellas piedras estaba encalado y bruñido y todo muy limpio, que no hallaran una paja ni polvo en todo él.*" (Ibid., p.172-3.)

Finalmente, ele subiu os degraus do santuário que dominava a cidade de uns 60 metros e lá se deixa empolgar pela paisagem que descobre: "*Y veíamos el agua dulce que venía de Chapultepec, de que se proveía la ciudad, y en aquellas tres calzadas, las puentes que tenía hechas de trecho a trecho, por donde entraba y salía el agua de la laguna de una parte a otra; y veíamos en aquella gran laguna tanta multitud de canoas, unas que venían con bastimentos y otras que volvían con cargas y mercaderías; y veíamos que cada casa de aquella gran ciudad, y de todas las más ciudades que estaban pobladas en el agua, de casa a casa no se pasaba sino por unas puentes levadizas que tenían hechas de madera, o en canoas; y veíamos en aquellas ciudades cues y adoratorios a manera de torres y fortalezas, y todas blanqueando, que era cosa de admiración, y las casas de azoteas, y en las calzadas otras torrecillas y adoratorios que eran como fortalezas. Y después de bien mirado y considerado todo lo que habíamos visto, tornamos a ver la gran plaza y la multitud de gente que en ella había, unos comprando y otros vendiendo, que solamente el rumor y zumbido de las voces y palabras que allí había sonaba más que de una legua, y entre nosotros hubo soldados que habían estado en muchas partes del mundo, y en Constantinopla, y en toda Italia y Roma, y dijeron que plaza tan bien compasada y con tanto concierto y tamaña y llena de tanta gente no la habían visto.*" (Ibid., p.173.)

Vê-se bem que o olho do escritor é atraído para três elementos que não existem naquela escala na velha Europa: o uso quase ilimitado do espaço, a limpeza e a pressão demográfica. As cidades europeias do começo do século XVI continuam aglutinadas em torno das catedrais e são formadas de ruelas sombrias e malcheirosas. Não há nenhuma delas que possa se comparar à beleza esplendorosa de Tenochtitlán. Quanto à densidade habitacional, ela é inimaginável para um europeu: Tenochtitlán e sua cidade gêmea Tlatelolco contam com,

alguns candidatos que, como Bernaldino Vázquez de Tapia, empenham-se em promover uma visão pejorativa da cultura indígena.[3] Esse não é absolutamente o caso da *História verídica*.

Para ser ideal, esse retrato deve possuir uma última característica. Não esqueçamos de assinalar que nosso misterioso autor deve ter conhecido Gómara. E essa não é a menor das complicações, porque Francisco López de Gómara publica sua obra sobre a conquista do México somente em dezembro de 1552. Ora, nós vimos a dificuldade que houve para fazer coincidir, do outro lado dos mares, a publicação da obra de Gómara e a vocação de cronista do autor da *História verídica*. Mas a obsessão anti-Gómara que marca o manuscrito é importante demais para reduzi-la a um elemento marginal. Quem é então esse soldado culto, filósofo, provido de arquivos e de memória, dotado de um estilo e de uma personalidade forte, que, além disso, conheceu

---

pelo menos, 300 mil habitantes, quando Sevilha, a maior cidade da Europa, em 1519, abriga aparentemente 35 mil. E o panorama que se oferece ao olhar de Díaz abraça uma aglomeração da ordem de 3 milhões de habitantes!

3 Bernardino Vásquez de Tapia se conta entre os raros soldados de Cortés que sabiam ler e escrever. Tinha por isso uma grande vaidade. Antigo homem de confiança do capitão geral, ficou conhecido por tê-lo traído: designado pelos homens de Cortés para ir à Espanha denunciar os malfeitos de Nuño de Guzman, ele se deixou comprar e acabou por defender esse último! Ele foi o inspirador das testemunhas convocadas por ocasião do *juicio de residencia* de Cortés. Ocupou diversos postos de responsabilidade na administração da cidade de México depois de 1524. Ele deixou um breve testemunho sobre a conquista, *Relación de méritos y servicios del conquistador Bernardino Vásquez de Tapia, vecino y regidor de esta gran ciudad de Tenustitlan Mexico* (1542). Nessa obra, ele chama a atenção para o fato de ter sido criado por um tio, professor na Universidade de Salamanca.

a obra de Gómara, publicada na Espanha e depois proibida a partir de 1554?

É bastante fácil proceder por eliminação. Do círculo inicial dos 500 primeiros conquistadores, é preciso ignorar todos aqueles que não participam da expedição de *Las Hibueras*, seja porque morreram durante a conquista da Cidade do México--Tenochtitlán, seja porque, depois dessa vitória, eles partiram para a Espanha ou para Cuba. No fim do ano de 1524, Cortés se lança, com efeito, em uma busca do território maia, que o verá atravessar o Tabasco, depois o Petén, para chegar no "golfo das águas profundas" (*Las Honduras*), onde ele fundará as cidades de Natividad e de Trujillo, clone tropical do berço de sua família: os Monroy, os Cortés, os Altamirano, os Pizarro, vão doravante criar raízes na Mesoamérica. Nós sabemos, principalmente por Gómara, que Cortés levou com ele nessa aventura 300 soldados, 150 a pé e 150 a cavalo.[4] Mas, desses 300, quantos são os combatentes de 1519? E quantos são os que participaram da expedição de Córdoba e da expedição de Grijalva? Muito poucos. E, desse número já reduzido, quantos vão acompanhar Cortés nas suas duas viagens à Espanha? Um punhado. E, nesse grupo de confiança, quantos podemos identificar como letrados? Provavelmente nenhum. E quem, dentre esses hipotéticos soldados da conquista suscetíveis de escrever uma crônica, poderia conhecer a obra de Gómara? A pista do soldado-cronista deságua em uma aporia.

Poderíamos, eventualmente, colocar nessa competição Andrés de Tapia. Aparentado a Diego Velázquez, infiltrado pelo

---

4 "*Teniendo pues guía y lengua, hizo alarde, y halló ciento y cincuenta caballos, y otros tantos españoles a pie muy en orden de guerra, para servicio de los cuales iban tres mil indios y mujeres.*" (Gómara, *Historia de la conquista de México*, n.566, cap.CLXXV, p.242).

governador de Cuba nas tropas de Cortés, demonstrará finalmente devotamento ilimitado à pessoa do capitão geral. Tapia corresponde a alguns traços de nosso retrato-robô: fiel entre os fiéis, herói da tomada da Cidade do México, segue Hernán como sua sombra na maior parte de suas aventuras, inclusive nas suas duas viagens à Espanha. E conheceu Gómara, que o menciona. Porém, não participa nem das viagens preliminares de Córdoba e Grijalva, nem da expedição de *Las Hibueras*. Fator impeditivo, ele escreve muito mal. Disso deixou um testemunho eloquente. Por entusiasmo pelo marquês do Vale, Tapia tentou compor uma breve narrativa hagiográfica da conquista.[5] Sua obra tem quinze folhas; com uma sintaxe duvidosa, é redigida em um castelhano popular, com a ajuda de uma estranha escrita semifonética. Nada a ver com o tom rebuscado da *História verídica*. Tapia não passa na prova de qualificação.

Em desespero de causa, procuraremos, em lugar outro que o dos militares, o autor se fazendo passar por um soldado de carreira? Outra decepção! Dos eminentes letrados que cercaram o conquistador do México, convém eliminar todos os tabeliães e todos os eclesiásticos. Nenhum tabelião corresponde às características requeridas para ser o autor da *História verídica*, porque nenhum acompanhou Cortés o tempo todo. Quanto aos padres, que poderiam ter cultura suficiente para escrever uma crônica, devemos riscá-los de nossa lista. Juan Díaz, que deixou um relatório de viagem da exploração de Grijalva,[6] desaparece da cena mexicana pouco depois da conquista. Alguns autores o

---

5 Tapia, op. cit. In: Vásquez (ed.), op. cit., p.59-123.

6 Díaz, *Itinerario de Grijalva* (traduzido do italiano). In: Icazbalceta, *Colección de documentos para la historia de México*, t.I, p.281-308.

fazem morrer em Tlaxcala, outros o veem retornar à Espanha, mas é verossímil que ele tenha morrido antes da expedição de *Las Hibueras*. O frade mercedário Bartolomé de Olmedo morre em 1524, sem que se conheça dele nenhum escrito. Restam dois franciscanos; o frade Pedro Melgarejo de Urrea desembarcou em Veracruz, em fevereiro de 1521, acompanhando o tesoureiro Julian de Alderete, que devia tomar partido de Cortés. Ele teve apenas uma pequena ideia da conquista, pois voltou logo para a Espanha:[7] é preciso, então, excluí-lo. Quanto ao frade Diego Altamirano, parente de Cortés, chegará à Nova Espanha depois da tomada da Cidade do México. Em seguida, ele ficará, efetivamente, ligado aos passos do conquistador, inclusive nas suas permanências na Espanha, mas não participou nem do período 1517-1521, que constitui, apesar de tudo, o cerne da *História verídica*, nem da viagem a *Las Hibueras*, mesmo que ele tenha sido encarregado de convencer o capitão geral a deixar Trujillo para voltar a assumir o governo da Nova Espanha.[8] Convém, então, retirar, igualmente, Altamirano da lista dos possíveis autores.

---

7 Não sabemos quem enviou o frade Pedro Melgarejo de Urrea para a Nova Espanha. A Coroa? As instituições eclesiásticas de São Domingos? Mesmo se ele se pôs ao serviço de Cortés desde sua chegada, em fevereiro de 1521, nunca fez parte do primeiro círculo do conquistador. Díaz del Castillo o acusa, por meias palavras, de ter vendido indulgências aos soldados que morriam nos campos de batalha. "*Y vino un fraile de San Francisco que se decía fray Pedro Melgarejo de Urrea, natural de Sevilla, que trajo unas bulas de Señor San Pedro, y con ellas nos componían si algo éramos en cargo en las guerras en que andábamos; por manera que en pocos meses el fraile fue rico y compuesto a Castilla.*" (Castillo, op. cit., cap.CXLIII, p.310.) Cortés o mandou de volta para a Espanha depois da tomada da Cidade do México.

8 Ver ibid., cap.CLXXXIX, p.500, e Gómara, op. cit., cap.CLXXXVI, p.262.

A título de última tentativa, poderíamos desmembrar a dificuldade e formular a hipótese de que a crônica foi constituída por várias contribuições parceladas. Seu formato final resultaria, assim, em uma compilação editorial. Mas, se já é árduo encontrar um candidato para a paternidade da obra, torna-se *a fortiori* impossível encontrar cinco ou seis. E a grande unidade estilística da crônica elimina a pista do hábil compilador.

Ao término desse jogo de eliminação, poderíamos ter o sentimento de que o crivo empregado foi muito fino, pois, ao cabo da partida, não resta nenhum pretendente. De fato, existe uma figura, e uma só, de acordo com nosso retrato-robô: é o próprio Cortés. O Cortés em pessoa. Ele é o único, como vamos ver, a ter condições de escrever a *História verídica da conquista da Nova Espanha*.

2

Retorno a um vazio biográfico: os últimos anos de Cortés. 1540-1547

O fim da vida de Cortés foi visto com pouca atenção por seus biógrafos; quando não reduzem a epopeia cortesiana aos dois anos da conquista do México. Na maior parte do tempo, o período de 1540-1547 é objeto apenas de algumas páginas obrigatórias, raramente valorizadas. Já em 1843, quando o historiador inglês William Prescott escreveu as quase seiscentas páginas de sua *História da conquista do México*, dedicou apenas quatro delas aos doze últimos anos do conquistador.[1] Para dar um exemplo mais recente, a magnífica e monumental biografia de José Luis Martínez,[2] que conta mais de mil páginas, só consagra quarenta aos oito últimos anos do conquistador; e esse capítulo tem um título pouco atraente: "O declínio e o fim". Todos os biógrafos de Cortés partilham uma característica: tomados de um indizível constrangimento, eles não ousam abordar esse assunto, o fim da vida de Hernán, e se contentam em ser lacônicos.

---

1 Prescott, *Historia de la conquista de México*, n.150. A última parte da vida de Cortés é contada nas páginas 572-5 (livroVII, cap.V).

2 Martínez, *Hernán Cortés*. O capítulo XXII, "La declinación y el fin" ocupa as páginas 727-66.

Para dizer a verdade, não encontram, no Cortés quinquagenário que têm sob os olhos, o estofo do herói de que trataram. Pintam-no como vítima, com certa comiseração; descrevem-no como um perdedor; é certo, maltratado pela injustiça da História, mas, de toda forma, um perdedor. O fim da vida de Cortés, quase invisível, vai contra o orgulho e a autoridade do dono do México; não se reconhece mais sua apetência pelo combate, seu gosto pela vitória. Então, os historiadores criam um impasse e mostram-se discretos. Um pouco como se a palidez do astro extinto pudesse impedir de concebê-lo resplandecente.

Existe aí uma impostura. Os biógrafos de Cortés obedecem de fato a uma lei do silêncio imposta por Díaz del Castillo e Gómara. Olhemos a estrutura da *História verídica*: mais de duzentos capítulos são consagrados à conquista e à expedição de *Las Hibueras*, enquanto o período posterior a 1540 tem, estranhamente, um único e breve capítulo (capítulo CCIV)! Folheemos a *História da conquista*, de Gómara: no fim de sua obra, o cronista dá um grande salto da exploração da Califórnia (1539) à "morte de Cortés" (1547), que ocupa apenas um capítulo minimalista (capítulo CCLI). Por que os historiadores especialistas do século XVI não se questionaram essa curiosidade? O que esconde esse silêncio? Pode-se acreditar em uma apresentação de Cortés como um homem entregue à inação? Podemos, por exemplo, ler frases como esta: "Em seus últimos anos, preenchendo como podia sua ociosidade de cortesão inútil, Cortés adotou a conversação com pessoas doutas sobre temas de filosofia moral".[3] Pode-se acreditar em

3 "*En sus últimos años, y tratando de llenar de alguna manera los ocios del cortesano sin provecho, Cortés se inclinó por la conversación con personas doctas acerca de temas de filosofía moral.*" (Ibid., p.749.)

um Cortés depressivo e abatido, mortificado pelas desilusões, tendo perdido todo interesse pela vida, passando de sua cama à cadeira, obnubilado pela morte?

Muito curiosamente, esse silêncio dos dois principais cronistas, apoiados em 1566 por Cervantes de Salazar, alimentou uma interpretação "ideológica" do personagem: na sua volta para a Espanha, em 1540, o conquistador teria caído em uma espécie de anonimato ligado a sua desgraça política. Seu prestígio teria desaparecido rapidamente e ele teria morrido na indiferença geral e na pobreza. Trata-se, certamente, de uma fábula, forjada por seus inimigos de sempre. Cortés na Espanha, em 1540, é uma lenda viva, um herói da hispanidade e da cristandade. Ele não perdeu nada de sua ascendência, de sua vitalidade, de seu brio. Está excluído imaginá-lo, por pouco que seja, como um velhinho apagado, tomado de reumatismos. Leva uma vida digna e, como sempre esteve, continua em ação. Porém, o que está em jogo, dessa vez, não é mais se tornar dono do Império asteca. Trata-se agora de passar à posteridade apresentando seu melhor perfil.

É preciso voltar à chegada de Cortés à Espanha, no começo de 1540. A análise detalhada da cronologia dos fatos vai nos revelar o elo que falta na sua biografia. É um homem ferido que faz essa última travessia. Até então, o marquês do Vale estava em casa, no México. Contra ventos e marés, ele se comportara como soberano e proprietário. Construíra esse México mestiço que havia concebido enquanto era apenas o alcaide de Santiago de Cuba. Dera corpo a um sonho. Exercera o poder com uma felicidade espontânea, distribuindo alternadamente favores e sinais de autoridade. Tinha feito que Carlos V lhe atribuísse quase a totalidade das terras do México central.

Para estender ainda mais suas possessões na Nova Espanha, tinha posto na cabeça abrir o caminho marítimo para a China, maneira visionária de instalar o México em um mundo globalizado, em diálogo com a mãe pátria ibérica. Depois, em 1535, desembarcou um vice-rei chamado Antonio de Mendoza, um enviado plenipotenciário da Coroa. Cortés sempre viu nele um usurpador. Recém-chegado, Mendoza, administrador iniciante, não podia grande coisa contra Cortés. Pela força dos acontecimentos, o marquês considerou o vice-rei como um personagem subalterno. Representante de um rei pobre e pedinte, sofrendo para impor sua legitimidade além do Atlântico, Mendoza não foi levado a sério pelo senhor de um México que se queria independente. E Mendoza se vingou, empregando grandes meios, quer dizer, atingindo Cortés em seu orgulho e em sua competência de soberano. O vice-rei roubou-lhe *manu militari* cinco de seus navios, depois fez queimar seus canteiros navais de Tehuantepec, que eram a promessa da abertura asiática; Mendoza aniquilava dessa maneira uma grande parte da fortuna de Cortés e lhe interditava qualquer diplomacia alternativa. Em 1539, lançando, por sua própria iniciativa, uma pequena tropa ao assalto das terras chichimeques do norte, Mendoza amputava conscientemente a esfera de autoridade de Cortés, que continuava nominalmente chefe dos exércitos. O clima se tornou irrespirável e o confronto entre os homens atingiu um paroxismo insustentável. Foi então que Cortés resolveu embarcar para a Espanha com a esperança de que o rei lhe daria razão e ele retomaria seu legado.

A partir da chegada de Hernán à Espanha, os cronistas – Gómara, Díaz, Cervantes – tornam-se elípticos, e os biógrafos contemporâneos os seguem passo a passo. No entanto, podemos perfeitamente reconstituir a vida de Cortés a partir de 1540 apoiando-nos em um número de documentos e de acontecimentos conhecidos. Em Sevilha, onde ele se instala primeiro, Cortés dispõe de apoios poderosos, principalmente o do duque de Medina Sidonia. Esse último vai lhe facilitar o contato com o novo arcebispo da cidade, frei García de Loaysa, cardeal de Sigüenza, que, por acréscimo, é o inamovível presidente do Conselho das Índias, desde 1524. Trata-se de um velho conhecido de Cortés. O arcebispo de Sevilha possui uma qualidade que vai se mostrar bastante preciosa para o conquistador: García de Loaysa é um antigo general da ordem dos dominicanos, ordem que tem grande força na Inquisição.[4] Ora, Hernán se empenha em resolver uma questão dolorosa: o assujeitamento dos índios nas perseguições da Inquisição. Vários processos inquisitoriais foram, de fato, lançados no México contra índios convertidos. Um processo, especialmente, exasperou Cortés. Um de seus protegidos, Carlos Ometochtzin, filho do soberano de Tezcoco, que o capitão geral tinha criado em sua casa e instruído na língua latina, foi preso em 1539, acusado diante da Inquisição de poligamia e idolatria, condenado imediatamente e queimado vivo, em 30 de novembro do mesmo ano, na presença do vice-rei Mendoza. Essa imolação simbólica do povo indígena, que agora, por definição, consiste apenas em novos convertidos, é chocante em si; mas significa, também, uma afronta para Cortés, porque a condenação de dom Carlos Ometochtzin cristaliza a negação de toda a política de mestiçagem cultural e religiosa empreen-

4 García de Loaysa será, aliás, nomeado inquisidor geral, em 1546, pouco tempo antes de sua morte.

dida por ele. Conseguindo convencer Loaysa, seja sob o barrete de arcebispo de Sevilha, seja sob o selo do Conselho das Índias, Cortés obteve que os índios não fossem mais levados ao tribunal da Inquisição.

Na primavera de 1540, o marquês do Vale dirige-se a Madrid, munido de mais três outros processos litigiosos. Primeiro e antes de tudo, quer a destituição de Mendoza. Em função do comportamento deste a seu respeito, mas, também, por duas outras razões básicas: julga a ação anti-indígena do vice-rei perigosa para o equilíbrio social da Nova Espanha e considera como nefasta a dualidade dos poderes instaurada na Cidade do México: um capitão geral, Cortés, encarregado da segurança e das operações militares, e um vice-rei, Mendoza, das funções administrativas. Na prática, essa divisão de tarefas é uma fonte permanente de conflito.

O segundo processo que leva com ele é de ordem fiscal: há dez anos, o contador do Tesouro de Sua Majestade não cessa de mesquinhar sobre o limite da doação feita pelo imperador, em 1529, no momento da constituição do marquesado. Na época, Cortés consegue que lhe doem 23 *pueblos*, dos quais avaliou por alto o número de habitantes em mil por cidade. Os serviços da Coroa tinham então recenseado "23 mil vassalos" sem ter a menor ideia da imensidade do território concedido. Na verdade, a metade do México! Ao tomar consciência da enormidade da cessão, a Coroa tentou voltar atrás e se pôs a contar e recontar o número dos vassalos de Cortés. No entanto, tudo isso agora estava registrado, devidamente validado, coberto de assinaturas e de selos oficiais. E o marquês tinha constituído um título que o autorizava a transmitir a seu filho mais velho essas imensas propriedades. Cortés põe fim então à perseguição fiscal.

O terceiro processo parece uma novela. É o caso do *juicio de residencia* (cf. *supra*, p.61-2). Esse processo de Cortés tinha sido provocado, em 1529, por Nuño de Guzmán, o presidente da Primeira Audiência, de sinistra memória. Através de acusações improváveis, como o assassinato de sua mulher Catalina Juárez Marcaida, ou puramente caluniosas – reprovavam-no por não "temer a Deus" –, os inimigos de Cortés tinham tentado afastá-lo do poder. Em vão. No ano de 1534, o marquês obtivera a reabertura do processo para que pudesse se desculpar. Tinha esperança de pôr um termo ao caso. Por isso, apresentou novos testemunhos e volumosas peças de depoimento a seu favor (mais de 2 mil folhetos). Mas o Conselho das Índias não tomou nenhuma decisão. E, em 1540, Cortés permanecia com essa espada de Dâmocles sobre sua cabeça. Dessa vez, pretende encerrar e ser inocentado nesse processo bastante sórdido cujo objeto desaparecia.

Os primeiros contatos com o Conselho das Índias se passam a contento. O conquistador do México, que se hospeda com Juan de Castilla, é tratado com respeito. Uma verdadeira corrente de simpatia parece se estabelecer entre o presidente do Conselho e o marquês do Vale. Cortés impressiona, fascina. Tem entrada na Corte por intermédio de Francisco de los Cobos, onipotente secretário da Coroa. Sua mulher, a encantadora María de Mendoza, é admiradora incondicional do conquistador; a lembrança de uma aventura amorosa, acontecida em Guadalupe, paira pelos corredores do palácio.[5] Cortés se move em território conhecido. Prepara os autos dos processos. Escreve, especialmente, um *memorial* sobre as diligências de

5 Ver Duverger, *Cortés*, 2001, p.326-7; *Cortés*, 2.ed., 2010, p.301-3.

Mendoza que assina em data de 25 de junho.[6] Um *memorial*, é certo, destinado a Carlos V.

Mas o imperador está ausente: ele trabalha em outras frentes e tem outros motivos de preocupação. Na realidade, Carlos V começou um curioso processo de regressão, que devia culminar com sua partida da Espanha, em 1543. Por ora, está ocupado em arruinar sua cidade natal! Esmagados pelos impostos, os habitantes de Gande revoltaram-se contra a autoridade espanhola. Em troca de uma promessa de abandono do milanês, Carlos V obteve de seu tradicional inimigo, Francisco I, a autorização de atravessar a França para impedir a rebelião. Acolhido com fausto em Paris, em 1º de janeiro de 1540, Carlos marcha sobre Gande. Em 14 de fevereiro, comanda seus 5 mil mercenários alemães em assalto à cidade. Impelido por não se sabe qual desejo de vingança, o rei ordena uma abominável carnificina. É numa cidade arrasada, em vias de demolição, que o imperador faz sua entrada. Esperou o dia de seu aniversário, 24 de fevereiro, para celebrar sua vitória. Impõe às figuras notáveis da cidade que desfilem diante dele em camisa e corda no pescoço, como os burgueses de Calais. Mas Carlos V não terá a clemência de Eduardo III: manda executar vinte e seis pessoas. As fortificações da cidade são derrubadas e a abadia, arrasada, dará lugar a uma caserna. O famoso sino "Rœland" é arrancado de sua torre para reduzir Gande ao silêncio. Que estranha pulsão terá incitado Carlos a apagar de sua memória todas as suas lembranças de infância?

---

6 *Memorial de Hernán Cortés a Carlos V acerca de los agravios que le hizo el virrey de la Nueva España, impidiéndole la continuación de los descubrimientos en la Mar del Sur*, Madri, 25 de junho de 1540. In: Martínez, *Documentos cortesianos*, t.IV, p.210-5.

Essa cavalgada suicida continuará na Alemanha, onde a convocação da Dieta de Ratisbona vai indispor o imperador com o papa. Em seguida, Carlos elege como alvo os berberes. Oficialmente, o soberano procura as boas graças do mundo cristão e da ultracatólica Espanha, em que é rei. Enquanto o pressionam para intervir na Hungria, agora sob o julgo da Sublime Porta, ele escolhe atacar Argel. Notório reduto de piratas, o porto está sob o controle de um homem com a força de Barba Roxa, o eunuco renegado Hassan Aga. Carlos prepara uma enorme expedição, envolvendo contingentes alemães, italianos e espanhóis, 36 mil homens no total, embarcados em 65 galeras e 450 barcos a vela.

Cortés vai se engajar na aventura. Podemos nos perguntar por quê. Ele, o conquistador altivo e insubmisso, livre de seus atos e de seus pensamentos, aureolado de sucessos militares, estaria sucumbindo às sereias do espírito da Corte? Com certeza, é bem difícil para ele dizer não a Hernando Enríquez, o almirante de Castela, a quem é ligado por um duplo parentesco.[7] Hernán é devedor do total apoio que sempre lhe prodigalizou seu irmão dom Fadrique, morto em 1538. Mas há outra razão: Cortés almeja encontrar o imperador. Julga que só um *tête-à-tête* poderá resolver sua situação. E ele imagina esse encontro como uma espécie de reunião de cúpula, de igual para igual. Hernán não tem vontade de tratar com burocratas, de discutir com interinos ou cortesãos de segundo plano. Ora, de fato, Carlos desertou a Espanha. Encontra-se em Argel, onde Cortés

7 Pelos Monroy, linhagem paternal de Hernán, e pelos Zúñiga, a família de sua esposa, Cortés é duplamente aparentado à família Enriquez, ramo da Casa real de Castela e depositário hereditário do almirantado de Castela de 1405 a 1705.

deverá, pois, encontrá-lo. Eis então o conquistador embarcado em uma galera do irmão do almirante de Castela, com seus dois filhos mais velhos mestiços, com a idade de dezessete e dezenove anos. Ele deixou seu filho mais novo, Martín, de oito anos, com a família de sua mulher, aos cuidados do duque de Béjar. A embarcação tem um nome predestinado: *A Esperança*.

A expedição de Argel é um desastre. A força descontrolada da natureza junta-se contra a frota do imperador. Entre 20 e 26 de outubro de 1541, a armada de Carlos V perde 150 barcos na baía de Argel, sem ter combatido. As âncoras cedem; os barcos são atirados contra os rochedos, partem-se ao meio sob o peso das ondas; os homens são jogados ao mar. O desembarque dos mercenários alemães é um fiasco. Cortés, transtornado, propõe tomar o comando das tropas espanholas e se apoderar de Argel. Ele, que conquistou um império de 25 milhões de habitantes com 500 homens, se sente apto a capturar uma guarnição de piratas com 20 mil soldados! O imperador não lhe dá nenhum sinal, não por desdém, mas porque decidiu abandonar a partida. Carlos V reuniu um conselho de guerra para avalizar a ordem de recuo. Sem Cortés. Na tempestade, o marquês do Vale perde suas famosas esmeraldas que tinham virado a cabeça da rainha Isabel.[8] Os bens desse mundo lhe escorrem entre as mãos, mas lhe restam sua memória, sua história, sua verdade.

Cedendo diante da tempestade da baía de Argel, Carlos V perde seu prestígio. Circunstância agravante, ele é um perdedor que custa caro. No seu íntimo, ele reconhece ser, verdadeira-

8 Ver Castillo, op.cit., cap.CXCV, p.526, e cap.CCIV, p.554; Gómara, *Historia de la conquista de México*, cap.CCLI, p.335; Illescas, *Historia pontifical*, edição de 1606, fol. 288v.

mente, inapto ao exercício do poder. Assim, podemos interpretar sua renúncia diante de Argel, à frente dessa impressionante armada, como um suicídio político. Essa derrota, inconscientemente desejada, é o prelúdio de sua retirada da cena espanhola: seu descrédito lhe serve de pretexto.

Para o rei da Espanha, o curso da história vai se acelerar. Na volta dos berberes, dramático salve-se quem puder, Carlos V organiza sua partida. Primeiro, vai se retirar da frente das Índias. O ano de 1542 é, em grande parte, consagrado à redação das "Novas Leis" [*Nuevas leyes*] que serão expedidas em 20 de novembro, em Barcelona.[9] Essas "Novas Leis" remetem para a administração da América. Sob pretexto de uma incontestável pincelada humanista, Carlos tenta uma dupla operação, de apropriação territorial e de abandono político. Se, por um lado, é fácil entender a interdição formal da escravidão dos índios, a interdição do carreto humano ou a proibição da busca das pérolas em águas profundas, convém, por outro, extrair a filosofia desses textos famosos. Carlos V reivindica, de fato, a plena propriedade de todas as terras americanas e considera que todos os seus habitantes são seus vassalos. No pensamento dele, as propriedades da Coroa confundem-se com seus próprios bens. Daí a possibilidade de vender cargos de administrador (*corregidor*), quer dizer, de ceder a terceiros o direito de uso das terras americanas, com a mão de obra como se fosse um feudo, contra dinheiro vivo. O rei da Espanha, que se encontra no meio de uma guerra constante com Francisco I, o papa e os príncipes

9 *Leyes y ordenanzas nuevamente hechas por su magestad para la gobernación de las Indias y buen tratamiento y conservación de los indios*. Barcelona, 20 de novembro de 1542.

alemães, tem assim a esperança de levantar fundos para pagar seus mercenários. As "Novas Leis" de 1542 são, na realidade, leis de despossessão dos *encomenderos*, os conquistadores que se autorrecompensaram por sua conquista apoderando-se das terras. Para os índios, que seu senhor tenha o nome de *encomendero* e viva no México, ou que se chame *corregidor* e resida na Espanha, não existe nenhuma diferença!

Mas essas "Novas Leis" são também, e principalmente, um instrumento de transferência de poder: assinando esses textos, Carlos V delega, de fato, as prerrogativas da autoridade real a alguns vice-reis, um estabelecido na Nova Espanha, outro no Peru.[10] Esses vice-reis herdam o absolutismo em estado puro: não existe mais a sombra de um contrapoder local. Não sendo

---

10 Chama a atenção que as *Nuevas leyes* comecem por organizar a transferência do poder real para os vice-reis. As leis de proteção aos índios só intervêm mais claramente mais adiante no texto (a partir da vigésima lei).

Primera ley: "Establecemos y mandamos, que los Reynos de el Perú y Nueva España sean regidos y governados por Virreyes, que representen nuestra Real persona, y tengan el govierno superior, hagan y administren justicia igualmente á todos nuestros subditos y vassallos, y entiendan en todo lo que conviene al sossiego, quietud, ennoblecimiento y pacificación de aquellas Provincias, como por leyes deste título y Recopilación se dispone y ordena".

Quinta ley: "Es nuestra voluntad, y ordenamos, que los Virreyes de el Perú y Nueva España sean Governadores de las Provincias de su cargo, y en nuestro nombre las rijan y goviernen, hagan las gratificaciones, gracias y mercedes, que les pareciere conveniente, y provean los cargos de govierno y justicia, que estuviere en costumbre, y no prohibido por leyes y ordenes nuestras, y las Audiencias subordinadas, Juezes y Justicias todos nuestros subditos y vassallos los tengan y obedezcan por Governadores, y los dexen libremente usar y exercer este cargo, y dén, y hagan dar todo el favor y ayuda, que les pidieren, y huvieren menester".

Ley 21: "Iten, ordenamos y mandamos que de aquí adelante por ninguna causa de guerra ni otra alguna, aunque sea so título de revelión ni por rescate ni

Cortés vice-rei, ele não é mais nada. E todo seu trabalho para promover a democracia eletiva no México e conservar as instituições representativas indígenas é posto abaixo. Mas, que

---

de otra manera, no se pueda hazer esclavo indio alguno, y queremos sean tratados como vasallos nuestros de la Corona de Castilla, pués lo son".

Ley 22: "Ninguna persona se pueda servir de los indios por vía de naburia ni tapia ni otro modo alguno contra su voluntad".

Ley 23: "Como avemos mandado proveer que de aquí adelante por ninguna vía se hagan los indios esclavos, ansí en los que hasta aquí se han fecho contra razón y derecho y contra las Provissiones e Instruçiones dadas, ordenamos y mandamos que las Abdiençias, llamadas las partes, sin tela de juizio, sumaria y brevemente, sóla la verdad sabida, los pongan en libertad, si las personas que los tovieren por esclavos no mostraren título cómo los tienen y poseen ligítimamente. Y porque a falta de personas que soliciten lo susodicho los indios no queden por esclavos injustamente, mandamos que las Abdiençias pongan personas que sigan por los indios esta causa, y se paguen de penas de Cámara, y sean hombres de confiança y diligençia".

Ley 24: "Iten, mandamos que sobre el cargar de los dichos indios las Audiençias tengan espeçial cuidado que no se carguen. O en caso que esto en algunas partes no se pueda escusar; seha de tal manera que de la carga inmoderada no se siga peligro en la vida, salud y conservaçión de los dichos indios; y que contra su voluntad dellos y sin que lo pagan, en ninguno caso se permita que se puedan cargar; castigando muy gravemente al que lo contrario hiziere. Y en esto no ha de ayer remisión por respecto de persona alguna".

Ley 25: "Porque nos ha sido fecha relación que de la pesquería de las perlas averse hecho sin la buena orden que convenía se an seguido muertes de muchos indios y negros, mandamos que ninguno indio libre sea llevado a la dicha pesquería contra su voluntad, so pena de muerte. Y que el obispo y el juez que fuere a Veneçuela hordenen lo que les paresçiere para que los esclavos que andan en la dicha pesquería, ansí indios como negros, se conserven y çessen las muertes. Y si les paresçiere que no se puede escusar a los dichos indios y negros el peligro de muerte, çesse la pesquería de las dichas perlas, porque estimamos en mucho mas, como es razón, la conservaçión de sus vidas que el interese que nos pueda venir de las perlas." (Cadenas y Vicent, *Carlos I de Castilla, señor de las Indias*, p.421 et seq.)

pode fazer o marquês do Vale contra as exigências financeiras de um rei exangue, contra um imperador ultrapassado pelo tamanho de sua função, que só tem um pensamento: terminar com as responsabilidades?

Aliás, Carlos V acelera o ritmo. Desde o mês de dezembro de 1542, ele negocia o casamento de seu filho Filipe – que só tem quinze anos – com Maria Manuela, infanta de Portugal. Maria, que acaba de completar quinze anos também, é prima de Filipe pelos dois lados, paterno e materno. A mãe de Maria, Catarina da Áustria, é a irmã mais nova de Carlos V; a de Filipe, Isabel de Portugal, não é outra senão a irmã de João III, rei de Portugal. Não levando em conta a consanguinidade, o papa concede a necessária dispensa e o contrato de casamento é assinado. O rei de Portugal se compromete a dotar sua filha com 300 mil ducados. É uma soma considerável, da qual Carlos V se apodera rapidamente. Esse tesouro será devorado em alguns combates.

No início do ano de 1543, o rei passa dois meses em Madri, com seu filho. Prepara-o para sua futura vida de regente. Assim, o abandono já foi planejado. Em 1º de março, o soberano deixa Madri; chega a Barcelona em 10 de abril para preparar uma bateria de documentos administrativos; trata-se de organizar a vacância do poder. Carlos V assina todas as instruções no momento de embarcar, em uma terça-feira, 1º de maio. Vai confiar, oficialmente, a regência da Espanha a seu filho Filipe e singra rumo ao mar. Falsa partida. A embarcação do rei só navega durante um dia, de Barcelona a Palamos. Carlos V desembarca e fica em terra durante dez dias, continua a ditar uma série de instruções. De fato, hesita em deixar a Espanha antes do casamento de seu filho. É organizado, então, um casamento pró-forma, por procuração, na casa do embaixador da Espanha, em Portugal. A cerimônia – surrealista – é celebrada em Almerim, em 12 de maio de 1543: na ausência dos noivos, abençoam-se os papéis. No dia seguinte, aparentemente mais tranquilo, o imperador romano-germânico deixa a Espanha e embarca em Palamos para uma viagem sem volta.[11] Ele não assistirá ao casamento do príncipe Filipe, que ocorre em 14 de novembro, em Salamanca. Carlos de Gande assolou a cidade de seu nascimento. Carlos I de Castela e Aragão acaba de eliminar com um traço sua vida espanhola. Cortés não tem mais o interlocutor. Diante tal derrocada, tal evanescência do poder, o que fazer?

Do retorno de Argel até essa partida de Carlos V, estamos bem informados sobre o formato da relação entre Cortés e o soberano espanhol. Os arquivos permitem seguir os seus rastros. Dão a impressão de brincar de gato e rato. Vemos, por exemplo, Carlos V organizar uma recepção em honra a Cortés, em Monzón, em 1542, oficialmente para lhe agradecer por ter participado da expedição dos berberes, mas, na realidade, para

---

11 Carlos V não voltará à Espanha como soberano. Sentindo a demência se apoderar dele, o filho de Joana, a Louca, abdica em 25 de outubro de 1555, no palácio de Coudenberg, em Bruxelas. Nesse dia, ele lega os Países Baixos a seu filho, Filipe. Depois, em 16 de janeiro de 1556, passa-lhe, oficialmente, sua herança espanhola. A cessão do ducado da Borgonha se efetua, formalmente, em junho. Em começo de setembro, ele transmite suas possessões austríacas e o título de imperador do Santo Império Romano-Germânico a seu irmão mais novo, Ferdinando I de Habsburgo. Carlos V volta à Espanha, no fim do mês de setembro de 1556, para se retirar no mosteiro dos jerônimos de Yuste (Estremadura), onde morrerá em 21 de setembro de 1558.

tentar se fazer perdoar por sua atitude desenvolta.[12] Nesse mesmo ano, Cortés redige um *memorial* recapitulando seus serviços na Nova Espanha, a fim de relembrar ao soberano o estado de seu processo sempre em suspenso.[13] Nesse memorial, de 1542, sentimos aparecer, sob a pena de Cortés, uma amargura orgulhosa que nos esclarece sobre o estado de espírito do conquistador: ele perdeu a fé. A fé em seu soberano, a fé na justiça de seu país. Mas ainda não abandonara o combate político.

O começo do ano de 1543 provoca no marquês do Vale um grande desejo de escrever, e ele irá redigir, em alguns meses, inúmeros documentos que são magistrais análises dos litígios em curso. Naturalmente, a assinatura das "Novas Leis" lhe inspira uma grande acrimônia. Hernán é contra o absolutismo em si, logo contra o absolutismo dos vice-reis, e o fará saber a Carlos V. É contra a nacionalização da economia das Índias Ocidentais: também irá dizê-lo com força. Defensor da propriedade privada, campeão da livre empresa, apóstolo da mestiçagem cultural, Cortés é, além disso, um teórico da crioulidade. Em sua concepção, essa crioulidade subentende a presença dos atores da conquista nas terras que eles contribuíram para tornar espanholas. Cortés é assim levado, nos documentos, a defender a legitimidade das distribuições de terras que ele planejou em proveito de seus companheiros de conquista.[14] O capitão geral nada inventou nessa matéria: apenas aplicou no

12 É Las Casas que fornece essa informação em sua *Historia de las Indias*, t.III, cap.116, p.226.

13 *Memorial al emperador con relación de servicios y petición de mercedes*, 1542. In: Martínez, *Documentos cortesianos*, t.IV, p.234-42.

14 Ver *Parecer razonado de Hernando Cortés a favor de los repartimientos perpetuos en Nueva España*, 1543. In: Ibid., p.271-3.

México as regras em uso nas ordens militares espanholas por ocasião da *Reconquista*. Por outro lado, ao suprimir as *encomiendas*, o rei da Espanha correu o risco de destruir o frágil equilíbrio social tão dificilmente instalado na Nova Espanha e no Peru. Os acontecimentos iriam dar razão a Cortés.

O conquistador tampouco perde de vista seu conflito com o vice-rei Mendoza. Já havia obtido, desde sua chegada à Espanha, duas cédulas a seu favor datadas de 10 de junho de 1540: uma chamava à ordem o vice-rei em suas pretensões territoriais (isso protegia o domínio territorial do marquesado, mas deixava aberta a questão do *front* do norte);[15] a outra referia-se ao sequestro dos navios de Cortés no canteiro naval de Tehuantepec.[16] Formalmente, Carlos V tinha pedido a Mendoza que restituísse os cinco barcos roubados a Cortés, bem magro resgate para o conquistador do México. Nesse começo do ano de 1543, Cortés concentra todas as suas forças para obter a destituição pura e simples de Mendoza, que fora dotado de plenos poderes em virtude das "Novas Leis". Cortés é tanto mais motivado em sua luta contra o vice-rei da Nova Espanha quanto a conjuntura dá corpo a suas previsões. Prognosticara revoltas indígenas em consequência da política de repressão do vice-rei: tais desordens não tardaram a se manifestar. Mal Hernán pusera os pés na Espanha que Mendoza teve de enfrentar uma rebelião importante na região de Jalisco. Esse episódio, co-

15 *Cédula de Carlos V y de la reina Juana a Antonio de Mendoza, Hernán Cortés, Pedro de Alvarado y Hernando de Soto para que respeten las cláusulas de sus capitulaciones*, Madri, 10 de julho de 1540. In: Ibid., p.216-9.

16 *Cédula de Carlos V y de la reina Juana a Antonio de Mendoza en que le ordena levantar el embargo de las naves que Hernán Cortés preparaba para expediciones al Mar del Sur*, Madri, 10 de julho de 1540. In: Ibid., p.220-2.

nhecido como "guerra do Mixton", fez tremer profundamente a Nova Espanha, cujo poder precisou mobilizar grandes meios militares para pôr fim à rebelião. Por outro lado, Cortés tinha digerido mal o envio de uma missão de exploração nas planícies do Norte em 1540, iniciativa do vice-rei. No entanto, essa expedição confiada a Francisco Vásquez de Coronado se revelou um fracasso; ao retornar, em 1542, Coronado nada achou de melhor que inventar que havia descoberto as sete cidades de prata de Cibola, quando só descobrira desertos e grande parte da expedição morrera de fome. O jogo ficou fácil então para Cortés denunciar tanto desperdício vão.

Nos primeiros meses do ano de 1543, já anunciada a partida do rei, Cortés se apressa em lançar três documentos dirigidos contra Mendoza. O primeiro é um resumo das acusações que podem ser imputadas ao vice-rei;[17] o segundo é uma proposição de interrogatório a ser encaminhada a um "juiz de residência";[18] o terceiro, finalmente, é uma ocorrência de queixa, abrindo o caminho para uma ordem de prisão.[19] Evidentemente, Cortés conhece os pontos fracos de seu adversário; sua proposição de interrogatório não é, como foi dito, o simples reflexo de uma animosidade; mas a tradução de uma realidade perfeitamente conhecida do conquistador.

Em 18 de março de 1543, Hernán vai ainda assinar uma carta de tom grave e patético lembrando o rei de seus engaja-

---

17 *Cargos de Hernán Cortés contra el virrey Antonio de Mendoza y sus criados y solicitud de juicio de residencia*, Madri, 1543. In: Ibid., p.248-55.

18 *Interrogatorio que propuso Cortés para la información respecto al virrey Mendoza*, Madri, 1543. In: Ibid., p.256-63.

19 *Nueva petición del marqués del Valle para que se haga juicio de residencia al virrey Mendoza*, Madri, 1543. In: Ibid., p.265-6.

mentos morais. Quando põe um ponto final nessa carta, Carlos V já deixou Madri, mas ainda em solo espanhol, está a caminho de Barcelona. Cortés inscreve-se em uma corrida contra o tempo. Essa carta reitera todos os pedidos já formulados ao soberano espanhol, mas ela parece irrigada por uma emoção particular. Em Monzón, no ano de 1542, o imperador tivera a infelicidade de dizer a Cortés, *tête-à-tête*, que, de toda maneira, as conquistas das quais se vangloriava não eram suas. Tais propósitos constituem uma chocante deformação da história, um desafio à verdade. E Cortés é tomado por uma dúvida: no fundo, não seria possível escrever uma história apócrifa, que negaria completamente a verdade, inventando, por exemplo, que ele nunca teria posto os pés no México e que não seria o autor da conquista da Nova Espanha? O desaparecimento de suas *Cartas de relación*, condenadas à fogueira, seria, nessa intenção, um primeiro passo para uma falsificação oficial da história. Assim, nessa famosa carta de 18 de março de 1543, Cortés interpela o soberano não somente sobre questões de direito, mas também sobre alguma coisa mais fundamental: a afirmação da verdade.

> Suplico a Vossa Majestade que cesse de me perseguir e me atacar pelo motivo de que eu não seria cristão e não temeria a Deus... Eu sempre fui fiel a Deus e a meu rei: todas as minhas ações o mostraram e o mostram ainda. Gostaria também de vos lembrar, Majestade, das palavras que vós me haveis dirigido há pouco, a saber, que "essa conquista não tinha sido minha". Tais proposições ferem minha honra. Que Vossa Majestade se cure da dúvida que o toma: nunca falei nada a não ser a pura verdade... Majestade, vós deveríeis castigar severamente aqueles que falsifi-

cam a história a fim de que ninguém se atreva, de agora em diante, a mentir a seu rei e a difamar aqueles que o servem.[20]

Todos esses documentos elaborados por Hernán são encaminhados no devido tempo a Barcelona. O rei terá tempo de recebê-los e responder a eles antes de sua partida. Em 1º de maio, algumas horas antes de sua fuga da Espanha, assina uma cédula reconhecendo formalmente Cortés como o autor da conquista do México.[21] É, evidentemente, um documento jurídico que dá um fundamento institucional às possessões territoriais mexicanas do marquês do Vale, mas é, também, um documento de grande valor afetivo, pois estabelece uma verdade que Carlos V teria querido desviar por questões de interesse material. Quanto ao conflito com Mendoza, Cortés, que sonhava em obter um *juicio de residencia* em sua direção,

---

20 *"Suplico a Vuestra Majestad que no me haga tanto mal ni desventura, que no me tenga Vuestra Majestad por* [*no*] *cristiano y temeroso de Dios... Porque a Dios y a mi rey siempre trabajé de ser fiel y me precié de que lo mostrasen mis obras y así lo han mostrado. También quiero traer a la memoria a Vuestra Majestad lo que me dijo en esta villa, que fue "que no había sido mía aquella conquista" porque me va a mi honra. Y Vuestra Majestad se sanee de esa duda y vea que yo le he dicho siempre verdad... Y por esas relaciones falsas habían de ser muy castigados los que las hacen, porque no osase nadie, ni se atreviese a decir mentira a su rey, mayormente en daño de los que le sirven."* (*Carta de Hernán Cortés a Carlos V pidiéndole que lo favorezca en sus pleitos y que no le haga tanto mal ni desventura*, Madri, 18 de março de 1543. In: Martínez, *Documentos cortesianos*, t.IV, p.244-5.)

21 *Cédula de Carlos V que declara quales fueron los primeros descubridores de la Nueva España. "Declaramos por primeros descubridores de la Nueva España a los que primero entraron en aquella Provincia que se descubrió y a los que se hallaron en ganar y recobrar la Ciudad de Mexico, siendo nuestro Capitán general y descubridor Don Fernando Cortés, Marques del Valle."* (Barcelona, 1º de maio de 1543, IV-VI-I. In: Cadenas y Vicent, op. cit., p.424.)

deverá se contentar com uma meia vitória. O rei decide *in extremis* nomear um "visitante" [*visitador*], quer dizer, um inspetor encarregado de fazer um relatório sobre a maneira de servir do vice-rei. No entanto, o perfil do visitante escolhido não tranquiliza Cortés. Trata-se de Francisco Tello de Sandoval. É o antigo inquisidor de Toledo, recentemente nomeado para o Conselho das Índias. É um membro do serralho. Terá ele a liberdade para agir diante de um Mendoza depositário de todos os poderes? Outra fonte de angústia para Cortés, Sandoval vai partir para a Cidade do México com o título de inquisidor apostólico para a Nova Espanha, função que lhe será oficialmente delegada pelo inquisidor geral Juan Pardo de Tavera, em 18 de julho de 1543. Sabe-se da rejeição visceral que Cortés sempre manifestou com relação ao Santo Ofício: segundo toda probabilidade, o conquistador não viu com bons olhos a nomeação desse visitante. Entretanto, seus informantes lhe disseram que Sandoval partiria com um exemplar de interrogatório que ele havia redigido na previsão de uma acusação do vice-rei. A esperança era pouca, mas existia.

A partida de Carlos V cria, incontestavelmente, um vazio para Cortés. No fundo, diante de um imperador governando as Espanhas, as Índias Ocidentais, Milão, as Duas Sicílias, Flandres, Borgonha, Franche-Comté e as possessões alemãs do Santo Império, não lhe era tão desagradável se entregar ao exercício do poder, essa alquimia estranha na qual interferem a fascinação e o ódio, o desejo e a convicção, a ameaça e a sedução, os interesses contraditórios, as relações de força, a perseverança e o efeito de surpresa... Mas, uma vez o soberano embarcado em sua viagem sem volta, o curso da vida do conquistador vai mudar de leito. Seguir um outro traçado. Sair do secular.

É nesse instante preciso que se instala um buraco negro na biografia do conquistador. Entre meados de 1543 e meados de 1546, durante três anos, Cortés desaparece virtualmente das telas dos radares. Três anos é muito para um homem como Hernán. Que terá ele feito desses mil e um dias, dessas mil e uma noites? Está aí seu segredo. Porque se trata de um segredo. O único momento em que consente sair de seu refúgio é em 3 de fevereiro de 1544: em Valladolid, no frio do inverno castelhano, ele escreve sua última carta a um imperador que desertou da Espanha. Uma última carta que ficará sem resposta. Cortés sabe, com certeza, que Carlos V jamais a lerá; podemos, então, supor que ele escreve, na época, para a posteridade. Essa carta, magnífica, foi várias vezes publicada, mas não resisto ao prazer de reproduzi-la ainda uma vez. Aqui está:

> Venerável e Augusta Majestade Católica. Eu havia pensado que ter trabalhado em minha juventude me permitiria encontrar repouso na velhice. Foi assim que passei quarenta anos sem dormir e sem poder comer como gostaria todos os dias. Vivi de armas na mão, expus minha pessoa a mil perigos, dispensei minha fortuna e minha vida ao serviço de Deus para levar ao aprisco ovelhas desconhecidas das Escrituras santas, perdidas longe de nosso hemisfério. Engrandeci o nome de meu rei, aumentei seu domínio colocando sob seu cetro imensos reinos de povos estrangeiros que eu mesmo ganhara, por meus próprios esforços e às minhas custas, sem receber nenhuma ajuda. Ao contrário, tive que enfrentar obstáculos e entraves dos invejosos e dos cobiçosos que me sugaram o sangue até arrebentarem quais sanguessugas saciadas.
>
> Da parte de meus dias e de minhas noites que remetem a Deus, estou grandemente pago, pois que ele me escolheu para cumprir seus desígnios...

Da parte que remete a meu rei, não fui menos recompensado, pois que tive a satisfação de que meus atos beneficiam o maior príncipe católico, o mais poderoso e magnânimo rei que jamais tiveram esses reinos da Espanha de que sou um filho. Majestade, vós vos lembrais de que na primeira vez em que vos beijei a mão para vos entregar o fruto de meus serviços, vós começastes a dar prova de reconhecimento e manifestastes vosso desejo de me dar algumas gratificações. Vós me honrastes em palavras, mas recusei receber o que vós queríeis me ofertar, porque aquilo não me parecia de maneira alguma corresponder a meus méritos.

Vós me suplicastes para aceitar, me explicando que era apenas um começo, que era um primeiro favor sem relação com meus serviços, que era como um arqueiro que havia acertado perto do alvo e que da próxima vez conseguiria alcançar o alvo, me recompensando pelos meus méritos. Mas, o que estava dado estava dado e vosso desejo era que eu o recebesse. Foi assim que nos despedimos e que eu beijei as mãos de Vossa Majestade.

Eu mal havia voltado as costas para que vós me tomásseis tudo que me havíeis dado. Quanto a vossas promessas, Majestade, vós nunca as haveis mantido. Não eram mais que palavras. Eu as terei desmerecido? Apesar de todas as emboscadas, jamais deixei de vos servir e de aumentar o patrimônio de vossos reinos. Por que não haveis mantido vossas promessas e por que me haveis retirado o que eu possuía? Considerai, não sei se não teria sido melhor para mim nada possuir. É mais custoso e mais difícil se defender de vossos oficiais do fisco do que ganhar a terra dos inimigos. Pelo menos tirei uma satisfação de minhas penas e de meus trabalhos: a de ter feito meu dever, sem o qual eu não teria conhecido o descanso da velhice...

Volto-me ainda uma vez para vós, Majestade, para solicitar que vossa boa vontade fizesse que reunísseis os juízes do Conselho das Índias com os dos outros Conselhos aos quais vós confiais o governo de vossos reinos e de vossa real consciência. E não seria inoportuno pedir-lhes sua opinião sobre um favor que Vossa Majestade fez a um vassalo, de uma pequena parte de um todo que chegou a vossa real pessoa sem que isso lhe tenha custado o menor trabalho, o menor perigo, a menor preocupação e o menor gasto e que só foi para ela puro proveito...

Seria para mim um grande favor que vós pedísseis uma resposta sem demora, pois qualquer procedimento que a retardasse me seria altamente prejudicial. É hora para mim de voltar para casa; não tenho mais idade para perambular de albergue em albergue; devo me recolher e apurar minhas contas com Deus, o que será um longo trabalho. Resta-me pouco tempo para fazer penitência. E antes prefiro perder meus bens a perder minha alma.

Que Deus Nosso Senhor guarde a real pessoa de Vossa Majestade e aumente seus reinos e seu Estado segundo seus desejos.

De Valladolid, 3 de fevereiro de 1544. Marquês do Vale.[22]

---

22 "*Sacra Católica Cesárea Majestad: Pensé que el haber trabajado en la juventud, me aprovechara para que en la vejez tuviera descanso, y así ha cuarenta años que me he occupado en no dormir, mal comer y a las veces ni bien ni mal, traer las armas a cuestas, poner la persona en peligros, gastar mi hacienda y edad, todo en servicio de Dios, trayendo ovejas a su corral muy remotas de nuestro hemisferio, e inoctas y no escritas en nuestras Escrituras, y acrecentando y dilatando el nombre y patrimonio de mi rey, ganándole y trayéndole a su yugo y real cetro muchos y muy grandes reinos y señoríos de muchas bárbaras naciones y gentes, ganados por mi propia persona y expensas, sin ser ayudado de cosa alguna, antes muy estorbado por nuestros muchos émulos e invidiosos que como sanguijuelas han reventado de hartos de mi sangre.*

"De la parte que a Dios cupo de mis trabajos y vigilias asaz estoy pagado, porque seyendo la obra suya, quiso tomarme por medio...

"De la que mi rey quedó, la remuneración, siempre estuve satisfecho, que caeteris paribus no fuera menor, por ser en tiempo de Vuestra Majestad que nunca estos reinos de España donde yo soy natural y a quien cupo este beneficio fueron poseídos de tan grande y católico príncipe, y magnánimo y poderoso rey; y así Vuestra Majestad, la primera vez que le besé las manos, y entregué los frutos de mis servicios, mostró reconocimiento dellos, y comenzó a mostrar voluntad de me hacer gratificación, honrando mi persona con palabras y obras, que pareciéndome a mí que no se equiparaban a mis méritos, Vuestra Majestad sabe que rehusé yo de recibir.

"Vuestra Majestad me dijo y mandó que las aceptase porque pareciese que me comenzaba a hacer alguna merced, y que no las recibiese por pago de mis servicios, porque Vuestra Majestad se quería haber conmigo como se han los que se muestran a tirar la ballesta, que los primeros tiros dan fuera del terreno y enmendando dan en él y en el blanco y fiel; que la merced que Vuestra Majestad me hacía era dar fuera del terreno, y que iría enmendando hasta dar en el fiel de lo que yo merecía, y que pues no se me quitaba nada de lo que tenía ni se me había de quitar, que recibiese lo que me daba, y así besé las manos a Vuestra Majestad por ello.

"En volviendo las espaldas, quitóseme lo que tenía, todo, y no se me cumplió la merced que Vuestra Majestad me hizo, y demás destas palabras que Vuestra Majestad me dijo y obras que me prometió, que, pues tiene tan buena memoria, no se le habrán olvidado, por cartas de Vuestra Majestad firmadas de su real nombre, tengo otras muy mayores; y pues mis servicios hechos hasta allí son beneméritos de las obras y promesas que Vuestra Majestad me hizo, y después acá no lo han desmerecido, antes nunca he cesado de servir y acrecentar el patrimonio destos reinos con mil estorbos, que si no hubiera tenido, no fuera menos lo acrecentado después de que la merced se me hizo, que lo hecho porque la merecí; no sé por qué no se me cumple la promesa de las mercedes ofrecidas, y se me quitan las hechas. Y si quisieren decir que no se me quitan, pues poseo algo, cierto es que nada e inútil son una mesma cosa, y lo que tengo es tan sin fruto, que me fuera harto mejor no tenerlo, porque hobiera entendido en mis granjerías, y no gastado el fruto dellas por defenderme del fiscal de Vuestra Majestad, que ha sido y es más dificultoso que ganar la tierra de los enemigos. Así que mi trabajo aprovechó para mi contentamiento de haber hecho el deber, y no para conseguir el efeto dél, pues no sólo no se me siguió reposo a la vejez...

Com um rangido de papel, o homem de todos os combates apõe sua assinatura. Uma assinatura ao mesmo tempo impressionante e estranha, dual, construída sobre o paralelismo das linhas curvas, horizontais e diagonais. A tinta vai secando aos poucos em sua carta de adeus. De adeus aos poderes desse mundo, de adeus a uma Espanha isenta de reconhecimento. Mas nem por isso se trata de uma promessa de silêncio. O testamento está por vir. Cortés vai agora manobrar em outro terreno. O da memória dos homens, o da história: Cortés vai escrever.

"Otra y otra vez torno a suplicar a Vuestra Majestad sea servido que con los jueces del Consejo de Indias se junten otros jueces destos otros Consejos; pues todos son criados de Vuestra Majestad, y les fia la gobernación de sus reinos y su real conciencia, ni es inconveniente fiarles que determinen sobre una escritura de merced que Vuestra Majestad hizo a un su vasallo de una partecica de un gran todo con que él sirvió a Vuestra Majestad sin costar trabajo ni peligro en su real persona, ni cuidado de espíritu de proveer como si hiciese, ni costa de dineros para pagar la gente que lo hizo, y que tan limpia y lealmente sirvió no sólo con la tierra que ganó, pero con mucha cantidad de oro y plata y piedras de los despojos que en ella hubo, y que Vuestra Majestad mande a los jueces que fuere servido que entiendan en ello, que en un cierto tiempo que Vuestra Majestad les señale, lo determinen y sentencien, sin que haya esta dilación; y esta será para mí muy gran merced, porque a dilatarse, dejarlo he perder, y volverme-he a mi casa, porque no tengo ya edad para andar por mesones, sino para recogerme a aclarar mi cuenta con Dios, pues la tengo larga, y poca vida para dar los descargos, y será mejor perder la hacienda quel ánima.

"Su Majestad: Dios Nuestro Señor guarde la muy real persona de Vuestra Majestad con el acrecentamiento de reinos y estado que Vuestra Majestad desea.

"De Valladolid a 3 de febrero de 544 años. De Vuestra Católica Majestad muy humilde siervo y vasallo que sus reales pies y manos besa. El marqués del Valle." (*Última carta de Hernán Cortés a Carlos V*, Valladolid, 3 de fevereiro de 1544. In: Martínez, *Documentos cortesianos*, t.IV, p.267-70.)

3
Cortés escritor. Valladolid: 1543-1546

A estratégia do segredo

Pouco depois da partida do rei, no início do mês de maio de 1543, Cortés decide instalar-se em Valladolid, antiga capital dos reis de Castela. É possível que ele estivesse seguindo a Corte, pois fora ali que o jovem regente decidira residir. Mas, fiel a sua personalidade deslocada, o velho conquistador fará de Valladolid um uso nada cortesão. Inicialmente, um uso estético, aproveitando a concentração de inteligências na capital. Instala-se em uma casa que pertence a um de seus parentes, Rodrigo Enríquez, idealmente situada entre o rio Pisuerga e a Plaza Mayor, no coração da paróquia de San Lorenzo. Aí ele poderá encontrar, convidar, receber os pensadores e os escritores da época. Mas seu verdadeiro propósito é mais secreto, mais intimista. Por trás da fachada oficial ele esconde uma vida mais ascética, mais retirada do mundo: Cortés vai se metamorfosear em escritor.

Sua maneira de ser em Valladolid trai sua personalidade ambígua. Pé dentro, pé fora. Ao tomar o poder no México,

Cortés paradoxalmente evitou as pressões sociais. Opositor por natureza, rebelde em sua essência, só goza da liberdade se estiver perto do poder. Donde seu posicionamento de difícil compreensão. O homem se revela ao mesmo tempo perfeitamente integrado nos círculos do poder e impiedoso oponente da ordem monárquica; sempre à vontade em sociedade, mas decididamente inimigo das mundanidades. Cortés nunca se encontra no lugar em que se espera. Quando acreditamos que se trata de um soldado, mostra-se um intelectual. É acusado de impiedade, e cita as Escrituras como perfeito conhecedor. Em Valladolid, desdobra-se de felicidade. Desempenha papel de pessoa respeitável com ar de segurança, enquanto se esconde para escrever. Sua vida pública serve para dissimular sua vida privada.

Seus biógrafos, com razão, ficaram desamparados nos últimos anos de vida do conquistador. Alguns se ativeram a sua marginalidade, seu afastamento pelo poder espanhol. Falsa impressão. Cortés será, por exemplo, convidado ao casamento do príncipe Filipe em Salamanca, no mês de novembro de 1543; aí conviverá, em grande pompa, com o clã muito restrito da Corte.[1] Marquês, ele participa do baile dos poderosos. No entanto, os observadores talvez se enganassem. Na verdade, Cortés se isola voluntariamente. Porque tem agora uma tarefa a cumprir. Tem mais a fazer do que saracotear nas recepções ou aparecer na primeira fila das cerimônias protocolares.

1 Temos a esse respeito o testemunho de Juan Ginés de Sepúlveda. Ver Losada, Hernán Cortés en la obra del cronista Sepúlveda, *Revista de Indias. Estudios cortesianos*, ano IX, n.31-2, p.141.

Com efeito, o tempo voa. O conquistador do México tem 58 anos. Decidido a não mais procurar aprovação oficial por sua missão cumprida, doravante sem ilusão sobre a política, não religioso o bastante para se voltar para Deus, Cortés se volta para a posteridade. Lucidamente orgulhoso, quer fixar a lembrança de sua vida na terra e esculpir sua estátua para a eternidade. Decide então escrever suas Memórias.

Mas o assunto é complicado. Primeiro ponto de sua análise, julga que nunca se é melhor servido do que por si mesmo: quem além dele poderia ter guardado a memória de sua própria epopeia? Entretanto, sabe que a valorização perpétua do ego é cansativa: depois de três páginas de eu, eu, eu, todo leitor desliga. A autojustificação nunca conduziu à imortalidade. Circunstância agravante, Cortés está proibido de escrever! Pois o conquistador já escreveu as memórias de sua juventude. No auge dos acontecimentos, redigiu relatórios entusiasmados, espécie de reportagem ao vivo das operações de conquista realizadas de 1519 a 1526. Teve a habilidade de compor suas "relações" sob a forma de cartas endereçadas ao imperador. O que faz de Cortés o inventor da "carta aberta". Todas suas *Cartas de relación* foram indicadas para impressão, forma nascente da comunicação globalizada. Ao reivindicar aos olhos do mundo a paternidade de sua conquista, Cortés desejava evitar que fosse roubada dele no segredo de um gabinete. Melhor que ninguém, o velho conquistador conhece o poder do livro, a magia multiplicadora da imprensa.

Ele já teve a honra de ser editado. Sua "Segunda Carta de relação", que narra os preliminares da conquista, foi assinada em Tepeaca, em 30 de outubro de 1520. É, na verdade, a primeira de uma série de quatro.[2] Começou a ser fabricada desde o recebimento do manuscrito na Espanha, e sai em 8 de novembro de 1522, em Sevilha, na editora do famoso Juan Cromberger. O livro é reimpresso dois meses mais tarde em Saragoça. Em seguida, dele são feitas traduções. Os franceses são os mais rápidos: uma versão resumida aparece em Anvers, em 1522, quase ao mesmo tempo que a edição de Sevilha, provando que o mundo intelectual europeu já estava amplamente interconectado. No ano seguinte, Cortés é traduzido para o flamengo, também em Anvers. Em 1524, uma edição latina aparece em Nuremberg, enquanto uma edição italiana é publicada em Veneza. Considerando-se que as técnicas de impressão da época permitiam imprimir aproximadamente 700 exemplares por tiragem, verificamos que a primeira obra de Cortés escritor foi acolhida com difusão mundial de mais de 4 mil exemplares. Seria o que hoje chamaríamos de um enorme *best-seller*.

É preciso dizer que o homem tem talento: o conquistador encontrou um tom, isento de grandiloquência, beirando à displicência, com ritmo, uma pitada de cultura e alguns mo-

2 Temos o hábito de considerar a *Carta del cabildo* escrita em Veracruz, em 10 de julho de 1519, como a primeira das *Cartas de relación* de Cortés, apesar de ela não pertencer ao mesmo gênero literário que as seguintes. Essa atribuição é discutível. Mas essa tradição se apoia em dois elementos: no manuscrito conservado na Biblioteca Nacional de Viena, onde estão copiadas as cartas do conquistador (por volta de 1528), a *Carta del cabildo* é intitulada *Primera relación*; além disso, se a "Segunda relação" foi publicada por Cromberger sob o título de *Carta de relación, tout court*, sem número de ordem (1522), por outro lado, a "Terceira" (1523) tem o título de *Carta tercera de relación* e a "Quarta" (1525), o de *La quarta relación de Fernando Cortés*.

mentos de contida emoção. Cortés consegue principalmente escrever uma epopeia em que todos os elementos fantásticos dos romances de cavalaria são substituídos por fatos reais. O que era ficção se torna realidade. Os leitores cultos aderem. Imediatamente o conquistador do México torna-se um objeto de curiosidade: ele maneja a espada tão bem quanto a pena.

Sua "Terceira carta de relação" foi publicada em Sevilha, em 1523; no ano seguinte em Nuremberg, em latim, e em Veneza, em italiano. A "Quarta relação" foi publicada em Toledo em 1525 e republicada em Valença em 1526. Cada tomo traz a continuação dessa dramática novela; o sucesso continua. Os inimigos de Cortés se roem de inveja, se engasgam com indignação. Narváez, seu infeliz rival, empreende uma ação de corredor para interditar os escritos do capitão geral. E o incrível se produz: em março de 1527, a Coroa emite uma cédula proibindo a impressão, a venda e a posse das "Relações" de Cortés. Os exemplares existentes são apreendidos e queimados em praça pública, em Sevilha, em Toledo, em Granada. A publicação prevista da "Quinta Carta de relação", terminada em 3 de setembro de 1526, foi, claro, suspensa. Cortés não pode mais escrever. Essa proibição chega muito tarde para conter a notoriedade do conquistador, mas não representa um golpe decisivo. Em 1543, quando Hernán quis fazer um balanço de sua vida, ele ainda continuava proibido de usar a pena!

Cortés tem uma ideia então. Uma ideia que escapara dos projetores da História, mas que podemos reconstituir em detalhe a partir da minuciosa pesquisa que realizei. Essa ideia se parece com ele. É tão imprevisível quanto desconcertante, genial com certeza: o cortesão vai entrar para a clandestinidade. Decide criar um personagem de ficção por trás do qual poderá se esconder, um conquistador anônimo, testemunha permanente da conquista mexicana. O negócio é arriscado. É preciso construir um personagem convincente, que seja admirador de Cortés, sem ser bajulador; é preciso dotá-lo de uma verdadeira densidade humana, inventar-lhe uma personalidade, tiques de linguagem, obsessões. É preciso, acima de tudo, guardar o segredo: tal invenção, enérgica reação ao desenvolvimento de uma censura à espreita, não deveria de modo algum vazar. Há apenas uma técnica para contornar o proibido com sucesso: o silêncio.

Mas Cortés é um ser duplo. Sua natureza o impele a lapidar seu projeto. Ao conquistador anônimo, redator clandestino, irá acrescentar um cronista oficial. Em vez de escrever um relato, escreverá dois. Homotéticos. Um público, outro secreto. Assim, irá recrutar Gómara. Com absoluto deleite, Cortés irá ditar para seu cronista patenteado o conteúdo dos capítulos de sua epopeia, sabendo que algumas horas mais tarde daria voz a seu conquistador anônimo, com todo o espírito contestador possível de ser manifestado diante de alguém que nunca pisara na Nova Espanha. A testemunha ocular contra o cronista de gabinete: o binômio é ideal, atraente, conflitante a não mais poder. Cortés aposta no efeito de contraste. O escritor encontrou a fórmula; falta transcrevê-la no papel. Isso lhe tomará quase três anos. Perfeitamente concebida, perfeitamente realizada, a montagem, porém, terá dificuldade em driblar a censura. Gómara hesitará. Mas o resultado próximo irá além de todas as esperanças. Através da *História verídica*, não é somente a epopeia de Cortés que passa para a posteridade, é também, e sobretudo, o gênio literário de seu autor.

Mas, como diria Díaz del Castillo, deixemos Cortés com seu relato e venhamos aos fatos. Cabe-nos explicar em detalhe a obra de Hernán memorialista, o papel de Gómara, a irrupção de Bernal vindo do fundo de sua Guatemala, sem esquecer a vida própria dos textos: eles se rasuram, se rabiscam, se corrigem; páginas são arrancadas, substituídas por outras; os manuscritos se perdem, são reencontrados, são esquecidos. A memória tem também suas epopeias.

A invenção do conquistador anônimo

A presente pesquisa chegou no ponto em que se debruça no estudo do *Manuscrito de Guatemala*. Já o dissemos, trata-se de um documento compósito em que encontramos a mão de vários copistas, o que elimina obviamente a teoria do manuscrito autógrafo. Mas descobrimos também um grande número de interpolações correspondendo a correções, acréscimos, até mesmo novas redações de páginas inteiras. Esses retoques, como iremos ver, são marginais e não afetam a essência do texto de Cortés. Foram colocados de maneira preferencial no início e no fim do volume, em seguida no interior do manuscrito, no começo e no fim dos capítulos. Uma dificuldade provém, no entanto, do fato que eles correspondem a várias datas de intervenção, repartidas sobre um século, entre 1547, data da morte de Cortés, e a primeira metade do século XVII. Por razões de clareza de exposição, escolhi seguir a trama cronológica dos acontecimentos: seremos assim as testemunhas da progressiva encarnação de um personagem de ficção.

É quase certo que Cortés tenha concebido de início seu personagem como um conquistador anônimo. Uma espécie de arquétipo do conquistador, porta-voz do soldado raso. Paradoxalmente, se o personagem tivesse, de chofre, recebido um nome, teria sido imediatamente reconhecido como uma criação ficcional, pois teria sido confrontado com a lista dos verdadeiros atores da campanha mexicana. Por outro lado, o anonimato oferece uma dupla vantagem: atribui naturalmente a Cortés uma máscara, permitindo-lhe o exercício da liberdade; mas se trata também de uma técnica usada na época para driblar a censura; ela abre a porta para todas as suposições. O anonimato pode esconder um conquistador real qualquer. Jamais alguém poderá imaginar que o anonimato dissimula um personagem de ficção. Hernán, aliás, foi passado para trás por Cristóbal de Mena. Esse defensor de Almagro, hostil ao grupo de Pizarro, publicou em 1534, em Sevilha, uma crônica da conquista do Peru, muito crítica quanto ao primo de Cortés.[3] Teve a prudência de editá-la de forma anônima e não foi incomodado. Passou para a história como "O anônimo sevilhano de 1534"... até 1937, quando sua verdadeira identidade apareceu e tornou-se pública!

Para que o anonimato seja convincente, é recomendado adotar um tom crítico em relação às autoridades oficiais. O personagem de Cortés será, com razão, dotado de uma dupla

3 *La conquista del Perú, llamada la nueva Castilla, La qual tierra por divina voluntad fue maravillosamente conquistada en la felicísima ventura del Emperador y Rey Nuestro Señor y por la prudencia y esfuerzo del muy magnífico y valeroso Caballero el Capitán Francisco Pizarro, Gobernador y Adelantado de la Nueva Castilla y de su hermano Hernando Pizarro y de sus animosos Capitanes, fieles y esforzados compañeros, que con él se hallaron.* O frontispício da edição de 1534 traz a primeira imagem gravada da conquista do Peru; ela mostra o dominicano Fray Vicente Valverde diante de Atahualpa. A atribuição desse texto anônimo ao "capitão Cristóbal de Mena" se deve a Barrenechea, *Las relaciones primitivas de la conquista del Perú.*

disposição: profundo admirador do capitão geral, saberá mostrar, quando for o caso, seu descontentamento. Hernán irá inventar para ele uma personalidade bastante saborosa de insatisfeito perpétuo, mais para resmunguento, de linguajar cru, mas contido. O soldado anônimo irrita-se por duas razões, bastante humanas: dinheiro e ausência de reconhecimento. Sob um ar moralizador, que confere ao personagem uma falsa aparência de contestação, Cortés transmite algumas mensagens.

O caso do *quinto real* fornece-lhe um tema emblemático. Segundo a tradição árabe, que se impõe na Espanha na Idade Média, a quinta parte do despojo (o *quinto*) era reservada ao chefe da guerra. Durante a *Reconquista*, o uso atribuía essa parte ao rei, lembrança do tempo em que este participava pessoalmente dos combates. Por prudência, e para comprar a benevolência do jovem soberano, Cortés, no México, decidiu se conformar ao uso peninsular e conceder a Carlos V esta parte do despojo; mas, como chefe de guerra, decidiu se outorgar pessoalmente um outro quinto, o que limitava a três quintos o despojo que seria dividido entre seus homens. Independentemente do aspecto financeiro, que permitia a Cortés colocar a mão sobre uma fonte importante de riqueza, havia nessa prática uma dimensão altamente simbólica: Cortés também recebia o *quinto real*, o que o tornava igual ao rei. E eis nosso conquistador anônimo que resmunga alegremente, diante do imposto que julga muito elevado.

Na chegada de sua tropa à praia de Chalchiucuecan, a futura Veracruz, Hernán simula obedecer a uma decisão democrática e faz seus homens votarem pela opção da marcha para a Cidade do México, inteiramente conforme a sua própria determinação.

> Informamos a ele que queríamos ficar – diz Bernal Díaz del Castillo, porta-voz do pequeno exército –, e quem não estivesse de acordo poderia voltar para Cuba. Cortés aceitou, depois de alguma insistência e, como diz o refrão: "Quero porque pedes". E impusemos nossas condições para elegê-lo juiz supremo e capitão geral. E o pior de tudo foi que consentimos atribuir a ele um quinto do ouro que obteríamos, uma vez descontado o quinto real. Colocamos tudo por escrito perante o tabelião do rei.[4]

Mais adiante, o narrador descreve o modo de partilha empregado por Cortés. Reserva o quinto do rei, retira sua parte, igual à do rei; desconta então as despesas com o armamento da armada que levara para Cuba, as despesas pelo envio de dois

---

4 "*Y se le dijo muchas cosas bien dichas sobre el caso, diciendo... que nosotros queríamos poblar y que se fuese quien quisiese a Cuba. Por manera que Cortés acepto, y aunque se hacía mucho de rogar; y como dice el refrán, tú me lo ruegas y yo me lo quiero; y fue con condición que le hiciésemos justicia mayor y capitán general, y lo peor de todo que le otorgamos que le diésemos el quinto del oro de lo que se hubiese, después de sacado el real quinto. Y luego le dimos poderes muy vastísimos, delante de un escribano del rey.*" (Castillo, op. cit., cap.XLII, p.72.)

Observemos que Gómara propõe uma versão inteiramente diferente dos fatos. Ele descreve Cortés como um grande chefe, que oferecia a seus homens todo seu carregamento: "*Elegido pues que fue Cortés por capitán, le dijo el cabildo que bien sabia como hasta estar de asiento y conoscidos en la tierra, no tenían de qué se mantener sino de los bastimentos que él traía en los navíos; que tomase para sí y para sus criados lo que hubiese menester o le pareciese, y lo demás se tasase en justo precio; e se lo mandase entregar para repartir entre la gente, que a la paga todos se obligarían, o lo sacarían de montón, después de quitado el quinto del Rey.* [...] *Cortés les respondió que cuando en Cuba hizo su matalotaje y basteció la flota de comida, que no lo había hecho para revendérselo, como acostumbran otros, sino para dárselo.* [...] *De manera que, aunque debía más de siete mil ducados, se lo daba gracioso.*" (Gómara, *Historia de la conquista de México*, cap.XXXI, p.49-50.)

navios para a Espanha transportando o *quinto real*, e ainda as despesas para a constituição da cidade de Veracruz; em seguida, reembolsa a dois proprietários os cavalos mortos em combate. Do que sobra, distribui uma parte dupla aos dois eclesiásticos presentes, aos capitães e aos cavaleiros. Reserva uma parte qualquer aos que manejam balestras e escopetas. Deduz ainda inúmeras falsas despesas.

> De tal maneira, exclama Bernal, que não havia mais muita coisa para dividir. E era tão pouca coisa que muitos soldados se recusaram a aceitar. Cortés ficava com tudo, mas nesses momentos nada podíamos fazer além de nos calar, pois pedir justiça por tal razão não vinha ao caso. Outros soldados levaram seus 100 pesos, porém reclamaram por mais ainda. E Cortés, em segredo, dava a uns e a outros, parecendo favorecê-los. E os bajulava com boas palavras, o que não impedia descontentamento.[5]

A descrição, como se fora ao vivo, convence. Vemos a cena como se dela participássemos. E o rancor dos soldados rasos quanto aos impostos soa justo. Mas qual é a cobrança superfaturada? A de Cortés... ou a do rei? O que recebe o México em contrapartida ao tributo real? Para o governador da Nova Espanha, apesar de sua legalidade, esse imposto é pura perda!

---

5 "*De manera que quedaba muy poco de parte, y por ser tan poco, muchos soldados hubo que no lo quisieron recibir, y con todo se quedaba Cortés, pues en aquel tiempo no podíamos hacer otra cosa sino callar, porque demandar justicia sobre ello era por demás; y otros soldados hubo que tomaron sus partes a cien pesos, y daban voces por lo demás, y Cortés secretamente daba a unos y a otros, por vía que les hacía merced, por contentarlos, y con buenas palabras que les decía sufrían.*" (Castillo, op. cit., cap.CV, p.204-5.)

Outro assunto de descontentamento ostentado pelo narrador da *História verídica* deve-se ao pouco reconhecimento pela Espanha do sofrimento e do trabalho árduo dos conquistadores. Bernal não cessa de se queixar que não recebeu uma *encomienda*. A situação é bastante gaiata: como um personagem de ficção poderia receber uma propriedade rural em recompensa por sua ação? Cortés aproveita para colocar na boca do impertinente conquistador uma defesa dos *repartimientos*. Mas o desejo de Bernal Díaz del Castillo de se transformar em proprietário rural não é em nada caricatural. Remete a uma lógica: a conquista foi um empreendimento privado ou, antes, uma associação de empreendedores privados. Alguns investiam sua fortuna pessoal na forma de barcos, cargas, armamentos, cavalos; outros possuíam para investir apenas sua coragem de soldado, sua pura força física. Para estes últimos, a vitória devia implicar uma redistribuição dos benefícios em terras; não tendo sido remunerados durante os combates, esperavam uma recompensa final, prova de reconhecimento e justa compensação pela fidelidade. As recriminações colocadas por Cortés na boca de Díaz del Castillo combinam obviamente com seu personagem de semirrevoltado, mas expressam também uma defesa da valentia dos conquistadores. Eis o que Cortés põe na boca de um conquistador decepcionado:

> Mais do que nos prevalecer de uma nobreza antiga, tornamo-nos ilustres pelos nossos feitos heroicos no campo de batalha, combatendo noite e dia, devotados a nosso rei e senhor, descobrindo tais terras, conquistando essa Nova Espanha e essa grande cidade de México, bem como outras províncias por conta nossa, mesmo estando tão longe de Castela, sem poder receber

o menor socorro, a não ser o de Nosso Senhor Jesus Cristo, que é o único socorro verdadeiro. E se nos voltarmos para a história dos tempos antigos, caso se possa confiar nesses escritos, constatamos que cavaleiros foram celebrados e muito considerados, tanto na Espanha quanto alhures, por terem participado das guerras que os reis da época travavam. Observo até que certos cavaleiros, tendo recebido títulos e funções ilustres, só aceitavam participar dessas guerras e batalhas caso recebessem previamente soldos e salários. E, além disso, receberam vilarejos, castelos, terras e privilégios fiscais perpétuos. E tais propriedades até hoje pertencem a seus descendentes... Se lembro tudo isso, é para que se veja todos os bons e notáveis serviços que prestamos ao rei nosso senhor e a toda a cristandade. Que esses altos feitos de arma sejam postos em uma balança e medidos a seu justo valor e se verá então que somos dignos das mais altas recompensas, à imagem dos cavaleiros do tempo antigo de que falei acima.[6]

6 "*Con heroicos hechos y grandes hazañas que en las guerras hicimos, peleando de día y de noche, sirviendo a nuestro rey y señor, descubriendo estas tierras y hasta ganar esta Nueva España y gran ciudad de México y otras muchas provincias a nuestra costa, estando tan apartados de Castilla, ni tener otro socorro ninguno, salvo el de Nuestro Señor Jesucristo, que es el socorro y ayuda verdadera, nos ilustramos mucho más que de antes; y si miramos las escrituras antiguas que de ello hablan, si son así como dicen, en los tiempos pasados fueron ensalzados y puestos en grande estado muchos caballeros, así en España como en otras partes, sirviendo como en aquella sazón sirvieron en las guerras y por otros servicios que eran aceptos a los reyes que en aquella sazón reinaban. Y también he notado que algunos de aquellos caballeros que entonces subieron a tener títulos de estados y de ilustres no iban a las tales guerras, ni entraban en las batallas sin que primero les pagasen sueldos y salarios, y no embargante que se los pagaban, les dieron villas y castillos y grandes tierras y perpetuos privilegios con franqueza, las cuales tienen sus descendientes... He traído esto aquí a la memoria para que se vean nuestros muchos y buenos y notables servicios que hicimos al rey nuestro señor y a toda la cristiandad y se*

O talento de Cortés encontra-se na dosagem entre elogio e crítica. O elogio aparece em algumas palavras, postas como por inadvertência ao longo de uma frase, enquanto a crítica pode ocupar um parágrafo inteiro. Mas, principalmente, o que garante a credibilidade da *História verídica* está na invenção de um novo tipo de herói, modelado na matéria-prima humana. Nos livros de cavalaria, gênero de referência da época, o herói é invencível, infatigável, incorruptível. Aqui, Cortés se pinta tal qual ele é: joga cartas, faz a sesta quando está fatigado, esconde a cabeça nas mãos para chorar depois do desastre de *La Noche Triste*; ora ele usa sua palavra mágica para vencer as reticências, ora compra seus adversários com barra de ouro. É um herói moderno que não ganha toda vez, mas não desencoraja nunca. É perseverante na audácia, inventivo, imaginativo. É um planificador que improvisa com felicidade. Ele sabe comandar sem ter que forçar sua autoridade. Hernán elogiava pouco, mas, no entanto, soube atribuir a si próprio uma paleta de qualidades que conseguiu limitar a alguns adjetivos, decalcados de Homero. Ele é assim, volta e meia, "valoroso", "corajoso", "enérgico", "eficaz e rápido", "viril", "prudente", "dotado de um grande coração". Um toque de cristandade e de proteção divina completa o retrato. "Nosso Senhor o tinha cumulado com sua graça, pois tudo que ele empreendia tinha sucesso."[7]

Quando se cria um personagem de ficção, é melhor ser elíptico. Cortés se conforma com essa regra. Por exemplo, seu

---

pongan en una balanza y medida cada cosa en su cantidad, y hallarán que somos dignos y merecedores de ser puestos y remunerados como los caballeros por mí atrás dichos." (Ibid., cap.CCVII, p.577.)

7 "*Nuestro Señor le daba gracia, que doquiera que ponía la mano se le hacía bien.*" (Ibid., cap.XXV, p.42.)

narrador não surge de nenhum lugar. É verossímil que Cortés não lhe tenha dado raízes, a fim de acentuar a neutralidade de sua narrativa. A única indicação que temos no corpo do texto cabe em uma frase: "Minha terra, que é Medina del Campo, onde existem feiras nas quais cada rua oferece um tipo de mercadoria diferente".[8] Vemos que o inciso "que é Medina del Campo" não tem incidência na significação da frase; as cinco palavras podem perfeitamente ser um acréscimo interlinear posterior à redação cortesiana. "Provincializar" o personagem, aliás, teria complicado a tarefa de Cortés, obrigando-o a empregar especificações locais, até mesmo expressões dialetais. Ora, o marquês do Vale queria escrever em castelhano.

Em compensação, Cortés emprega um artifício linguístico que combina com o anonimato: seu personagem altera os nomes náhuatl! O pseudo-Bernal tem um prazer maldoso em estropiar os nomes dos deuses mexicanos. Em sua escrita, o deus azteca Uitzilopochtli, "o colibri de esquerda", chama-se Huichilobos ou Uchilobos ou Uicilobus; Tezcatlipoca, "o espelho fumante", torna-se Tezcatepuca. Os nomes de pessoas sofrem a mesma sorte: o soberano Motecuhzoma, "aquele que se irrita como um senhor", é chamado Motezuma ou Montezuma; seu sucessor, Cuitlahuac – que a tradução respeitosa tomou o hábito de não traduzir[9] –, é transcrito Coadlabaca ou Cuedlabaca; o último

---

8 "*En mi tierra, que es Medina del Campo, donde se hacen las ferias que en cada calle están sus mercaderías, por sí.*" (Ibid., cap.XCII, p.171.)

9 Cuitlahua é ortografia preferível a Cuitlahuac, que é um topônimo e não um nome próprio. *Cuitlatl* significa "excremento" e o enclítico *-hua* marca a possessão. Uma tradução literal seria então "o excrementício". Diante desse mistério onomástico, a tradição sempre ignorou a tradução do nome desse soberano mexicano.

dirigente mexicano Cuauhtemoc, "a águia que desce", é constantemente chamado de Guatemuz, enquanto o soberano de Texcoco, Ixtlilxochitl, "a flor de corola negra", é ortografado Estesuchel. Essa maneira brincalhona de fazer falar esse conquistador anônimo é um procedimento literário destinado a realçar a rusticidade do personagem; ele traduz seu lado bonachão diante da estranheza da língua náhuatl. Molière utilizará amplamente essa técnica: seus criados maltratam a língua francesa e o autor tira daí efeitos cômicos. Essa transcrição duvidosa do náhuatl assinala, quando ocorre, o caráter construído do personagem. Se refletirmos bem, é incompreensível que Bernal Díaz del Castillo possa persistir nessas errâncias gráficas depois de cinquenta anos de imersão linguística, enquanto finge ter sob os olhos o livro de Gómara onde este ortografa com rigor Uitçilopochtli, Cuahutimoc ou Iztlixuchilh...

Para tornar atraente seu conquistador arquetípico e evitar fazer dele um duplo de si mesmo que fosse facilmente reconhecível, Cortés o faz chegar a São Domingos em 1514; ele pode assim ter participado das duas viagens preliminares. Com o domínio da informação em Cuba, Hernán conhece, evidentemente, todos os mapas e não tem nenhuma dificuldade em reconstituir a matéria da narrativa das duas expedições que servem de preâmbulo à conquista do México. Depois, só resta a Cortés contar sua própria vida. Todavia, o exercício é perigoso porque muitas informações reportadas pelo anônimo conquistador originam-se da esfera privada. Como tornar notórios esses preciosos ingredientes da dramaturgia? A isso Cortés respondeu com cuidado; confessemos que ele se saiu com brio. Ele utiliza três subterfúgios. Primeiro, com uma segurança incrível, ele faz passar por públicas informações que estavam longe de sê-lo. O leitor, apressado, não tem tempo de pô-las em dúvida. Em seguida, ele explora o registro da confidência e proclama: "Eu sei disso porque Cortés me contou". Finalmente, ele mostra que, entre o capitão geral e Díaz del Castillo – cuja função permanece imprecisa –, existe uma forte relação de confiança, até mesmo uma certa conivência, que autoriza o chefe a mostrar a seu subordinado a maior parte de suas cartas. Este escreve, por exemplo: "Esta carta, eu a li duas ou três vezes, na Cidade do México; Cortés a mostrara para que vissem a grande estima que tinham por nós, os verdadeiros conquistadores".[10] Muitas vezes, o próprio narrador levanta a lebre e propõe sua argumentação, para acabar de vez com legítimas dúvidas. Eis um desses exercícios de virtuosidade:

> Gostaria agora de dizer uma palavra sobre uma pergunta que alguns leitores cheios de curiosidade me fizeram e que acho que tem fundamento. Como eu pude tomar conhecimento do que se passou na Espanha, o que ordenou Sua Santidade, o que diziam as más línguas sobre Cortés, o que responderam nossos defensores, o que foi finalmente decidido e todas as peripécias que eu contei com detalhes, quando estava participando da conquista da Nova Espanha e de suas províncias, o que me impedia de ver e ouvir o que se passava longe dali? Eu lhes respondi que não fui o único a ficar a par. Estava ao alcance de todos os conquistadores que quisessem se dar ao trabalho de ler quatro ou cinco cartas ou relações cujos capítulos detalhavam como, quando e em qual

10 "*Esta carta yo la leí dos o tres veces en México, porque Cortés me la mostró para que viese en cuán gran estima éramos tenidos los verdaderos conquistadores.*" (Castillo, op. cit., cap.CLXVIII, p.439.)

> contexto se desenrolaram os fatos que relatei. Essas cartas e essas memórias foram escritas em Castela por nossos representantes, em atenção a nós, para que pudéssemos conhecer o ardor que os motivava na defesa de nossos negócios.[11]

Rufam os tambores. Durante quatro séculos essa versão foi aceita!

Outro elemento essencial da construção do personagem: ele é imaginado como uma testemunha idosa. Tudo leva a pensar que o pequeno parágrafo que serve de introdução ao manuscrito guatemalteco é original. Encontramos aí tudo que Cortés quis dizer sobre seu narrador, ou seja, muito pouco. Mas a idade avançada do narrador figura no retrato. Eis a sutil e irônica introdução onde Cortés se deleitou em escrever um não prólogo.

> Eu observei que os cronistas mais célebres, antes de começar a escrever suas histórias, redigem primeiro um prólogo ou um preâmbulo; apresentam seus argumentos, com a ajuda de uma retórica perfeita, a fim de esclarecer e justificar seus propósitos.

---

11 "*Quiero decir lo que me han preguntado algunos curiosos lectores, y tienen razón de poner plática sobre ello; que cómo pude yo alcanzar a saber lo que pasó en España, así de lo que mandó Su Santidad como de las quejas que dieron de Cortés y las respuestas que sobre ello propusieron nuestros procuradores, y la sentencia que sobre ello se dio, y otras muchas particularidades que aquí digo, y declaro, estando yo en aquella sazón conquistando la Nueva España y sus provincias, no lo pudiendo ver ni oír; yo les respondí que no solamente yo lo alcancé a saber, sino todos los conquistadores que lo quisieron ver y leer en cuatro o cinco cartas y relaciones, por sus capítulos declarado cómo y cuándo y en qué tiempo acaecieron lo por mí dicho, las cuales cartas y memoriales escribieron de Castilla nuestros procuradores porque conociésemos que entendían con mucho calor en nuestros negocios.*" (Ibid., cap.CLXVIII, p.440.)

Eles o fazem para que os leitores curiosos que abrirem essas crônicas possam ouvir a melodia de seus discursos e apreciar o sabor de suas palavras. Eu, como não conheço o latim, não me arrisco a fazer preâmbulo ou prólogo. Mas, tenho necessidade disso? Por que procurar aumentar os heroicos feitos de armas que foram os nossos já que ganhamos a Nova Espanha e suas províncias, em companhia do valoroso e valente capitão dom Hernando Cortés, que, mais tarde, foi feito marquês do Vale em agradecimento por suas proezas? Na verdade, para poder escrever tudo isso da maneira mais perfeita, seria preciso dispor de eloquência outra que a minha. Mas, o que eu vi e o que eu vivi no coração das batalhas, reportarei enquanto testemunha ocular, com a ajuda de Deus, simplesmente, sem forçar os fatos de um lado ou de outro. Hoje eu sou velho, tenho mais de 84 anos, perdi a vista, sou surdo, e o destino quis que eu não tivesse outra riqueza para legar a meus filhos e netos senão essa memorável e verídica relação que escrevi e que vocês poderão ler nas páginas que se seguem.[12]

---

12 "*Notando [he] estado como los muy afamados coronistas antes que comiencen a escribir sus historias hacen primero su prólogo y preámbulo, con razones y retórica muy subida, para dar luz y crédito a sus razones, porque los curiosos lectores que las leyeren tomen melodía y sabor de ellas; y yo, como no soy latino, no me atrevo a hacer preámbulo ni prólogo de ello. ¿Porque ha menester para sublimar los heroicos hechos y hazañas que hicimos cuando ganamos la Nueva España y sus provincias en compañía del valeroso y esforzado capitán don Hernando Cortés, que después, el tiempo andando, por sus heroicos hechos fue marqués del Valle? Y para poderlo escribir tan sublimadamente como es digno, fuera menester otra elocuencia y retórica mejor que no la mía; mas lo que yo vi y me hallé en ello peleando, como buen testigo de vista yo lo escribiré, con la ayuda de Dios, muy llanamente, sin torcer a una parte ni a otra, y porque soy viejo de más de ochenta y cuatro anõs y he perdido la vista y el oír, y por mi ventura no tengo otra riqueza que dejar a mis hijos y descendientes, salvo esta mi verdadera y notable relación, como adelante en ella verán.*" (Ibid., p.XXXV.)

À guisa de não prólogo, estamos diante de uma obra-prima do gênero, em que todas as palavras são escolhidas. Com o piscar de olho ao bardo cego que não tem mais nada de seu a não ser sua fabulosa memória, a tonalidade geral toma uma saborosa coloração homérica. O leitor é advertido: ele entra em uma epopeia. Mas, por que dar 84 anos ao narrador? É uma habilidade de muitas facetas. Ao fazer da crônica uma obra baseada na memória, Cortés lhe confere um tom mais desligado e mais humano. Ele se autoriza, dessa forma, digressões, voltas para trás, sábias passagens de um assunto a outro, comentários com humor... mas, também, falsos esquecimentos que surgem para tornar a narrativa mais leve ou evitar, oportunamente, detalhes inconvenientes. Como se poderia reprovar a um velho sua memória que falha? Outra razão dessa escolha é mais tática: ela justifica o caráter póstumo das memórias. No final de sua vida, Cortés não escreve para ser publicado imediatamente; ele tem em mira a eternidade. Ao envelhecer seu narrador, ele adia também o processo de publicação de seu texto. Uns vinte anos depois de sua morte, o problema dos sobreviventes estará automaticamente resolvido; não restarão mais muitos deles. A *Historia verídica* foi então concebida desde o começo como uma obra destinada a uma publicação póstuma. Cortés mostra que tem consciência de ter razão cedo demais e, se não espera nada de seus contemporâneos, em contrapartida, exibe uma bela confiança na imortalidade da história.[13]

---

13 Essa interpretação obriga considerar como uma interpolação o início do primeiro capítulo do *Manuscrito de Guatemala*, início, aliás, que não figura na edição de 1632. Nesse texto de redação tardia, com uma centena de linhas, Bernal afirma ter 24 anos quando estava em Cuba, na véspera de tomar parte na expedição de Córdoba (fol. 2r). Essa

Para completar a figura de seu narrador, Cortés faz uma escolha estilística que ultrapassa o simples nível sintático. Ele o faz falar na primeira pessoa do plural. Sutil complemento do anonimato, essa astúcia literária transforma o personagem central em um ser coletivo: seu "nós" unifica as idades, os estratos sociais, as origens territoriais; ele engloba todos os desejos, todos os sonhos tomados pelo espírito de conquista. Todas as proezas tornam-se ações comuns; todas as vitórias são boas para partilhar; as derrotas, também, criam indizível solidariedade. Cortés não teve grande dificuldade para tecer a tela de fundo desse discurso no plural: ele aproveitou para construir seu personagem de chefe de guerra atento à opinião de seus homens. Os leitores podem assim vê-lo perpetuamente consultar sua tropa e seguir o conselho de seus capitães. E o narrador, eterno porta-voz dos sem patente, nos toca por sua candura quando confessa, quase enrubescendo, que Cortés veio lhe pedir conselho em um ou outro caso grave.

Na verdade, sentimos que Cortés narrador entrou no jogo quando teve que escolher os títulos dos capítulos. Em mais da metade dos casos, ele utilizou o "nós" coletivo. Citemos ao acaso: Capítulo II: "Como descobrimos a província de Yucatan". Capítulo X: "Como prosseguimos nossa viagem e entramos em um grande rio que chamamos de Boca de Términos; e porque nós lhe demos esse nome". Capítulo XLVIII: "Como decidimos fundar a Vila Rica da Verdadeira Cruz (Veracruz)". Capítulo LXXXII: "Como chegamos na cidade de Cholula e a grandiosa recepção que nos foi reservada"... Em contraponto,

versão, que rejuvenesce em uns dez anos o narrador, é contraditória à introdução que figura no folheto precedente (fol. 1r)! Sobre as contradições relativas à idade de Díaz del Castillo, ver *infra*, p.45 et seq.

de tempos em tempos ele põe em exergo – umas sessenta vezes – a própria pessoa de Cortés. Folheemos: Capítulo XXV: "Como Cortés levantou velas e singrou para a ilha de Cozumel com toda a sua companhia de cavaleiros e de soldados e o que lá aconteceu". Capítulo XL: "Como Cortés decidiu procurar outro porto e outro lugar para instalação e o que aconteceu". Capítulo LII: "Como Cortés ordenou erigir um altar onde se instalou uma imagem de Nossa Senhora e uma cruz, e como foi dita uma missa e foram batizadas as oito índias"...

O autor da *História verídica* dosa com perfeição o sutil equilíbrio entre a preponderância dada a Cortés e a apropriação coletiva da conquista por sua tropa. Ele mistura, aliás, muitas vezes, esses pontos de vista utilizando a fórmula "nosso Cortés" ou "nosso capitão". Às vezes ele combina em um mesmo título o tratamento coletivo e a referência individual. Encontramos, por exemplo, essa fórmula no nome do capítulo LXXXVIII: "Da grande e solene recepção que o grande Montezuma reservou a Cortés e a nós todos no momento de entrar na grande cidade de México".[14] Muita audácia para um simples soldado!

---

14 Ibid., p.685-9. Cap. II. "Cómo descubrimos la Provincia de Yucatán". Cap. X. "Cómo seguimos nuestro viaje y entramos en un río muy ancho que le pusimos Boca de Términos, por qué entonces le pusimos aquel nombre". Cap. XLVIII. "Cómo acordamos de poblar la Villa Rica de la Vera Cruz [...]". Cap. LXXXII. "Cómo fuimos a la ciudad de Cholula y del gran recibimiento que nos hicieron".

Cap. XXV. "Cómo Cortés se hizo a la vela con toda su compañía de caballeros y soldados para la isla de Cozumel, y lo que allí le avino". Cap. XL. "Cómo Cortés envío a buscar otro puerto y asiento para poblar, y lo que sobre ello se hizo". Cap. LII. "Cómo Cortés mandó hacer un altar y se puso una imagen de Nuestra Señora y una cruz, y se dijo misa y se bautizaron las ocho indias".

E magnífico ângulo de ataque essa primeira pessoa do plural, transformando o "nós" majestático em reivindicação do grupo!

O escrito e o oral: o espelho de Gómara

Saudemos o grande traço de gênio de Cortés. Não contente em inventar seu soldado-cronista, truculento e fanfarrão, ele encontrou Gómara. Mesmo que o eclesiástico diga ter conhecido o conquistador por ocasião de sua primeira viagem à Espanha, em 1529, quando ele era muito jovem, não sabemos nada de sua verdadeira relação com Hernán. Os dois homens são parentes? Apesar das denegações do eclesiástico, não podemos excluir isso. De 1531 a 1540, enquanto Cortés se consagra à expedição do Mar do Sul, Francisco López de Gómara vive na Itália. Em 1541, quando ele é secretário de Hurtado de Mendoza, embaixador de Carlos V em Veneza, decide voltar para a Espanha. Por quê? Segundo seu testemunho, ele participa da expedição dos berberes na galera de Enrique Enríquez, em que é companheiro de bordo de Cortés.[15] Por quê? Em 1543, depois da partida do rei, ele acompanha o marquês do Vale a Valladolid. Por quê? Não teria sido Cortés que chamara para perto de si esse jovem padre culto, formado nos costumes do mundo? Como Gómara, filho natural, jamais falou nada sobre

---

Cap. LXXXVIII. "Del grande y solemne recibimiento que nos hizo el gran Montezuma a Cortés y a todos nosotros en la entrada de la gran ciudad de México".

15 Em reação à decisão de Carlos V de suspender o estado de sítio em Argel, Gómara escreveu: "*e yo, que me hallé allí, me maravillé*" (Gómara, *Historia de la conquista de México*, cap.CCLI, p.335). Juan Miralles Ostos chama a atenção para o fato de que essa frase não mais aparece na edição de Saragoça de 1554, "aumentada e corrigida pelo autor".

seu nascimento, é difícil saber se ele tem algum parentesco com Hernán. No entanto, existe algo que intriga: Cortés tem por princípio de sobrevivência só conceder sua confiança aos membros de seu círculo familiar. Quem é seu embaixador junto do jovem Carlos I de Espanha? Seu próprio pai, Martín. Quem foi, ao longo de toda a sua vida, seu único advogado, infatigável redator de seus intermináveis processos? Seu primo Francisco Nuñez. Quem é seu confessor de sempre, diretor de consciência até a morte? Seu primo Diego Altamirano, franciscano. A quem Cortés confia o comando da primeira expedição marítima para as Molucas, em 1527? A Alvaro de Saavedra Cerón, um de seus primos. Quem, nas vésperas da conquista, envia como guia para a descoberta do Oeste mexicano? Francisco Cortés, outro primo. E se quisermos citar outros homens de confiança de Cortés, encontraríamos Rodrigo de Paz e Francisco de las Casas, igualmente primos. Levando em conta o papel confidencial que vai ter Gómara nos últimos anos da vida de Hernán, é difícil fazer dele um estranho encontrado fortuitamente no barco. Os dois homens têm 26 anos de diferença; eles não têm lembranças a partilhar que justifiquem uma conivência amiga. No entanto, Gómara vai mostrar uma fidelidade a toda prova a Cortés vivo e, depois da morte, à sua memória. Fidelidade clânica?

Cortés recruta Gómara porque ele tem necessidade de uma pena oficial. Em 1543, este último ainda não publicou nada. É verdade que ele só tem 32 anos! Mas, é muito provável que ele já tenha redigido uma grande parte, ou talvez mesmo a totalidade, de uma *Crônica dos Barba Roxa,* que ele pode ter dado para Cortés ler. O estilo, mais para frio, porém técnico e preciso, pode ter agradado ao conquistador em busca de um cronista confiável. De toda forma, Hernán o contrata..., certamente fazendo que ele assine uma cláusula de confidencialidade. Com efeito, não se trata de divulgar a atividade de memorialista do velho conquistador. Daí o *status* fictício de capelão (*capellán*) que a posteridade conferiu a Gómara. Essa explicação, perfeitamente crível, já que Francisco López de Gómara é padre, justifica que ele resida sob o teto de Cortés em Valladolid e que o marquês lhe passe apontamentos.[16] Na realidade, Gómara é um colaborador discreto, constantemente disponível. Cortés o faz trabalhar intensamente, continuamente, mas a meio período. É difícil saber se o trabalho era fracionado por meio dia ou se Cortés o convocava a cada dois dias. Mas, o espírito é esse de meio período. Durante as sessões de trabalho, o conquistador fornece informações para sua escrita, seguindo uma trama cronológica; Gómara toma notas, depois volta para seu gabinete; ei-lo então que redige, passa a limpo, ordena a matéria das entrevistas no calor da memória. Enquanto isso, Cortés, trabalhando no mesmo conteúdo, dá voz a seu soldado raso, não hesitando em repreender a versão oficial e elitista de Gómara. Evidentemente, Cortés guarda para sua criatura fictícia o melhor de suas observações, as histórias saborosas, as descrições das paisagens, os retratos com grande colorido, a extrema precisão dos detalhes, tudo entrecortado de fulminações veementes e gritarias. O texto de seu falso conquistador soa justo porque tudo é verdadeiro! E Cortés, temos que reconhecê-lo, revela-se um escritor fora de série.

---

16 Isso não impedirá Las Casas de denunciar o autor da *Historia de la conquista* como uma criatura de Cortés. "*Gómara, clérigo que escribió la Historia de Cortés, que vivió con él en Castilla siendo ya Marqués y no vido cosa ninguna, ni jamás estuvo en las Indias, y no escribió cosa sino lo que el mismo Cortés le dijo...*" (Las Casas, *Historia de las Indias*, t.II, p.528.)

Observemos um instante a maneira de trabalhar de Hernán. Ele parte da ideia de que um texto atribuído a um simples soldado, sem cultura e sem ambição literária, tem que desposar o estilo oral, mais simples e mais familiar. Cortés é naturalmente um escritor capaz de redigir diretamente dando essa impressão de oralidade. Mas está agora com uma idade avançada; sua visão diminuiu; sua mão treme, talvez. Precisa economizar energias. Em suma, precisa de um secretário para assessorá-lo. Um secretário ao qual pudesse, eventualmente, ditar. A quem poderia dar tal cargo de confiança? Estudei com cuidado todos os membros da casa de Hernán em Valladolid; ele aponta cerca de quarenta pessoas. Isso representa, podemos notar, dez vezes menos que a casa de Carlos V em Bruxelas, mas indica certo padrão. Oficialmente, naquela época, seu secretário titular é Pedro de Ahumada, que tentará, depois da morte de Hernando de Soto, ser nomeado governador da Flórida, sem consegui-lo. Passando ao serviço do filho de Hernán, Martín, segundo marquês do Vale, ele será o administrador de suas propriedades territoriais no México. Mas Pedro de Ahumada é antes um chefe de gabinete que um confidente, um organizador da ação mais que um homem de reflexão. Não tem nem um pouco do perfil desejado. Aliás, gosta de aparecer: não o vemos endossar durante um tempo o papel secreto de um assistente literário. Quem seria então? Pode-se imaginar que Gómara, por ventura, tenha sido convidado a vestir duas casacas? O caso seria impossível, por sobrecarga de trabalho, em primeiro lugar, e por questões de estratégia. Cortés quer que Gómara escreva no seu próprio estilo, frio e límpido, para criar um efeito de contraste com a redação surpreendente e falsamente rústica do pseudo-Bernal que ele mesmo se encarrega de inventar. Além do mais, tudo leva a pensar que Gómara não foi posto a par das atividades literárias noturnas do marquês! Este último espera de seu "capelão" uma crônica exterior, distanciada; implicá-lo na versão sensitiva teria feito o plano fracassar.

Na prática, existe um bom candidato para esse posto subtraído dos olhos da história: Diego Altamirano. Os Altamirano, aliados aos Pizarro, representam a vertente materna da família de Cortés. Esse Diego, que acompanha fielmente o conquistador do México ao longo de sua vida, tem o mesmo nome do avô materno de Cortés. Ele tem tudo para agradar a Hernán: ele pertence ao clã, é franciscano, culto e discreto. Sem que nós tenhamos certeza disso, já que Cortés observa a lei do silêncio a esse respeito, podemos pensar que é Diego Altamirano que vai colher a palavra de Hernán por ocasião das sessões de trabalho, em Valladolid. Quem, na capital da Castela, poderia se questionar sobre a presença desse primo do marquês que é visto a seu lado há tanto tempo? Cortés pode trabalhar em segredo: nada irá vazar.

Mas essa hipótese tampouco visa fazer de Diego Altamirano o autor da *História verídica*. A obra, como vamos ver, leva de A a Z a marca de fábrica de Cortés. O irmão Diego simplesmente se dedicou a transcrever as palavras do conquistador ditando seus capítulos. Depois, dia após dia, febrilmente, Cortés retomava essas minutas para corrigi-las, emendá-las e estabelecer a versão definitiva. No entanto, um dia, se o manuscrito original da *História verídica* for encontrado, será possível reconhecer a grafia de Diego Altamirano. Ao final da composição da crônica, é verossímil que ele tenha se encarregado de passá-la a limpo e dela tirado uma cópia destinada à impressão.

A gênese da *História verídica*

Nesse estágio, o "leitor curioso" evocado pelo narrador da *História verídica* tem o direito de fazer uma pergunta: por que Cortés não se ateve a seu contrato com Gómara? Com o eclesiástico, ele dispunha de um cronista que apresentava todas as vantagens do gênero; ele oferecia a aparente distância que cabe a um historiador, enquanto era, de fato, discretamente instrumentalizado. Por que se dar ao trabalho de inventar do nada um conquistador anônimo? Cortés tem várias boas razões para proceder assim.

Como já vimos, ele quer, acima de tudo, despistar a censura. O capitão geral é um praticante do poder e os métodos de governo lhe são conhecidos. Diante dos costumes inquisitoriais da Espanha monárquica, ele foi forçado, toda a sua vida, a dar respostas apropriadas: espionagem do adversário e segredo na preparação da ação. O contexto em que vive ainda é o mesmo. Por sua notoriedade ser uma ameaça, é condenado ao silêncio; desde então, a máscara é uma salvação. Talvez mesmo uma segunda natureza. Além disso, em suas discussões com Gómara, Cortés não fica à vontade. Permanece no plano das noções comuns. Não se permite extravasar. Fala com a reserva de um herói. Já na solidão noturna de seu gabinete, nosso velho conquistador pode escrever como bem lhe agrade. Ele se libera. A escrita é uma terapia, uma catarse. Um ajuste de contas com seu destino. Um alívio irônico.

Por outro lado, Cortés talvez tenha encontrado a ideia de seu anti-herói lendo dois escritores: Oviedo e Guevara. Gonzalo Fernández de Oviedo é um aventureiro; não verdadeiramente um soldado, é daqueles letrados que representaram os interesses da Coroa por ocasião da Conquista. Mas ele, porém, foi perseverante. Embarca para Castela de Ouro – o atual Panamá – com a expedição de Pedrarias Dávila, em 1514. Tem o título de *veedor*. É oficialmente encarregado de vigiar que todo o ouro encontrado seja declarado ao fisco real! Diante do destino catastrófico que teve sua expedição, abandona os pântanos equatoriais e volta para a Espanha. Procura fazer que Pedrarias Dávila seja destituído, na esperança de tomar-lhe o lugar; mas a coisa é mais fácil de fazer no papel do que na realidade. O tirânico governador de Castela de Ouro insiste no poder. Oviedo faz uma segunda viagem ao Darién, em 1520-1523, depois uma terceira a Nicarágua, em 1526-1530, sem grande sucesso. Em 1532, obtém um cargo oficial que lhe convém bastante: ei-lo nomeado "cronista das Índias". Para ele, que tinha começado sua carreira literária escrevendo um romance de cavalaria,[17] é uma consagração. Com seu título de escritor patenteado, ele vai se instalar em São Domingos, de onde volta dois anos mais tarde para publicar o começo de sua *História geral e natural das Índias*. Essa primeira parte é impressa em Sevilha, em 1535. Oviedo nela aborda a descoberta das Ilhas por Colombo, depois a instalação dos espanhóis em São Domingos, Cuba, Porto Rico e Jamaica. Mas o grande interesse da obra é de ordem etnográfica, botânica e zoológica. O *veedor*

---

17 Gonzalo Fernández de Oviedo, então com 41 anos de idade, tinha publicado em 1519, em Valença, com Juan Viñao, um romance de cavalaria de 74 exemplares, que trazia um título bem extenso: *Libro del muy esforzado e invencible caballero de la Fortuna, propiamente llamado don Claribalte que segun su verdadera interpretacion quiere decir don Felix o bienaventurado*. A obra se apresentava como uma tradução de um pseudo-original escrito em tártaro!

tinha, na realidade, dado uma prévia de sua crônica no *Sumario de la natural historia*, que o autor publicara em 1526. Prosseguiu nesse caminho; a crônica é centrada nas Grandes Antilhas e sua cronologia termina antes da conquista do México.

Cortés poderia então achar que não tinha nada a ver com isso. No entanto, Oviedo fez nesse primeiro tomo uma introdução geral onde apresenta sua visão da história e sua postura metodológica. Desde as primeiras páginas, no preâmbulo dedicado a Carlos V, o cronista das Índias mostra suas cartas.

> No presente caso, muito poderoso senhor, levando em conta a amplitude do projeto e de sua complexidade, minha idade e minha diligência não poderão bastar para sua perfeita definição por causa da imperfeição de meu estilo e dos dias que agora são contados para mim. Mas, pelo menos, o que escreverei será uma história verídica, ficando muito afastada de todas as fábulas que outros escritores acreditaram poder escrever, da Espanha, sem molhar os pés, sem ter visto nada, mesmo que o tenham feito em uma língua elegante e sutil, em latim ou em espanhol. A partir de informações discordantes, eles compuseram histórias mais ligadas à beleza do estilo do que à veracidade da matéria que tratavam. Do mesmo modo que um cego não poderia ver as cores, o testemunho de um ausente não poderia ter o mesmo valor que aquele de uma testemunha ocular.[18]

18 "*Materia es, muy poderoso señor, en que mi edad é diligençia, por la grandeza del objecto é sus circunstancias, no podrán bastar á su perfecta difinicion, por mi insufiçiente estilo é brevedad de mis dias. Pero será á lo menos lo que yo escribiere historia verdadera é desviada de todas las fabulas que en este caso otros escriptores, sin verlo, desde España á pié enxuto, han presumido escrebir con elegantes é no comunes letras latinas é vulgares, por informaciones de muchos de diferentes*

Por trás da alusão aos autores de "fábulas", na verdade é um dos predecessores de Oviedo, Pedro Mártir de Anghiera, que é visado. Esse prelado, de origem milanesa, teve o encargo de redigir em latim a primeira crônica da descoberta e da "pacificação" das Índias. Sob o título *De orbe novo* (Décadas do Novo Mundo), a obra – póstuma – foi publicada em Alcalá de Henares, em 1530.[19] Naturalmente, Pedro Mártir, familiar da cúria romana e da Corte do rei Ferdinando, é um compilador. Se teve acesso a fontes de primeira mão, não é menos verdadeiro que jamais pôs os pés em terras americanas. Também Oviedo, inegável ator da conquista, pode se mostrar crítico com relação a ele: bicadas à direita, unhadas à esquerda. Ele não perde nenhuma ocasião para zombar desse "Pedro Mártir que, na sua *Crônica* ou *Décadas*, escreveu sobre as coisas das Índias sem vê-las".[20]

Cortés encontrava uma temática: a testemunha ocular é mais apta para transmitir uma "história verídica" do que um historiador profissional fechado em seu gabinete de trabalho; diante de Gómara, convém acrescentar um observador de camarote. Ao ler Oviedo, Cortés deve ter sorrido vendo o autor

---

juyçios, formando historias mas allegadas á buen estilo que á la verdad de la cosa que cuentan; porque ni el ciego sabe determinar colores, ni el ausente assi testificar estas materias, como quien las mira." (Oviedo y Valdés, *Historia general y natural de las Indias, islas y tierra firme del mar Océano. Primera parte*, livro I, p.4.) Oviedo tem 57 anos quando escreve essa introdução.

19 Anghiera, *De orbe novo Petri Martyris ab Angleria Mediolanensis Protonotarii Cesaris Senatoris Decades, Compluti apud Michaelem dEguia, Anno MDXXX.*

20 "*Pedro Martir, en la chronica o Decadas que escribió destas cosas de Indias sin las ver.*" (Oviedo y Valdés, op. cit., p.457.) O cronista das Índias se refere nominalmente a Pedro Mártir várias vezes. Ver, por exemplo, p.294, 394-5, 457-8.

exercendo a modéstia. Opondo sua pobre retórica à perfeição do estilo de Pedro Mártir, o cronista das Índias chegou até a se fazer passar por não latinista a fim de realçar o efeito de contraste com o muito culto protonotário apostólico. A falsa humildade de Oviedo com certeza forneceu a Cortés um traço de caráter para seu conquistador anônimo.

Outra influência inegável que Hernán recebeu veio de Antonio de Guevara. Esse franciscano de grande cultura e de prodigiosa inteligência pertence ao ramo bastardo de uma família de boa nobreza.[21] Nascido em Treceño, perto de Santander, por volta de 1480, ele entra para o convento dos Irmãos menores de Valladolid em torno de 1506. Mas, muito rapidamente, ele se converte em um prelado de Corte, em que seu brio e sua erudição fazem maravilhas. Em 1521, ele se torna predicador de Carlos I de Castela. Imerso na esfera do poder, frei Antonio, que é confessor dos homens – e das mulheres – que gravitam em torno do rei, desenvolve uma reflexão sobre a política na sua relação com a moral, a história e a verdade (hoje se diria: a transparência). Guevara escreve, um em seguida do outro, dois grandes livros, que surpreendem por não terem encontrado lugar na história da ciência política, ao lado de Maquiavel, que é um contemporâneo do franciscano. Guevara publica primeiro, em Sevilha, em 1528, o *Libro áureo de Marco Aurelio* [O livro de ouro de Marco Aurélio], depois, no ano seguinte,

21 Sobre a vida e a obra de Guevara, pode-se consultar, sobretudo, Redondo, *Antonio de Guevara (1480?-1545) e l'Espagne de son temps*, assim como o artigo de Costes, Antonio de Guevara, sa vie, *Bulletin hispanique*, n.25-4, p.305-60.

A obra completa de Antonio de Guevara em espanhol se encontra disponível em uma edição moderna preparada por Emilio Blanco: Guevara, *Obras completas*.

em Valladolid, o *Reloj de Príncipes* [O relógio dos príncipes], no qual ele retoma a matéria de seu livro precedente. Para cristalizar sua reflexão política e evitar transformar o fruto de seus pensamentos em um ensaio indigesto, frei Antonio tem a ideia de "inventar" um personagem histórico, no caso, Marco Aurélio, do qual se conhece a reputação de estoico. Criando episódios da vida do imperador-filósofo, emprestando-lhe uma correspondência apócrifa, Guevara se aproveita disso para ilustrar suas lições de moral; ele perscruta a ambígua relação do pensamento e do poder, interroga-se sobre a legitimidade da guerra, analisa os motivos em jogo na tomada de decisão, explora o conflito entre autoridade e liberdade. Em uma palavra, o franciscano redige um manual de prática política para o uso de um príncipe cristão! Essa alegre subversão do modelo antigo, esse inédito encontro do neoplatonismo e do catolicismo, essa mistura de pragmatismo social e de moral, fazem furor. O *Relógio dos príncipes*, imediatamente traduzido em várias línguas, será editado e reeditado.[22]

Será por ocasião de sua primeira viagem, em 1528-1530, que Cortés comprou o livro de Guevara? Ou ele só encontrou o autor depois de 1540, que nesse meio tempo se tornara bispo de Mondoñedo? Não sabemos, mas é certo que o franciscano influenciou fortemente o conquistador, como veremos mais adiante. Guardemos, por agora, que a brilhante criação literária feita por Guevara de um Marco Aurélio fortemente alegórico, combinando traços históricos e situações imaginárias, certa-

22 Sobre as edições e as traduções de Guevara no século XVI, ver, por exemplo, Note sur la fortune des œuvres d'Antonio de Guevara à l'étranger, *Bulletin hispanique*, n.35-1, p.32-50.

mente incitou Cortés a tentar a aventura da *História verídica*, colocando em cena um verdadeiro testemunho na biografia fictícia.

Mas, existem ainda outras razões que impelem Cortés no seu projeto literário. Um esclarecimento precioso nos é dado por um texto de 1545. Enquanto ele está em plena redação em Valladolid, o marquês do Vale decide casar sua filha mais velha, Maria – que só tem 12 anos –, com Alvaro Pérez Osorio. Filho do marquês de Astorga. Nessa ocasião, ele dota suntuosamente sua filha com 100 mil ducados. Uma verdadeira fortuna. No dia seguinte à assinatura do contrato de casamento, em 5 de setembro de 1545, Gómara redige no ato um entusiasta prefácio... a sua *Crônica dos Barba Roxa*! Ele a dedica, perturbadora coincidência, ao recente futuro sogro de Maria, "dom Pedro Alvarez Ossorio, marquês de Astorga". É na realidade um texto – certamente embargado – em que Gómara explica que está escrevendo uma biografia de Cortés, elogiando-o sem cessar. Sobre Barba Roxa, quase não existe nada. Ou então, de raspão, como puro pretexto. "Ao menos, escreve o cronista, jamais me arrependerei de ter escrito sobre Cortés, nem, aliás, sobre Barba Roxa."[23] Sente-se que o último membro da frase aparece como um cabelo na sopa: o verdadeiro assunto desse prefácio é outro: ele concerne a Cortés e à biografia em gestação; e, a esse propósito, Gómara expõe sua visão da história.

> Muito ilustre Senhor, começa ele, há duas maneiras de escrever a história. Uma consiste em descrever a vida, a outra em consignar os fatos, pertençam eles a um imperador ou a algum brilhante

23 "*Yo a lo menos nunca me arrepentiré de aver escripto de Cortés, ni aun de Barbarroja tampoco.*" (Gómara, *Crónica de los Barbarrojas*, p.335.)

capitão. A primeira maneira foi ilustrada por Suetônio, Plutarco, São Jerônimo e muitos outros. A outra vem de um uso mais comum e ao qual nós deveríamos nos conformar; para satisfazer o ouvinte, basta relatar as proezas, as guerras, as vitórias e as derrotas do capitão. No primeiro caso, somos levados a sublinhar todos os defeitos da pessoa sobre a qual escrevemos; porque aquele que escolhe contar a vida deve falar franca e verdadeiramente; o que faz que só se possa escrever validamente a vida de uma pessoa depois de sua morte. Em compensação, nada impede de falar de guerras e de feitos durante a vida de seus autores. Eu, então, resolvi relatar as ações dos mais valorosos capitães hoje vivos, sem prejudicar a quem quer que seja. Não sei se minhas faculdades estarão à altura de seu valor, nem se minha pena será tão eficaz como a ponta de sua lança. Mas, ao menos, eu terei empregado todas as minhas forças para narrar seus feitos de armas.[24]

O cronista estabelece uma linha divisória das águas e revela indiretamente o teor de seu acordo com Cortés. Na sua *História da conquista do México*, apenas fatos serão tratados: en-

---

24 "*Dos maneras hay, muy illustre Señor, de escrevir historias; la una es quando se escribe la vida, la otra quando se quentan los hechos de un emperador, o valiente capitan. De la primera usaron Suetonio Tranquillo, Plutarcho, Sant Hieronimo y otros muchos. De aquella otra es el comun uso que todos tienen de escrevir, de la qual para satisfacer al oyente bastará relatar solamente las hazañas, guerras, victorias y desastres del capitan: en la primera hanse de deçir todos los viçios de la persona de quien se escrive; verdadera y descubiertamente ha de hablar el que escribe vida; no se puede bien escrevir la vida del que aun no es muerto; las guerras y grandes hechos muy bien, aunque esté vivo. Las cosas de los demas exçellentissimos capitanes que agora hay, hablando sin perjuiçio de nadie, he emprendido de escrevir, no sé si mi yngenio llegará a su valor; ni si mi pluma alcançara donde su lança: pondré a lo menos todas mis fuerças en contar sus guerras.*" (Ibid., p.331.)

contraremos atos, datas, lugares, cifras, nomes; mas, de psicologia, nada. É, evidentemente, uma forma de se colocar como historiador. Em historiador distante, não afetivo, devotado à compilação de dados verificáveis. Se Gómara se empenha tanto para apagar sua proximidade com o marquês do Vale, é porque é próximo dele. Mas isso condena o cronista a se contentar com uma faceta da história. Ele terá que, por causa disso, renunciar a pôr em cena o que chama de "vida". Bem instalado nessa linha de conduta, nós o vemos se repetir no prefácio de sua *História geral das Índias*, onde adota a pose de historiador profissional.

> Pedro Mártir de Anglería, padre milanês, escreveu em latim a história das Índias em décadas que ele chama de oceânicas até o ano de 1526. Fernando Cortés escreveu ao imperador cartas relatando seus feitos. Gonzalo Fernández de Oviedo y Valdés escreveu, no ano de 1535, a primeira parte da *História geral e natural das Índias*. Francisco López de Gómara, padre, escreveu a presente história das Índias e da conquista do México, neste ano de 1552. Esses autores escreveram muito sobre as Índias e eles imprimiram suas obras, que são substanciais. Todos os outros, cujos escritos impressos circulam, contam sua própria história e sucintamente. É por isso que esses últimos não cabem no rol dos historiadores. Porque se for assim, todos os capitães que fizeram a relação de seus combates, todos os pilotos que enumeraram suas navegações, e eles são uma legião, se diriam historiadores.[25]

25 "*Pedro Martyr de Angleria, clerigo Milanes, escrivio en Latin la historia de Indias en decadas, que llama Oceanas, hasta el año de mil y quinientos y veynte y seys. Fernando Cortés escrivió al Emperador sus cosas en cartas. Gonçalo Fernandez de Oviedo y Valdes escrivió el año de mil quinientos y treynta y cinco la primera parte de la general y natural historia de las Indias. Francisco Lopez de Gomara, clérigo, escrive la presente historia de las Indias e conquista de Mexico en este año*

Essa declaração liminar apresenta duas observações. Primeiro, Gómara inclui Cortés na sua pequena lista dos verdadeiros historiadores. Não é somente uma forma adocicada de lisonjear seu antigo protetor e mecenas; na verdade, existiam outras fórmulas e outros registros para quitar essa necessidade protocolar. Para escrever o prefácio nesses termos, seis anos depois da morte de Hernán, foi preciso que Gómara tenha ficado impressionado com o método de arquivista empregado pelo conquistador. Esta inserção tem valor de testemunho: provavelmente por pragmatismo, na previsão de eventuais contestações de sua ação, Cortés em toda a sua vida conservou os arquivos necessários para o estabelecimento da verdade. Por essa razão, ele trabalhou como um historiador. Provavelmente, não foi muito expansivo diante de seu cronista, mas certamente lhe mostrou as notas e os documentos que lhe permitiam escrever a história da conquista. Cortés não somente forneceu informações de primeira mão a seu "capelão", ele lhe transmitiu um método. E foi isso que trouxe tanta segurança a nosso autor. Seguro de si, seguro de seu posicionamento "científico", atendo-se aos fatos e apoiando-se em arquivos, Gómara instala-se sem fraquejar na linhagem de Pedro Mártir, nomeado cronista real de Castela, em 1520, e de Gonzalo de Oviedo, nomeado cronista das Índias, em 1532. De fato, depois da morte de Cortés, ele

de mil quinientos y cincuenta y dos. Estos autores han escrito mucho de Indias, e impresso sus obras que son de substancia. Todos los de mas, que andan impresos, escriven lo suyo, y poco. Por lo qual no entran en el numero de historiadores. Que si tal fuesse todos los Capitanes, y Pilotos que dan relación de sus entradas, y navegaciones, los cuales son muchos, se dirian Historiadores." (*La Historia general de las Indias... escrita por Francisco Lopez de Gomara, clérigo. En Anvers. En casa de Juan Steelsio. Año M.D.LIIII*, p.3-4.)

não sossega enquanto não obtém uma função de cronista real, que o transformaria em historiador oficial.

Acontece que esse posicionamento de Gómara no campo de uma história elitista, centrada na figura heroicizada do conquistador do México, tornava Cortés muito insatisfeito. A seus olhos, só se escrevia ali uma parte da história. Não se tratava de resumir a conquista a uma sucessão de feitos individuais. Para o capitão geral, a história é também o produto da ação de grupos sociais. E, pensando assim, Cortés não quer ignorar a parte que diz respeito ao corpo heterogêneo dos conquistadores. Uma tropa é formada por soldados, mas também por marinheiros, carpinteiros, ferreiros, músicos, pajens, palafreneiros, intendentes, cirurgiões, tabeliães... Incumbia-lhe, então, restabelecer o equilíbrio e escrever esta história "social" da conquista. Daí seu personagem de soldado raso, porta-voz de todos esses pioneiros aventurosos. Fará Cortés disso uma questão de moral, até mesmo de justiça? Provavelmente. Mas, não podemos esquecer que Hernán é um teórico da crioulidade. Para assegurar as reivindicações desses conquistadores que haviam sofrido e foram expostos a perigos, para evitar que eles fossem excluídos por longínquos especuladores de salão, era preciso que ele os fizesse entrar na História. Mostrando sua valentia e sua coragem. Explicando que foram eles, esses homens da hierarquia, esses homens de nada, que entregaram, com toda a humildade, o Novo Mundo a Carlos V.

Tocamos aí em uma convicção profunda de Cortés. E o azedume que se percebe no tom de Bernal Díaz del Castillo, que pensamos poder atribuir ao rancor de um soldado raso humilhado, traduz, na verdade, as próprias feridas de Hernán diante do pouco reconhecimento manifestado pelo imperador com relação ao grupo dos conquistadores. A *História verídica* é uma re-habilitação da obra coletiva. Nesse sentido, Cortés faz obra de historiador crioulo; e, nesse ímpeto, ele investiu com prazer no terreno da vida, que Gómara se recusava a palmilhar.

A academia de Valladolid

Para Cortés, só existe fundação da crioulidade no cadinho da mestiçagem. Também não devemos nos surpreender se o narrador da *História verídica* contribui para fazer entrar no dicionário espanhol cerca de uma centena de palavras indígenas. Descobrimos sem surpresa sob sua pena umas trinta palavras taïno: quinze anos passados nas ilhas deixaram marcas. Na *História verídica*, os templos mexicanos são *cu*; os sacerdotes dos ídolos se chamam *papa*; os chefes são *caciques*; as saias das mulheres são *nagua*; o agave se chama *maguey*, o tubarão, *tiburón*, e a pimenta, *axi*. Com Oviedo, os vocábulos taïno se restringem ao uso culto. Com a maior naturalidade, Cortés os transforma em palavras de todos os dias, destinadas à perenidade no patrimônio lexical do Velho Mundo. Foi assim para *canoa* (que dará *canot*, em francês), *piragua* (*pirogue*), *iguana* (*iguane*), *batata* (*patate*), *barbacoa* (*barbecue*), *hamaca* (*hamac* [rede]), *guayaba* (*goyave* [goiaba]), *maiz* (*maïs* [milho]), *sabana* (*savane* [savana]).

Mais original, Cortés faz entrar umas quarenta palavras *náhuatl*[26] no léxico castelhano, mesmo se ele, às vezes, as de

26 Lista dos vocábulos náhuatl não onomásticos utilizados na *História verídica*: *tezcat, tecutli* (*tecle*), *tepuzque, quilite, tlatoani* (*tatuan*), *nahuatlato, ocote, petaca, petate, milpa, quequexque, ayote, cacao, cazalote, tianquez, copal, tamal, tomate, tonatio, tuna, xicale, acale, petaca, amal, zapote, cuilone, chalchiuis, chia, chimole, xiquipil, macegual, quetzal, maxtlatl* (*mastel*), *cacahuatal, cuilonemiquis, ixoxol, motolinea, pachol, sacachul, totoloque, xiguaquetlan, zacotle*. Esse extrato de 42 vocábulos provavelmente não é exaustivo.

forma um pouco para manter a suposta rusticidade de seu narrador. Mas, ao seguir esse caminho, Cortés impõe a sua narrativa inúmeras palavras indígenas hoje totalmente integradas no espanhol do México: o mercado é um *tianquis*, o incenso se chama *copal*, as esteiras de palha são *petates* e os campos, *milpas*.

Agindo dessa maneira, Hernán não procura explorar o filão do exotismo. Ele não salpica seu texto artificialmente de consonâncias estranhas para tirar delas algum efeito surpresa. Não. Ele oferece a essas palavras novas direito de permanência na literatura hispânica.

É preciso, creio eu, ligar essa preocupação linguística a um empreendimento que o conquistador desenvolveu em Valladolid, paralelamente a seu trabalho de escrita: ele criou uma academia. O trabalho é fascinante, pois remete a uma faceta pouco conhecida do personagem. Provavelmente em sua chegada à velha capital de Castela, em maio de 1543, Cortés se dedica a constituir em volta de si um grupo de letrados, que se reuniam regularmente em sua casa. Sob o nome de academia, esse clube de reflexão segue algumas regras; no começo de cada reunião, é escolhido um assunto para debate; depois, é nomeado, em rodízio, um secretário da sessão, que deverá redigir o assunto das discussões sob a forma de um texto para ser impresso. Sabemos de todos esses detalhes graças a um dos membros dessa companhia, Pierre d'Albret, igualmente conhecido sob o nome de Pedro de Navarra ou Pedro de Labrit. Nascido em Estella, perto de Pamplona, em 1504, ele é filho natural de Jean III d'Albret, rei de Navarra, conde de Foix, visconde de Tartas, de Limoges, senhor de Lesparre. Ele é, então, meio-irmão de Henri d'Albret, que tomou a coroa de Navarra, com a morte de seu pai, e se casou com Marguerite d'Angoulême, irmã de Francisco I. Primeiro beneditino, Pedro de Navarra, educado paralelamente na cultura francesa e na espanhola, pôs seus talentos de diplomata a serviço da relação bilateral franco-espanhola.

Em 1560, o papa Pio IV o nomeará bispo de Cominges, na França, no feudo da casa de Albret. Ele publicou primeiro em Toulouse, depois, em 1567, em Saragoça, *Diálogos* de inspiração socrática,[27] tirados das sessões da academia cortesiana. Com a maior honestidade, ele descreve, no prólogo do *Diálogo sobre a preparação para a morte*, o funcionamento dessa companhia e explica com humildade que é apenas o redator de um trabalho de inspiração coletiva. Temos assim a sorte de ter os nomes de alguns dos participantes dessa assembleia que se reuniam "na casa do famoso e valoroso Hernán Cortés que soube aumentar a glória da Espanha e estender seu império".[28]

O que espanta nessa academia, onde os homens da Igreja estão lado a lado com civis e militares, é a diversidade sociocultural de seus membros. Encontramos aí Giovanni Poggio, emissário do papa, que devia receber o cardinalato em 1551; Domenico Pastorelli, arcebispo de Cagliari; Domingo del Pico, originário de Huesca, célebre orador franciscano, familiar das casas de edição; Juan de Vega y Enríquez, que se tornará, em 1546, embaixador de Castela em Roma, depois vice-rei da

27 Navarra, *Dialogos muy subtiles y notables hechos por el Illustrissimo y Reverendissimo señor Don Pedro de Navarra, Obispo de Comenge. Impressos em çaragoça por Juan Millan en la Cuchilleria, Año de 1567.*

28 "*Entre las academias que había de varones ilustres, en el tiempo en que yo seguía la corte de aquel invictísimo César, vencedor de sí mismo, era una (y no de las postreras) [en] la casa del notable y valeroso Hernán Cortés engrandecedor de la honra e imperio de España.*" (Navarra, op. cit., p.39.)

Sicília e, finalmente, presidente do Conselho de Castela; Juan de Zuñiga, grande comendador de Castela, constante na sua amizade pelo conquistador. A companhia conta igualmente nas suas fileiras vários navarrenses: além de Pierre d'Albret, encontramos Jean de Beaumont, irmão do conde de Lérin, e Antonio de Peralta, segundo marquês de Falces. Este último tinha tomado o partido dos franceses por ocasião da anexação da Navarra por Castela. Casado com a francesa Anne du Bousquet, filha do tesoureiro dos reis de Navarra, ele retorna perdoado para a Espanha, depois do "perdão de Burgos". Ele é o pai de Gaston, nascido em Pau, futuro vice-rei da Nova Espanha! Seu irmão, Bernardino, é, também, membro desse surpreendente círculo cortesiano.

A implicação de Hernán na animação dessa academia continua muito pouco conhecida. Habituados com o homem das cavalgadas e das expedições marítimas, com o chefe de guerra, com o infatigável empreendedor, nós o descobrimos, desta vez, como pensador, filósofo, com uma nobreza de alma e nobres sentimentos, mas se deleitando também com os autores antigos. Pois esse cenáculo é primeiro, e antes de mais nada, um clube cultural, mesmo se os homens de ação são nele numerosos. Embora o testemunho de Pierre d'Albret seja mudo a esse respeito, tudo leva a pensar que Antonio de Guevara participou dos trabalhos da companhia. Sabemos, principalmente, que o erudito franciscano, então no fim de sua vida, permaneceu em Valladolid todo o ano de 1544. Sua influência intelectual sobre Cortés é de tal modo manifesta que é mais que provável que ela tenha se cristalizado por ocasião dessas trocas acadêmicas. Encontramos, aliás, essa marca do espírito de Guevara nos *Diálogos*, de Pierre d'Albret, que confessa muito simplesmente:

"Nos duzentos diálogos que escrevi, há poucas coisas que não tenham sido tratadas nessa excelente academia".[29]

De fato, esse gosto de Cortés pela prática acadêmica é simétrico a sua imersão na criação literária. Seria um engano considerar essa atividade de salão como um passatempo mundano ou um remédio para a ociosidade. Os dias de Cortés escritor estão mais próximos de jornadas de dezoito horas de trabalho. Se ele tem prazer de organizar em sua casa essas trocas literárias é porque elas correspondem a uma expectativa, a uma necessidade. Preocupação de humanista? Certamente! Mas também preocupação do letrado que se debate, cotidianamente, com o verbo, com a língua, com o conteúdo simbólico de cada palavra, com o desafio da perenidade da escrita. Percebemos melhor, agora, por que figura na lista dos debates de sua academia um tema como "a diferença entre o oral e o escrito". Ou, ainda, por que seus convidados foram levados a trabalhar "sobre o cronista do príncipe".[30]

Nesse cara a cara com a posteridade por intermédio da escrita, compreendemos bastante bem a última parte da vida de Cortés. O período Valladolid é, na verdade, um encontro com a História ao mesmo tempo que um ajuste de contas. Mas a lenda hipertrofiou a amargura do conquistador ferido. Quando mergulhamos nas páginas da *História verídica*, o que percebemos? Antes de tudo, um extraordinário júbilo. O autor tem o mais explícito dos prazeres em desenvolver sua narrativa sob a

---

29 "*Tanto que en doscientos diálogos que yo e escrito ay muy pocas cosas que en esta excelente academia no se ayan tocado.*" (Ibid., p.40.)

30 *Diálogos de la diferencia del hablar al escreuir.* Tolosa: Iacobo Colomerio, [s.a.]. *Diálogos, quál debe ser el chronista del príncipe.* In: Navarra, op. cit.

pena de seu narrador. Estamos além do jogo do verídico, além da defesa: estamos na infinita liberdade da criação literária, no secreto gozo do escritor que entrou na pele de seu personagem.

Se nos projetamos no gabinete de trabalho de Cortés em Valladolid, imaginamos caixas e caixas de arquivos, respiramos o cheiro vagamente salinizado desses papéis salvos das longas viagens, escutamos a energia da pena ritmando a memória de uma vida, mas, principalmente, vemos o sorriso irônico passar nos lábios de Hernán. Júbilo em transformar a cada linha um personagem de ficção em um ser de carne e osso, mais verdadeiro que se fosse natural. Satisfação discreta de estar agora mergulhado no ruído das palavras que substitui o barulho das armas. Nessas noites de Valladolid, a dois passos da Corte e, no entanto, fora do tempo, Cortés se deleita em ser escritor.

4
A assinatura de Cortés na História verídica

Se lemos a *História verídica* sabendo que Hernán Cortés é o seu autor, descobrimos ao longo das páginas inúmeros indícios dessa nova paternidade, que chegam à confissão apenas cifrada. Dissolve-se, também, a maioria dos mistérios engendrados pela atribuição da crônica a Bernal Díaz del Castillo. A história reencontra sua lógica e sua racionalidade; as dúvidas se desvanecem umas após as outras.

Assim, não nos surpreende a intimidade do narrador da *História verídica* com Cortés! E podemos, agora, saborear a habilidade que Hernán mostra para contar os detalhes mais íntimos de sua própria vida. Em dado momento, Cortés contrata como secretário um certo Juan de Ribera, a quem pede que encaminhe o ouro destinado a seu pai, que vivia em Medellín. Imaginamos que a soma devia ser tentadora. O homem de confiança se mostrou indelicado e guardou para ele o que Cortés lhe havia confiado. Eis como a *História verídica* conta essa traição:

> Como Cortés tinha reunido 80 mil pesos de ouro e havia terminado de forjar o canhão de prata chamado "a Fênix", en-

viou tudo a Sua Majestade sob a responsabilidade de um fidalgo, originário de Toro, que se chamava Diego de Soto. E não me lembro bem se participava também dessa viagem um certo Juan de Ribera, que era caolho, que tinha uma venda sobre um olho, e que havia sido secretário de Cortés. Sempre considerei esse Ribera como uma erva daninha, porque quando ele jogava cartas ou dados, me dava a impressão de trapacear. E tinha muitos maus hábitos. E eu digo isso porque, chegado em Castela, ele se apropriou dos pesos de ouro que Cortés lhe confiara para entregar a seu pai, Martín Cortés. E esse Martín Cortés em questão os reclamou. E como Ribera era de natureza torpe, esquecendo todos os favores que lhe tinha feito Cortés quando ele era pobre, em vez de dizer a verdade e se mostrar reconhecido com relação a seu mestre, se pôs a falar mal dele. E suas maledicências tiveram eco sobretudo com o bispo de Burgos, porque era bom orador e tinha sido secretário de Cortés em pessoa.[1]

---

1 "*Pues como Cortés había recogido y allegado obra de ochenta mil pesos de oro, y la culebrina que se decía El Fénix ya era acabada de forjar, y salio muy extremada pieza para presentar a un tan alto emperador como nuestro césar, ... todo lo envío a Su Majestad con un hidalgo natural de Toro, que se decía Diego de Soto, y no me acuerdo bien si fue en aquella sazón un Juan de Ribera, que era tuerto de un ojo, que tenía una nube, que había sido secretario de Cortés; a lo que yo sentí de Ribera, era una mala herbeta, porque cuando jugaba a naipes y a dados no me parecía que jugaba bien, y además de esto tenía muchos malos reveses, y esto digo porque llegado a Castilla se alzó con los pesos de oro que le dio Cortés para su padre, Martín Cortés, y porque se lo pidió el Martín Cortés, y por ser el Ribera de suyo mal inclinado, no mirando a los bienes que Cortés le había hecho siendo un pobre hombre, en lugar de decir verdad y bien de su amo, dijo tantos males, y por tal manera los razonaba, que como tenía gran retórica y había sido su secretario del mismo Cortés, le daban crédito, especial el obispo de Burgos.*" (Castillo, op. cit., cap.CLXX, p.447-8.)

Por certo, daqueles campos de batalha mexicanos, um soldado raso seria bem incapaz de conhecer os detalhes da indelicadeza do secretário de Cortés enviado à Espanha. Mas, o tom é tão natural, a dúvida tão suavemente expressa, o retrato do trapaceiro tão veridicamente esboçado que nenhum leitor estranhou a impossibilidade intrínseca da informação.

Na mesma ordem de ideia, a *História verídica* conta a biografia de Malinche, a amante indígena de Cortés. É uma biografia precisa que explica como Malinche, filha do chefe da cidade de Painala, foi vendida muito jovem a comerciantes de Xicalanco, depois que sua mãe se casou de novo. O narrador apresenta uma série de detalhes dessa ocasião que ele diz ter sabido da própria Malinche. "Fazia muito tempo que dona Marina tinha me dito que ela era da província de Coatzacoalco, onde era princesa e tinha vassalos. E o capitão Cortés também o sabia."[2] Quem é, então, esse sedutor nato que pode obter confidências da bela indígena antes de seu amante? E não é inconveniente vê-lo com afinco tecer elogios à companheira de seu chefe: "Dona Marina, em todas as guerras da Nova Espanha, em Tlaxcala como na Cidade do México, mostrou-se mulher excepcional e, como direi mais adiante, ela foi uma intérprete notável; também Cortés estava sempre com ela a seu lado".[3] Compreendem-se melhor tais afirmações quando se sabe que é o capitão geral em pessoa que as expressa!

---

2 "*Días había que me había dicho doña Marina que era de aquella provincia e senõra de vasallos e bien lo sabía el capitán Cortés...*" (Ibid., cap.XXXVII, p.62.)

3 "*Y como doña Marina en todas las guerras de la Nueva España y Tlaxcala y México fue tan excelente mujer y buena lengua, como adelante diré, a esta causa la traía siempre Cortés consigo.*" (Ibid., cap.XXXVII, p.61-2.)

O sucesso da *História verídica* não se deve somente ao conteúdo do livro, mas também a seu estilo. O mexicano Joaquín Ramírez Cabañas, que escreve o prefácio de Bernal Díaz del Castillo, observa com justeza:

> Se Bernal tivesse escrito um diário cujas páginas tivessem consignado, dia após dia, todos os acontecimentos havidos desde a descoberta do México até o retorno de Las Hibueras, teria deixado um documento de primeira ordem para os pesquisadores e os eruditos, mas o livro cairia das mãos dos leitores. Ora, ele escreveu uma obra de arte de grande valor humano, de poderoso conteúdo social, à maneira de um percurso de vida com fôlego homérico.[4]

Um outro prefaciador de Bernal Díaz del Castillo, o espanhol Ramón Iglesia, é ainda mais elogioso.

> O estilo de Bernal possui uma força descritiva e uma elegância narrativa que o tornam dificilmente ultrapassável. Ele tem o senso do detalhe preciso, ajudado ainda por uma surpreendente memória... Mas Bernal não se impõe como um grande artista

---

4 "*Si hubiese escrito Bernal un diario cuyas páginas recogieran día a día la impresión o noticia de las cosas que iban acaeciendo, desde la fecha en que se descubrió tierra de México... hasta cuando regreso de las Hibueras, habría dejado un documento de primer orden al servicio de investigadores y eruditos, pero el libro se caería de los manos del lector. No, no es lo que escribió un hilván desteñido de noticias ordenadas cronológicamente, sino una obra de arte de altísimo valor humano, de fuerte y cristalino valor social; es un trozo de vida con amplio carácter homérico.*" (Ibid., p.XVIII.) Essa introdução de Joaquín Ramírez Cabañas, constantemente reeditada, data de 1939.

> somente por esses pequenos detalhes, por mais vivos e saborosos que eles sejam. Sua pena guarda, com efeito, a mesma exatidão e o mesmo brio quando o autor se lança em longas narrativas.[5]

Aliás, quando o grande editor mexicano Porrúa decidiu, em 1960, criar uma coleção de bolso,[6] ele não se enganou: escolheu publicar Díaz del Castillo no n.5, entre *A Odisseia* (n.4) e *Dom Quixote* (n.6). As *Cartas de relación* de Cortés concorreram, mas só tiveram direito ao sétimo lugar! O grande público já havia escolhido o autor da *História verídica*.

A obra é feita de modo espetacular por seu estilo de grande colorido no qual se pode perceber os pontos altos: sua inventividade, sua riqueza lexical, não podem evidentemente ser ignoradas. Mas existe um segredo de fabricação que nunca foi revelado: ele toca em sua prosódia.

Já o dissemos, Cortés quis dar um tom oral à sua crônica de maneira a lhe conferir uma espécie de frescor rústico e uma espontaneidade maior. Apostamos que o conquistador tomou esse partido com outra ideia na cabeça: precisava a todo preço evitar ser identificado como o autor da crônica em função da forte semelhança com suas *Cartas de relación*. Cortés se lança então em uma verdadeira criação estilística. Mas ninguém escapa a sua cultura. O marquês do Vale ainda tem na cabeça as lições de

5 *"El estilo de Bernal es dificilmente superable en fuerza descriptiva y en la gracia de la narración. Tiene el sentido del detalle preciso, para lo cual le ayuda una memoria sorprendente... Sin embargo, estos detalles menudos, por vivos y sabrosos que sean, no bastan para hacer de Bernal un gran artista. [Pero] su pluma conserva la exactitud y el brío cuando se trata de relatos amplios."* (Iglesia, op. cit., p.12-3. Esse texto foi publicado pela primeira vez em 1944.)

6 Trata-se da coleção "Sepan Cuantos".

latim de seu preceptor de Medellín e as aulas de eloquência de seus professores de Salamanca. Ele sabe que a arte oratória latina tem suas regras, ilustradas por Cícero e teorizadas por Quintiliano. Sem obedecer às mesmas exigências que a poesia, a prosa latina é escandida, ou, pelo menos, requer que algumas partes o sejam. Esse é o caso dos fins de frase, onde é de uso empregar uma "cláusula", quer dizer, um ritmo particular, combinando uma sucessão de longas e de breves, cujo objetivo é atingir a audição do ouvinte assinalando um fim de período. A cláusula é, de fato, um modo de pontuação fônica, o equivalente rítmico de um ponto final. Ora, o que vai fazer Cortés para concretizar a impressão de oralidade de seu texto? Ele vai utilizar cláusulas! Vai transpor para o espanhol os famosos ritmos de Cícero de fim de frase. Surpreende perceber que em Gómara, que escreve a narrativa simétrica da *História verídica*, não há cláusulas, enquanto existem centenas delas sob a pena de Cortés. Seria um exagero dizer que Hernán se aplicou em empregar sistematicamente as cláusulas; aliás, esse não é o caso. Podemos, antes, pensar que Cortés escreveu de ouvido, de maneira bastante espontânea, e que ele recriou com felicidade ritmos de prosódia que tinha na cabeça, chegando a escandir sua narrativa à maneira das epopeias escritas para serem recitadas.[7]

7 Seria, é claro, enfadonho rastrear a métrica da monumental *História verídica*, frase por frase. Mas percebe-se, no entanto, ao examiná-la, que o aluno Cortés teve bons professores; baseou suas escolhas nas cláusulas favoritas de Cícero, o crético-espondeu (3+2; - U - / - -), o duplo crético (3+3; - U - / - U -), o duplo espondeu (2+2; - - / - -). Observemos, todavia, duas particularidades do estilo da *História verídica*. Em primeiro lugar, o autor não hesita, quando é o caso, a situar o verbo no final da frase, o que não é, na verdade,

Outra característica do estilo empregado na crônica se deve à grande riqueza do vocabulário usado. Em um pertinente estudo lexical, José Antonio Barbón Rodríguez[8] identificou 360 vocábulos castelhanos presentes na *História verídica*, mas não repertoriados no famoso *Vocabulario* de Antonio de Nebrija, primeiro dicionário espanhol, publicado em 1516. O comentarista de Bernal Díaz del Castillo vê aí a prova da grande competência lexical do cronista, indo de par com sua "modernidade".[9] Só podemos lhe dar razão. Das 360 palavras que, segundo Barbón Rodríguez, qualificariam Bernal como um precursor, já encontraríamos a metade delas nas *Cartas de relación* de Cortés, dentre as quais a primeira foi escrita apenas três anos depois da publicação do *Dicionário* de Nebrija. Dito isso, como não admirar essa profusão de palavras raras, empregadas com discernimento e perfeitamente de acordo? As palavras enganosas são "melífluas", uma armadilha é uma "ta-

---

uma construção da linguagem popular: será preciso ver aí o peso da construção latina, assim como a consequência da preocupação com a cadência. Ao célebre *esse videatur* de Cícero fazem eco os lancinantes "*habían venido*", "*habían habido*", "*que en la tierra había*", "*que mandó traer*", "*que de ello habla*", "*lo que ahora diré*", "*lo que más se hizo*", "*lo que en ello más pasó*" etc. A seguir, alguns desaparecimentos de frase surpreendem por seu caráter pouco convencional, como "*rescatar dellas*", "*de aquel día*", "*de poco tempo acá*", "*muy de veras*", "*más que no él*"... Alguns viram aí uma marca de rusticidade, outros, de arcaísmo. Em realidade, aí se nota a exigência, provavelmente inconsciente, do apelo da cadência. Nesse caso, Cortés se trai em seu desejo de oralidade: sua impregnação latina é patente.

8 Barbón Rodríguez, *Lexico español en la* Historia verdadera. In: _____, op. cit., II, p.239-51.

9 Ibid., p.251.

rabusterie", as cavalgadas são "algarades". Várias palavras são empréstimos do francês: *atroz, extravagante, jactancia, fanfarrón, frenesía, afeitería, excesivo*. Encontramos incursões mais técnicas, no domínio jurídico (*refrendar* [autoriser]), marítimo (*barloventear*, para "remonter au vent", *calafatear* para "calfater"), militar (*atarazana* [arsenal], *barbacana* [barbacane]), da cavalaria (*adobar* para "adouber")... Podemos mesmo pinçar latinismos como *lege magestatis* [lesa-majestade] ou *ab initio* [desde o início], ou ainda palavras de alquimia, como *sublimar*. Cortés é um criador de língua, um apóstolo do neologismo. Na *História verídica*, é patente que ele se diverte em inventar um vocabulário flamejante para seu personagem, mesmo se ele se dedica a estropiar as palavras mais sofisticadas para manter a tonalidade popular de seu soldado raso.

O Cortés da academia de Valladolid dá a impressão de gostar do jogo. Quando a tropa do conquistador encontra Gerónimo de Aguilar em Cozumel, encontra-o em farrapos. "Então, Cortés deu ordem para que o vestissem, e lhe deram camisa, casaco, calça, gorro e alpargatas."[10] Cortés não escreve "deram-lhe vestimentas"; procede a uma enumeração. Esse modo de acumular as palavras, sempre agrupadas pela fonologia estranha, é uma marca registrada de Cortés. Permanecendo no registro da vestimenta, o narrador da *História verídica* chega a extasiar-se com a indumentária elegante que veste as mulheres que assistem ao banquete promovido conjuntamente por Cortés e pelo vice-rei Mendoza para celebrar a paz de Aigues-Mortes: "Portavam tecidos carmim, sedarias, tecidos damascenos, ouro,

10 "*Y luego le mandó dar de vestir, camisa y jubón y zaragüelles, y caperuza y alparagates.*" (Castillo, op. cit., cap.XXIX, p.47.)

prata, pedras preciosas: estavam ali fortunas".[11] Acrescenta que serviram "marzipãs, *nougats*, cidras, amêndoas e frutas cristalizadas".[12] Com esse jogo produzido pela sonoridade das palavras, estamos praticamente num exercício de estilo! No entanto, olhando de perto, essa propensão do pseudo-Bernal a acumular as palavras para tirar delas um efeito literário já se encontra no Cortés da "Primeira Relação", datada de 10 de julho de 1519. Por exemplo, ele explica que Grijalva foi ferido por conta de um combate em que os índios lutavam "com seus arcos, suas flechas, suas lanças e seus escudos".[13] Precisa ao rei que os conquistadores têm o desejo "de fazer crescer a coroa real, aumentar suas posses e multiplicar seus recursos".[14] Envia-lhe "ouro, joias, pedras finas e penas preciosas".[15] De certo, na "Segunda relação", que é consagrada à descrição da cidade e do Vale da Cidade do México, as enumerações são tão precisas na situação que não parecem um procedimento literário; mas a pena de Cortés se apraz em construir tais listas estendidas... Eis os pássaros dessa terra: "galinhas, perdizes, codornas, patos selvagens, papa-moscas, cercetas, pombas, pombos, pássaros em festuca, papagaios, *búcaros*, águias, fal-

11 "*Pues quiero decir las muchas señoras, mujeres de conquistadores y otros vecinos de México, que estaban a las ventanas de la gran plaza, y de las riquezas que sobre si tenían de carmesí y sedas y damascos y oro y plata y pedrería, que era cosa riquísima.*" (Ibid., cap.CCI, p.546.)

12 "*Y les sirvieron de mazapanes, alcorzas y diacitrón, almendras y confites.*" (Ibid.)

13 "[...] *gran número de indios y gente de guerra, con sus arcos y flechas y lanzas y rodelas.*" (Cortés, H. *Cartas de relación*, p.9.)

14 "[...] *deseosos de ensalzar su corona real, de acrecentar sus señoríos y de aumentar sus rentas.*" (Ibid., p.18.)

15 "*oro y joyas y piedras y plumajes*" (Ibid., p.24).

ções, gaviões e francelhos".[16] Depois da ornitologia, Cortés passa para a botânica: "Encontram-se todos os legumes que se quiser, diz, a respeito do mercado da Cidade do México, cebolas, alhos-porós, alho, salada, agrião, borragem, azeda, acelga e dente-de-leão".[17]

Mas há algo mais estranho ainda: a *História verídica* possui um verdadeiro marcador estilístico em que transparece a mão de Cortés, que é o recurso ao binarismo. Do início ao fim da crônica, o narrador emprega o que poderia aparecer como um tique de linguagem: ele reúne dois sinônimos ou duas palavras de sentido complementar para evocar uma só ideia. Por exemplo, Cortés não escreve "os chefes", mas "*los caciques y señores*", literalmente "os chefes e os senhores"; da mesma maneira, o soberano asteca é "rei e senhor", a bravura é "coragem e valentia". Cortés vai então falar de "festas e de regozijo", de "regalos e de presentes", de "rosas e de flores". Torna-se inútil prosseguir na enumeração desses binômios: estão por todas as páginas. Que tal procedimento acaba por conferir um estilo ao conquistador anônimo imaginado por Cortés, não há dúvida. Mas esse modelo sintático não nasceu do nada. Apenas transpõe em língua espanhola uma forma de expressão amplamente empregada... em nauhatl! Na língua asteca, digamos na língua pecaminosa falada pela elite letrada, o recurso ao binarismo era uma obrigação ardente. Essa dualidade de expressão podia se traduzir por dois sinônimos acoplados, por

16 "[...] *gallinas, perdices, codornices, lavancos, dorales, zarcetas, tórtolas, palomas, pajaritos en cañuela, papagayos, búharos, águilas, halcones, gavilanes y cernícalos* [...]" (Ibid., p.63.)

17 "*Hay todas las maneras de verduras que se hallan, especialmente cebollas, puerros, ajos, mastuerzo, berros, borrajas, acederas y cardos y tagarninas.*" (Ibid., p.63.)

exemplo, "o preto, o sombrio", espécie de redundância própria a manifestar a competência lexical do locutor, ou por palavras de sentido vizinho mais susceptíveis de trazer nuances; por exemplo, "alimentar-se" se dizia "beber e comer"; a cor branca podia ser dita "o sal, a garça" [*in iztatl, in aztatl*], o que, notemos bem, compõe uma aliteração elegante. Mas esse binarismo constitutivo do pensamento asteca recebe maior agregação de valor em seu uso metafórico. O sacrifício humano se dizia "a água, o fogo"; um espião, "um olho, um ouvido"; uma mulher amada se via chamada de "minha pluma preciosa, meu colar de pedras finas"; para evocar o saber, empregava-se a expressão "o negro, o vermelho", que remetiam às cores das tintas com as quais escreviam. E assim, ao infinito.[18] Tendo em vista o que se sabe de Cortés, de sua busca pela mestiçagem, de seu desejo de introdução de palavras indígenas na língua hispânica, é certo que esse uso do binarismo seja intencional. O conquistador não se limita ao campo do léxico; do náhuatl autóctone, ele se apropria de várias expressões. Quem senão ele poderia se prestar a essa fusão cultural? Sem contar que, diversas vezes, o surpreendemos em flagrante delito: em náhuatl, "mulher" se diz "uma saia, uma blusa" [*in cueitl, in quechquemitl*]; ora, no decorrer de uma descrição, advém em sua escrita o binômio *nagua y camisa*,[19] ou seja, a expressão fixa "saia e blusa". Inúmeras

18 A água, o fogo: "*in atl, in tlachinolli*"; um olho, um ouvido: "*in ixtelolotli, in nacaztli*"; minha pena preciosa, meu colar de pedras finas: "*noquetzalli, nocozcatl*"; o preto, o vermelho: "*in tlilli, in tlapalli*". Sobre essa dualidade iterativa do falar náhuatl, ver, por exemplo, Olmos, *Arte para aprender la lengua mexicana*. In: Siméon (ed.), *Grammaire de la langue nahuatl ou mexicaine*, p.211-64.

19 Castillo, op. cit., cap.CXXXV, p.279.

vezes Cortés emprega na *História verídica* a fórmula "a espada, o escudo" [*espada y rodela*]: trata-se do nome metafórico da guerra entre os astecas.

É interessante observar que esse recurso ao binarismo não está presente na "Primeira relação", que narra a história da descoberta do México de 1517 até o dia 10 de julho de 1519. Mas, a partir da "Segunda relação", cujo ponto final data de 30 de outubro de 1520, essa escansão instala-se exuberante na prosa do conquistador.[20] Não há como se enganar sobre o emprego de tais fórmulas binárias: por um lado, constituem um elemento que marca a personalidade estilística de Cortés; por outro, se

20 Desde as primeiras linhas da "Segunda relação", o leitor é levado por esse ritmo tão particular. Em vez de dizer "conquista", Cortés escreve "conquista e pacificação" [*conquista y pacificación*]; em vez de "cidades", "cidades e vilas" [*ciudades y villas*]; em vez de "povoados", "povoados e vilarejos" [*aldeas y alquerías*]. Em vez de escrever "sacrificar aos ídolos", Cortés emprega o binômio "matar e sacrificar" [*matar y sacrificar*]. Os índios, em combate, são "corajosos e hábeis" [*multitud animosa y diestra en el pelear*]; se declaram "súditos e vassalos" do rei da Espanha [*súbditos y vasallos*]; o conquistador assina com eles documentos registrados em cartório que são "escrituras e autos" [*escrituras y autos*]. Esses poucos exemplos são provenientes das primeiras páginas da "Segunda relação", op. cit., p. 32 et seq. Há ainda outros exemplos de binarismo nessas primeiras páginas: "*muy seguros y pacíficos*", "*muy grande y real poder*", "*muy ciertos y leales*", "*bien tratados y favorecidos*", "*criados y amigos* [de Diego Velázquez]", "*tierras y provincias*", "*ritos y ceremonias*", "*muy honrado y favorecido*", "*costa y puerto*" etc. O binarismo está igualmente muito presente na "Terceira relação". Quando Cortés emprega para Ixtlilxochitl, jovem príncipe de Texcoco, o duplo epíteto "amado e temido por todos" [*amado y temido de todos*], ele apenas utiliza a expressão cristalizada, "temido e venerado", que era um qualificativo tradicional dos soberanos na língua dos astecas. (Ibid., p.138.)

manifestam *após* sua instalação no México. A permeabilidade do ouvido cortesiano aos ritmos do náhuatl parece acompanhar a sedução causada pelos charmes de Malinche. O processo de fascinação vivido diante da cultura mexicana iniciou-se muito cedo no *extremeño*; as aulas noturnas de sua jovem companheira deram seus frutos. Cortés, ao compreender o mundo indígena, começou a amá-lo. Seria isso tão difícil para o apóstolo da mestiçagem, interessar-se pela dualidade das palavras e das coisas? De todo modo, é impossível não associar uma origem náhuatl para o emprego da duplicação lexical. Não se trata de uma redundância fortuita, mas de uma marca de mestiçagem. Querendo cristalizar nas palavras tal osmose cultural que o habitou por toda a vida, Cortés assinou sem dúvida a *História verídica*. Só se inventa o que se conhece.

Aliás, se fosse preciso ainda se convencer, poderíamos encontrar outras assonâncias entre as *Cartas de relación* e a crônica do pseudo-Bernal. Na *História verídica*, o narrador emprega um "nós" coletivo que sabe deslizar para um "eu", consignando aqui e ali comentários mais subjetivos. Nas *Cartas*, no sentido inverso, Cortés recorre de preferência à primeira pessoa do singular sem hesitar em passar para a primeira pessoa do plural para incluir sua tropa na trama da narrativa. Nos dois casos, o exercício – em si perigoso – é sutilmente efetuado; a narração permanece pessoal ao mesmo tempo que põe em relevo os feitos do exército inteiro. O domínio do procedimento é igual nas duas obras. Folheemos ao acaso as cartas de Cortés e sigamos seus passos: "Tendo deixado a fortaleza sob boa guarda, tentei uma nova saída; consegui, então, tomar algumas pontes e queimar algumas casas. E nós matamos um grande número dentre aqueles que as defendiam".[21] Em contrapartida, ouçamos a música da *História verídica*:

> Frequentemente, agora que estou velho, relembro os momentos heroicos que vivemos. Parece-me que os vejo como se estivessem presentes. E digo-me que nossas realizações, não as fizemos nós mesmos. Fomos guiados pela mão de Deus. Pois, enfim, existiria no mundo homens que ousassem entrar sendo quatrocentos – e, aliás, não éramos tantos soldados – numa praça central do tamanho da Cidade do México, que é maior do que Veneza, longe de tudo, a mais de 1.500 léguas de Castela e que ousassem aprisionar o chefe e apreender seus capitães na vista do mesmo?[22]

Tomemos ainda outro exemplo. A crítica se extasiou, com razão, diante da exclamação de Bernal Díaz del Castillo ao descobrir, pela primeira vez, o Vale da Cidade do México. Lembremo-nos: o soldado-cronista procura suas palavras diante do indizível. "Não sei como narra essas coisas que estávamos vendo, essas coisas absolutamente desconhecidas, e que nem

---

21 "[...] *yo torne a salir y les gané algunas de las puentes y quemé algunas casas, y matamos muchos en ellas que las defendían* [...]" (Ibid., p.79.)

22 "*Muchas veces, ahora que soy viejo, me paro a considerar las cosas heroicas que en aquel tiempo pasamos, que me parece las veo presentes, y digo que nuestros hechos que no los hacíamos nosotros, sino que venían todos encaminados por Dios; porque ¿qué hombres ha habido en el mundo que osasen entrar cuatrocientos soldados* (*y aun no llegábamos a ellos*), *en una fuerte ciudad como es México, que es mayor que Venecia, estando apartados de nuestra Castilla sobre más de mil quinientas leguas, y prender a un tan gran señor y hacer justicia de sus capitanes delante de él?*" (Castillo, op. cit., cap.XCV, p.185.)

tinham sido sonhadas."[23] Comparemos agora com a versão que consta da "Segunda relação" de Cortés:

> Como seria eu capaz de dizer o centésimo do que haveria para ser dito? Pergunta-se Hernán. Darei o melhor para contar o que vi. Mas, embora narradas de maneira tão incompleta e tão imperfeita, tais coisas vão se revelar tão extraordinárias que parecerão inacreditáveis. Pois, o que vemos aqui, com nossos próprios olhos, não podemos compreender, pois são coisas que ultrapassam o entendimento.[24]

Nos dois casos, a preocupação do autor é a mesma. Escreve uma relação cuja matéria inteira é inimaginável: como, então, fazer parecer história aquilo que tem aparência de ficção? Pois, nessa epopeia, até mesmo a realidade tem a cor dos sonhos. Em um jogo de ecos, que tem valor de autógrafo, Cortés formula tal ideia, uma primeira vez em sua *Carta de relación* de 1520, uma segunda vez em seu testamento literário que é a *História verídica*.

Que essa última obra tenha sido escrita por um Cortés acadêmico em Valladolid, isso resolve o problema do acesso aos livros, da excelente cultura geral do narrador e de suas influências estilísticas, tudo o que causava problemas insolúveis

23 *"No es de maravillar que yo escriba aquí de esta manera, porque hay mucho que ponderar en ello que no sé como lo cuente: ver cosas nunca oídas, ni aun soñadas, como veíamos."* (Ibid., cap.LXXXVII, p.159.)

24 *"No podré yo decir de cien partes una, de las que de ellas se podrían decir, mas como pudiere diré algunas cosas de las que vi, que aunque mal dichas, bien sé que serán de tanta admiración que no se podrán creer, porque los que acá con nuestros propios ojos las vemos, no las podemos con el entendimiento comprender."* (Cortés, H. *Cartas de relación*, p.62.)

com um Bernal Díaz del Castillo guatelmateco. É indubitável que Hernán tenha os meios financeiros e os contatos necessários que lhe permitam ter acesso a todos os livros que deseja, incluindo os livros proibidos, ou mesmo certos manuscritos. A única impossibilidade notória remete para Illescas, que é uma referência introduzida por um terceiro, posteriormente ao ano de 1573, e sobre a qual falaremos adiante. Mas Cortés antecipa sobre a publicação de Gómara, assim como o faz sobre aquela de Jovio. É completamente possível que Hernán tenha incluído a referência ao inventor do Museu, pois lhe havia dado seu acordo para figurar nos *Elogios* e enviado seu retrato. Na cabeça de Cortés, colocar na ponta da pena de seu conquistador mercenário uma reflexão pejorativa com relação ao elitista Jovio reforçava o toque popular de seu personagem. Seguindo o mesmo raciocínio, Cortés cita Las Casas a partir de suas próprias conversas com o recém-nomeado bispo de Chiapas e sobre a fé nos manuscritos do dominicano que circulam pela Corte.

Se quisermos, no entanto, destacar as influências literárias recebidas por Cortés e identificáveis na *História verídica*, podemos reconhecer três dentre elas: de Fernando de Rojas, o autor famoso de *A celestina*, primeiro romance das letras espanholas, publicado em 1499 em Burgos, Hernán apropriou-se da técnica da enumeração. Rojas, de fato, é excelente para provocar um efeito cômico com longas tiradas em que se apraz em empilhar as palavras. Isso se tornará uma marca registrada da *História verídica*. De Rojas, Cortés também recuperou uma referência ao *romancero Mira Nero de Tarpeya*. No ato I de *A celestina*, o personagem principal, Calixto, apaixonado por Melibea, que o rejeita, pede a seu serviçal, Sempronõ: "Cante-me a canção mais triste que conheces".

E Sempronõ responde citando o famoso verso[25] que Cortés coloca na boca de um "bacharel" depois da derrota de seu exército, expulso da Cidade do México no dia 30 de junho de 1520 (cf. *supra*, p.132). Pelo jogo de tal referência, Cortés nos revela que essa noite de derrota foi a noite mais triste que ele jamais conhecera. Poderia ele saber que ela passaria para a posteridade sob o nome de *La Noche Triste*?

De Rojas, ainda, o marquês copia... o anonimato. E também a opacidade de sua biografia. Esse autor, cuja vida é envolta de mistério, desejou apagar-se por detrás de sua obra. Mas, mesmo assim, chegou a criptografar sua assinatura. Seu livro se inicia com uma peça de 88 versos acrósticos em que ele dá discretamente seu nome e lugar de nascimento. Para conseguir a resolução do enigma do falso anonimato é preciso saber que as letras iniciais de cada um dos 88 versos compõem uma frase explícita![26] Cortés gosta desse jogo de dissimulação que irá inspirá-lo a criptografar, por sua vez, a *História verídica*.

A segunda influência significativa – que saltava aos olhos com Bernal – é a influência da cultura francesa. Espantamo-

25 O diálogo é o seguinte:
"*Calixto — Tañe y canta la más triste canción que sepas.*
Sempronio — 'Mira Nero de Tarpeya/ a Roma cómo se ardía;/ gritos dan niños y viejos/ y él de nada se dolía.'
Calixto — Mayor es mi fuego y menor la piedad de quien ahora digo". (Rojas, *La celestina*, p.42-3.)

26 Tomando as iniciais de cada verso do poema introdutório de *A celestina*, pode-se ler "*El bachiler Fernando de Rojas acabó la comedia de Calisto y Melibea e fue nascido en la Puebla de Montalvan*" (Ibid., p.25-8). Esses versos acrósticos aparecem na edição de Sevilha de 1501, publicada por Estanislao Polono. A versão inicial de Burgos (1499) era anônima.

-nos, ao longo de nossa pesquisa, de ver Díaz del Castillo mencionar ou citar obras francesas como *A canção de Rolando*, *A canção de Aïol* ou *O romance de Alexandre*. Indicamos, por outro lado, que os linguistas identificam na crônica uma série de galicismos inexplicáveis na escrita de um guatemalteco. O caso torna-se natural ao saber quantos franceses havia na academia cortesiana. Essa presença em força dos navarros no primeiro círculo de amizade do marquês até hoje não recebeu explicação. Mas constitui um fato consumado. Tal inclinação de Cortés pela França remete, talvez, para uma conjuntura que fez que procurasse proteção junto de Francisco I quando o conquistador explorava a pista da independência da Nova Espanha. No entanto, há provavelmente por trás desse mistério francês um segredo de família. Ligado ao pai de Martín. Há uma forte presunção em considerar que o pai de Cortés fale francês. Foi quem, lembremos, em 1522 negociou diretamente com Carlos V a nomeação de Hernán para as funções de capitão geral da Nova Espanha. Ora, Carlos V, sabe-se, não fala nem latim nem espanhol; só se expressa em francês. A conversa deve ter, necessariamente, ocorrido em francês. Teriam recorrido a um intérprete ou Martín Cortés de Monroy era francófono? A questão torna-se mais complexa quando se observa que Cortés cita o *romancero Cata Francia Montesinos* (cf. *supra*, p.131-2). O tema gira em torno de um filho que vinga seu pai injustamente condenado ao exílio. No poema, a família é francesa e o exílio, espanhol. O filho tornado adulto decide partir a Paris em vista de castigar o traidor que tinha, vinte anos antes, afastado seu pai para tomar-lhe o lugar. Quem se esconde por trás do rosto de Tomillas, "o inimigo mortal", no mais belo palácio de Paris? Pressente-se que Cortés, com sua psicologia muito clânica, fornece uma chave para sua determinação inverossímil; sua epopeia mexicana poderia ser motivada pelo desejo de vingar a honra de seu pai. Mas, qual terá sido a natureza da desonra sofrida? E em quê a francofonia seria um remédio para tal humilhação familiar? Aí reside o mistério dessa equação com três desconhecidos: Medellín, Paris, Cidade do México. O marquês do Vale, ao cabo de sua vida, levantou apenas a ponta do véu.

A última influência marcante que encontramos na *História verídica* é a de Antonio de Guevara. O *Livro de ouro de Marco Aurélio* publicado em 1528 serve de filigrana a todo manuscrito de Cortés. Já em dívida com o franciscano por seu personagem, ele toma ainda emprestado fundamentos da cultura antiga, bem como sua maneira de transpor para a época atual lições do passado. A cultura do narrador da *História verídica* encontra-se totalmente no livro de Guevara. Precisamos de uma prova desse parentesco? Todos os comentadores quebraram a cabeça para saber de onde Bernal Díaz del Castillo tinha tirado as referências para as "53 batalhas de Júlio César".[27] A resposta é sem grande equívoco: Cortés aparece como um bom leitor de Guevara. De fato, o franciscano fala de 52 batalhas.[28] O capitão

---

27 "*Me hallé en muchas más batallas y reencuentros de guerra que dizen los escritores que se halló Julio César en cincuenta y tres batallas.*" (Castillo, op. cit., cap. CCXII B, p.593.)

28 "*¡O, quántos y quántos se cometen a los baybenes de la fortuna sólo por dexar de sí alguna memoria! Pregunto: ¿quién hizo al Rey Nino inventar tantas guerras, a la Reyna Semíramis hazer tantos edifiçios, a Ulixes navegar tantas mares, Alexandro Maçedo peragrar tantas tierras y poner a las vertientes de los montes Ripheos sus aras, a Hércoles, griego, poner donde puso las columnas, a Cayo Çésar, el romano, dar çinqüenta y dos peligrosas batallas?*" (Guevara, *Libro áureo de Marco Aurelo*, prólogo.)

geral acrescentou, sub-repticiamente, a sua, a qual revela ao escrever sua conquista do México, assim como o imperador romano havia escrito sua guerra das Gálias. A prova da familiaridade de Cortés com a obra de Guevara também se cristaliza no caso do "Camponês do Danúbio". O tema foi popularizado por La Fontaine que compôs, então, uma fábula célebre começando por uma frase que se tornou um provérbio: "Não se deve julgar as pessoas pela aparência". O fabulista narra com seu talento habitual o discurso comovente que um germano hirsuto e pobremente vestido fez diante do senado de Roma. Com uma eloquência comovente, o camponês do Danúbio denunciou o julgo da ocupação romana. Em seguida, tendo consciência de ter proferido uma verdade que não era boa de dizer, estende para os senadores sua espada e pescoço, oferecendo-se em sacrifício. Longe de executá-lo, o senado o enobrece e chama de volta seus associados para a Germânia.[29] Esse episódio, evidentemente inventado do início ao fim, é colocado na boca de Marco Aurélio por Guevara, no *Livro de ouro*[30]e n'*O relógio dos príncipes*.[31] Ora, a *História verídica* faz aqui uma citação explícita.[32] Cortés, porém, desviou a moral da fábula. Aproveita para ridicularizar um certo Miguel Díaz de Auz, de personalidade belicosa, que achou de bom tom encenar também a cena do Da-

29 La Fontaine, *Fables choisies mises en vers par M. de la Fontaine*, parte IV, livro XI, fábula 7. La Fontaine evidentemente se inspirou em Guevara, célebre autor, que ele pôde ler em inúmeras traduções francesas.

30 Guevara, *Libro áureo de Marco Aurelio*, livro I, cap.31 e 32.

31 Id., *El Reloj de Príncipes*, livro III, cap.3, 4 e 5.

32 Castillo, op. cit., cap.CXXXIII, p.275. A nota 105 de Joaquín Ramirez Cabañas mostra que ele se enganou na paleografia do *Manuscrito de Guatemala*. Deve-se ler, então, "*villano del Danubio*", *e não* "*villano de* [*nombre*] *Abubio*". O episódio foi suprimido na edição de Remón.

núbio diante do Conselho das Índias; depois de ter falado mal de Cortés, deitou-se aos pés dos conselheiros dizendo: "Que eu morra se estiver mentindo". O Conselho das Índias – que talvez não tivesse lido Guevara – detestou a encenação. Díaz de Auz foi expulso da sala da audiência e condenado por todos os chefes de seu processo. Sejamos claros, citar a história do camponês do Danúbio mostra que se leu Antonio de Guevara. Sendo assim, Cortés assina sua dívida para com o seu grande inspirador.

Um dos traços de personalidade mais fascinantes de Cortés é seu gosto pelos arquivos. Nem todos os chefes de guerra se embaraçam com tal preocupação. De fato, raros são aqueles que têm o desejo de fazer obra de historiador. Aqui, não há dúvida de que o marquês do Vale levava sempre consigo os arquivos de suas ações na conquista. É graças a esse tesouro piamente acumulado que a *História verídica* pôde ser escrita: signatário de todos os contratos de sua tropa, organizado para conservar os duplos de todos os documentos administrativos que tinha engendrado, de todas as cartas e notas, Cortés pôde reunir a imensa documentação necessária à redação de sua crônica. O segredo da fabulosa memória de Bernal Díaz del Castillo reside naturalmente nas caixas de arquivos do capitão geral. Essa observação traz uma bela interrogação: Cortés teria procedido de tal forma por um cuidado de juridismo bem compreensível ou quis ele se dar os meios de poder um dia escrever – ou fazer escrever – a história de sua epopeia? Seu recurso aos arquivos garante, de todo modo, sua seriedade e também sua credibilidade. Excetuando as vaidades do narrador que, em razão da velhice ostentada, finge ter esquecido um ou outro detalhe, e as interpolações póstumas que marginalmente vieram desnaturar algumas páginas do manuscrito original, a *História verídica* praticamente só contém informações válidas, como mostram os arquivos ainda hoje existentes[33] que se pode cotejar. O testemunho é, pois, do mais alto valor. No entanto, é-nos impossível julgar os silêncios de Cortés: em sua crônica, o que é dito é verdadeiro, mas qual é a parte de não dito?

Assim, a *História verídica* é repleta de espírito crítico; de um lado, trata-se do gênero escolhido por Cortés, do outro, o fato de escrever no limiar de sua vida autoriza o conquistador a fazer o julgamento de sua própria ação. O momento mais tocante é provavelmente o do enforcamento do Cuauhtemoc na selva do Petén. Durante sua expedição a Las Hibueras, Cortés tinha levado com ele os soberanos derrotados da tripla aliança, temendo que se organizasse um levante na Cidade do México durante sua ausência. Durante a viagem, Cuauhtemoc teria incentivado o chefe de Acalan, aldeia perdida na floresta, a massacrar os espanhóis com a ajuda de 3 mil guerreiros mexica que caminhavam com Cortés. O chefe da Nova Espanha

33 Há, pois, matéria para causar surpresa. Sabe-se o que deveu Cortés a Gerónimo de Aguilar, esse náufrago que tinha aprendido o maia na costa caribenha de Yucatán. Ele serviu como intérprete direto nos primeiros contatos com os maias do Tabasco; depois, durante a conquista do México, Malinche traduzia em maia o que os astecas diziam em sua língua, o náhuatl, e Aguilar traduzia o maia para o espanhol. A *História verídica* indica que Aguilar morreu de sífilis (*bubas*) em 1524, pouco antes da partida da expedição de Las Hibueras (cap.CLXXIV, p.458, e cap.CCV, p.571). Ora, um Gerónimo de Aguilar testemunhará contra Cortés em 1529, no famoso *juicio de residencia* conduzido por Nuño de Guzmán (ver Martínez, *Documentos cortesianos*, t.II, p.64-72). Trata-se do mesmo homem? Por que Aguilar teria traído Cortés? Nessa circunstância, a *História verídica* parece estar, dessa vez, em contradição com os arquivos.

tomou, então, a decisão de executar os antigos chefes mexicanos e, jogando com a duplicação da personalidade, Cortés faz o narrador escrever: "Na verdade, senti uma grande dor na morte de Guatemuz e de seu primo [o chefe de Tacuba]. Considerava-os grandes senhores... e essa morte que lhes foi dada, nos pareceu injusta e discutível a nós que estávamos presentes nessa expedição".[34] Aqui Cortés dá claramente a palavra a seu remorso.

Sem querer multiplicar os exemplos, constatamos que a *História verídica* é semeada de indícios que traem a personalidade de Cortés. Transparece por toda parte, a cada página, esse amor pelo México, vibrante e palpável. Trata-se, na verdade, de um amor muito particular, ao mesmo tempo sensual e intelectual. Não somente o chefe da Nova Espanha comove-se diante das paisagens americanas que passam do torpor tropical às estepes do Altiplano; mas sente, espiritualmente, uma admiração pelos mexicanos, a quem concebe como parceiros e aliados. Nunca como inimigos. Quem mais do que Cortés poderia ser esse conquistador fascinado por seus adversários? Suas palavras soam bastante elogiosas para "o grande Montezuma" e também para os outros senhores astecas. Admira sem cessar a bravura dos combatentes indígenas, elogia cada vez que pode a beleza das mulheres mexicanas, todas as princesas índias dadas a seus capitães são "atraentes" [*hermosas*]. Naturalmente a palma recai sobre doña Marina, que tem direito a nada menos que uma centena de menções. E os qualificativos florescem sobre a pena

34 "*Y verdaderamente yo tuve gran lástima de Guatemuz y de su primo, por haberles conocido tan grandes señores... Y fue esta muerte que les dieron muy injustamente, y pareció mal a todos los que íbamos.*" (Castillo, op. cit., cap.CLXXVII, p.470.)

do conquistador; todos prestam homenagem a sua extraordinária personalidade feita de feminilidade e de "coragem viril". "Nunca vimos nela a menor fraqueza", escreve o narrador.[35] Eis, pois, o julgamento de um homem de guerra apaixonado!

Podemos também encontrar a psicologia cortesiana no tom azedo empregado contra a Coroa. O narrador não perde uma ocasião de fustigar Juan Rodríguez de Fonseca, o bispo de Burgos, que foi presidente do Conselho das Índias e inimigo pessoal de Cortés. Diego Velázquez, governador de Cuba, tampouco é poupado. Todos os asseclas são tratados duramente, em especial Pánfilo de Narváez e seus homens. Francisco de Garay, que contestou a soberania de Cortés e foi nomeado governador de Panuco, passa para o crivo da história sob os traços de um escravagista e de um incapaz. Um soldado raso não demonstraria tanto orgulho em defender seu chefe, nem sofreria tanta imersão no jogo do poder político.

Inúmeros comentadores tacharam, aliás, Bernal Díaz del Castillo de pretensioso: ou julgaram vaidoso, às vezes mesmo petulante. Está certo. Por parte de um guerreiro patenteado, certas alusões, certas anotações, podem parecer excessivas. Digamos, antes, que são incompreensíveis. Mas se as colocamos na boca de Cortés, então tomam todo seu sentido e justificação. O desejo de eternidade que atravessa a *Historia verídica* é ao mesmo tempo aquele do chefe de guerra que conhece o justo valor de seus feitos e aquele do escritor que recorre a palavras para passar à posteridade. Essa fé em si próprio, que combina

---

35 *"Dejemos esto y digamos cómo doña Marina, con ser mujer de la tierra, qué esfuerzo tan varonil tenía, que con oír cada día que nos habían de matar y comer nuestras carnes con ají, y habernos visto cercados en las batallas pasadas, y que ahora todos estábamos heridos y dolientes, jamás vimos flaqueza en ella, sino muy mayor esfuerzo que de mujer."* (Ibid., cap.LXVI, p.115.)

com uma inalterável confiança no julgamento da história, não seria uma marca da personalidade de Cortés?

Terminemos decifrando algumas piscadelas de olho que nos dirigiu o conquistador do México em suas memórias póstumas. Após o obituário, no final do capítulo CCVI – que, acredita-se, Cortés havia concebido como capítulo final –, figura um texto em que o autor se descobre. Nele encontramos um subentendido bastante simbólico e uma confissão explícita.

> Dois fidalgos curiosos viram e leram o texto precedente que elenca todos os capitães e todos os soldados que, desde a ilha de Cuba, passaram pela Nova Espanha junto com o aventuroso e valente dom Hernando Cortés, marquês do Vale. Nesse texto, descrevo a aparência deles, a proporção de seus corpos, de seus rostos, indico-lhes a idade, condição, terra de origem e lugar de morte. E tais fidalgos me disseram o quanto se surpreendiam e se maravilhavam em ver como, depois de tantos anos, eu conseguia tão bem me lembrar de todos esses homens. A isso respondo... que não convém se maravilhar. Pois, na Antiguidade, houve reis e chefes valentes que, quando faziam a guerra, conheciam o nome de todos os soldados. Os conheciam individualmente e os chamavam pelo nome. Sabiam até de que província, de que região, de que nação eram nativos. E nessa época, era frequente que um exército comportasse mais de 30 mil homens. E os textos dizem que Mitridate, rei do Ponto, era um desses que conhecem seu exército. Pirro, rei do Épiro, foi outro... Diz-se também que Aníbal, rei de Cártago, conhecia seus soldados; e mais perto de nós, o bravo e grande capitão Gonzalo Fernandes de Córdoba conhecia todos os soldados que formavam seus batalhões; e o mesmo aconteceu com muitos outros valentes capitães. E acrescento que tenho em mente todos eles, os tenho tão presentes na mente e na

memória que se tivesse sabido pintar ou esculpir-lhes o corpo, o rosto, a postura, o jeito de ser, tanto quanto a célebre Apele ou, para tomar os artistas de nosso tempo, tanto quanto Berruguete, Michelangelo ou o famoso Burgalês, do qual se diz ser um outro Apele, poderia eu desenhar muito naturalmente; poderia mesmo mostrar a coragem que eles demonstravam no combate. E graças a Deus e ao Nosso Senhor Jesus Cristo, que me poupou de ser sacrificado aos ídolos e me salvou de tantos perigos, posso hoje escrever essas memórias e essa relação.[36]

---

36 "*Y dos caballeros curiosos* [*que*] *han visto y leído la memoria atrás dicha de todos los capitanes y soldados que pasamos con el venturoso y esforzado don Hernando Cortés, marqués del Valle, a la Nueva España desde la isla de Cuba, que pongo por escrito sus proporciones así de cuerpo como de rostros y edades, y las condiciones que tenían, y en qué parte murieron y de qué tierra eran, me han dicho que se maravillan de mí que cómo a cabo de tantos años no se me ha olvidado y tengo memoria de ellos. A esto respondo y digo que no es* [...] *de maravillar de ello, pues en los tiempos pasados hubo grandes reyes y valerosos capitanes que andando en las guerras sabían los nombres de sus soldados y los conocían y los nombraban, y aun sabían de qué provincias o tierras o regiones eran naturales, y comúnmente eran en aquellos tiempos cada uno de los ejércitos que traían de más de treinta mil hombres, y dicen las historias que de ellos han escrito que Mitrídates, rey de Ponto, fue uno de los que conocían a sus ejércitos, y otro fue el rey Pyrrho, rey de los Epirotas* [...] *También dicen que Aníbal, gran capitán de Cartago, conocía a sus soldados, y en nuestros tiempos el esforzado y gran capitán don Gonzalo Hernández de Córdoba conocía a todos los más soldados que traía en sus capitanias; y asi han hecho otros muchos y valerosos capitanes; y más digo que si como ahora lo tengo en la mente y sentido y memoria, supiera pintar y esculpir sus cuerpos y figuras y talles y maneras y rostros y facciones, como hacía aquel muy nombrado Apeles, o los de nuestros tiempos Berruguete y Micael Ángel, y el muy afamado Burgalés, que dicen que es otro Apeles, dibujara a todos los que dicho tengo al natural, y aun según cada uno entraba en las batallas y el gran ánimo que mostraban. Y gracias a Dios y a Nuestro Señor Jesucristo que me escapó de no ser sacrificado a los ídolos y me libró de muchos peligros y trances para que ahora haga esta memoria y relación.*" (Ibid., cap.CCVI, p.576-7.)

Aproveitemos a ocasião para levantar o véu sobre um pequeno mistério que soube resistir a todos os comentadores de um século e meio para cá. Na lista dos artistas contemporâneos proposta pelo narrador, inscrevem-se três nomes: Berruguete, Michelangelo e "o famoso *burgalês*". Burgalês significa "nativo de Burgos". Quem é então esse mestre da pintura do século XVI, aqui nivelado aos maiores artistas e que, no entanto, permaneceu desconhecido, tendo Cortés se contentado em designar seu lugar de nascimento? Trata-se na realidade de um erro vindo do copista.[37] Hernán havia escrito o famoso *Borgoñes*, designando Jean de Bourgogne ou Juan de Borgoña, assim chamado "*le Bourguignon*", "el Borgoñes". Grande mestre do Renascimento, esse pintor francês foi o discípulo de Pedro Berruguete, do qual terminou algumas obras na catedral de Ávila. Mais tarde ele se tornaria ilustre pelo seu trabalho na catedral de Toledo, em especial pelos quinze afrescos dedicados à Virgem que pintou na sala capitular. Cortés, que viveu em Toledo em 1528, não deixou de ser sensível à fineza desse artista que tinha o dom de idealizar a beleza de seus modelos e

37 O erro é desculpável. As palavras *Borgoñés* e *Burgalés* possuem ambas oito letras; a grafia de Borgoñés hesita, no século XVI, entre *Borgonès* e *Burgoñés*; o *a* e o *o* possuem traçados vizinhos, os quais é preciso adivinhar nos manuscritos; o erro fica então por conta da única confusão entre um *n* e um *l*. É curioso que essa pequena distração de copista nunca tenha sido corrigida. Observemos que o escriba do *Manuscrito de Guatemala* foi falho em outras passagens desse capítulo. Por exemplo, os epirotas se tornaram *ipirotas*, seu rei Pyrrhus se tornou *Epiro* (corrigido em "*Egipto*" por Ramírez Cabañas!), e linhas foram puladas, tornando o texto incompreensível em alguns lugares.

que Cortés inclui com razão em sua curtíssima lista dos grandes pintores de sua época.[38]

Ao explorar sua metáfora da pintura, observa-se que Cortés cita unicamente um artista da Antiguidade, Apeles de Cos, que viveu no século IV a.C. Há seguramente por trás desse nome uma mensagem subliminar. Em primeiro lugar, Apeles foi o pintor oficial de Alexandre, o Grande, único pintor autorizado a fazer seu retrato. Cortés escolheu seu campo: os grandes deste mundo! Em segundo lugar, Apeles cristaliza um paradoxo: enquanto passa por um dos melhores pintores de seu tempo, não se conhece nenhum de seus quadros! Apenas possuímos de sua obra... descrições literárias que chegaram até nós através de Plínio, o Antigo, Ovídio e Luciano de Samosate. Compreende-se que Cortés tenha se interessado por esse assunto: a vida de Apeles confirmava sua ideia de que a perenidade passa pela escrita. Uma anedota teria também chamado a atenção do conquistador. Enquanto Alexandre encarregara Apeles de fazer o retrato de sua amante Campaspé, ele descobriu que o pintor tinha se apaixonado pelo seu modelo. Alexandre lhe ofereceu então sua amante, mas levou o quadro; trocou assim a beleza efêmera pela eternidade da arte. Mas, com certeza, foi outro quadro que tocou a sensibilidade de Cortés: *A calúnia*. Após a morte de Alexandre, o Grande, Apeles tinha

38 Juan de Borgoña esteve ativo em Toledo entre 1509 e 1518. Na catedral, deve-se a ele, além da série mariana da sala capitular, os retratos de bispos do vestíbulo, os enfeites do altar de três capelas laterais (Trindade, Epifania, Conceição) e os três afrescos da conquista de Oran, pintados na capela Mozarabe. Agradeço a Alain Mérot, professor de história da arte na Universidade Paris-Sorbonne, por ter me ajudado a resolver o enigma do *Burgalés*.

ido ao Egito, para se juntar à Corte de Ptolomeu. Um dia, Apeles foi denunciado ao soberano por um pintor ciumento e pouco talentoso. Inicialmente preso, Apeles foi finalmente agraciado; o rei reconheceu a calúnia e condenou o acusador a se tornar o escravo do pintor. Apeles aproveitou para inventar um gênero novo na pintura: a alegoria. Foi assim que começou a pintar *A calúnia*, no qual vários personagens representavam conceitos: a calúnia obviamente, mas também a verdade, o remorso, a sedução, a trapaça, a inveja ou a vingança. *A calúnia* de Apeles inspirou dois grandes pintores da época de Cortés: Botticelli e Dürer. Foi provavelmente através deles que o marquês do Vale começou a venerar Apeles, tão emblemático para sua própria vida; nessa passagem em que o narrador da *História verídica* se descreve como retratista, ele o faz, graças a Apeles, retratando-se como retratista caluniado.

No entanto, a revelação da identidade do narrador torna-se quase explícita na comparação com os grandes chefes de guerra que conheciam todos os soldados pelo nome. Agrada-nos ver com que disposição Cortés se apresenta como *alter ego* de Mithridate, Aníbal ou Fernández de Córdoba. Com esse orgulho lúcido que o caracteriza, Hernán sabe que ele entrou para a história e deixa isso bem claro. Nas últimas linhas. Furtivamente. Na forma de uma assinatura alegórica.

Mais adiante, no final do capítulo CCXII B do *Manuscrito de Guatemala*, o narrador deixa escapar o parágrafo seguinte:

> Para relatar seus feitos de guerra, Júlio César teve cronistas surpreendentes, mas ele não se contentou com o que escreveram. E com sua própria mão redigiu seus *Comentários* para guardar a memória de todas as guerras que comandara. Assim, não é de

> se espantar que eu próprio escreva os feitos heroicos do valente Cortés, os meus, assim como os dos meus companheiros de armas.[39]

Trata-se de outra confissão. Cortés duplica-se com habilidade: expressa-se na primeira pessoa enquanto escritor e fala dele na terceira pessoa enquanto homem de guerra. Diz-nos discretamente que não se contentou com a crônica de Gómara, que, no entanto, "surpreendeu"; empunhou a pena para ter certeza de escrever a história que lhe conviesse. Como Júlio César redigindo ele próprio sua *Guerra das Gálias*. A comparação é límpida; aparenta-se a uma confidência escolhida para descortinar um pouco o anonimato.

39 "*Para escribir sus hechos tuvo extremados coronistas, y no se contentó de lo que de él escribieron, que el mismo Julio César por su mano hizo memoria de sus Comentarios de todo lo que por su persona guerreó, y así que no es mucho que yo escriba los heroicos hechos del valeroso Cortés, y los míos, y los de mis compañeros que se hallaron juntamente peleando.*" (Castillo, op. cit., cap.CCXII B, p.593.)

5
A vida póstuma do manuscrito

A morte de Cortés. 1547

Em agosto de 1545, enquanto Cortés está em pleno trabalho de redação, Maria Manuela, a jovem esposa do regente Filipe, morre, em Valladolid, das consequências do nascimento do pequeno Carlos, portador de taras profundas decorrentes da consanguinidade. O príncipe Filipe deve enfrentar o fim trágico desse casamento de fachada. Embora ele tenha demonstrado muito pouca solicitude com Maria Manuela, seu desaparecimento é uma provação. Depois de um tempo de luto mais formal que real, o jovem viúvo, desejoso de virar a página, decide deixar Valladolid e instalar a Corte em Madri. Cortés, que ainda não terminou sua tarefa, não se precipita. Ele quer terminar seu trabalho. Ele só se reunirá à Corte no mês de maio de 1546. Mas sua permanência em Madri só vai durar seis meses. No começo do outono, ele manifesta o desejo de retornar ao México, para sua última viagem. Ele se sente enfraquecer e agora quer morrer no seu país de adoção. Parte, então, para Sevilha com a ideia de novamente navegar para uma última travessia.

É interessante observar que Francisco López de Gómara acompanha Cortés a Madri, mas não na viagem para Sevilha. Isso nos dá uma indicação preciosa. É verossímil que, pelo mês de março de 1546, Cortés tenha terminado a primeira redação da *História verídica*, o que lhe permite deixar Valladolid com o espírito tranquilo. Os seis meses seguintes, passados em Madri, são consagrados às releituras, às correções e, provavelmente, à confecção de cópias. Cortés e Gómara trabalham juntos. O marquês cumpriu com o desafio. Ele pôs um ponto final na sua crônica.

Na linha de frente das Índias, as predições de Cortés se realizam. Os primeiros conquistadores, na situação de serem despojados pela Coroa, se rebelam. O descontentamento cresce e se torna violento. Em janeiro de 1546, o vice-rei do Peru, Blasco Nuñez Vela, é derrotado militarmente pelas tropas dos irmãos Pizarro na batalha de Añaquito. O infeliz porta-voz das "Novas Leis" é decapitado por Gonzalo Pizarro, em um solene desafio à Coroa. Do México, Cortés recebe algumas notícias que são um bálsamo para o coração; o visitante Sandoval, que tinha embarcado no fim do ano de 1543, para pesquisar as ações do vice-rei Mendoza, mostra-se sensível ao ponto de vista do marquês do Vale e agora toma seu partido. Não passa, na ocasião, de um alívio moral, mas não deixa de ser uma partida ganha. No entanto, essa esperança se acompanha de uma grande contrariedade. Cortés, com efeito, tem o desprazer de ver que Sandoval leva a sério suas funções de inquisidor apostólico na Nova Espanha: ele acaba de abrir um processo inquisitorial contra caciques indígenas, em Yanhuitlan, em Oaxaca, no coração de seu marquesado. Sandoval devia voltar para a Espanha em 1547, com um relatório muito favorável à política de Cortés e muito crítico quanto a gestão do vice-rei. Mas, depois da morte do marquês do Vale, seu relatório será arquivado sem seguimento e Mendoza continuará a reinar na Nova Espanha até 1550 sem ser perturbado.

Em outubro de 1546, Cortés se instala então em Sevilha, com uma casa reduzida a uma dezena de pessoas. Alguns servidores fiéis, uma enfermeira e frei Diego Altamirano, seu primo franciscano, que não o deixará mais até sua morte. Cortés, sua grande obra terminada, ocupa seu espírito com a preparação do casamento de sua filha María. Vemos, por exemplo, que ele faz preparar um enxoval bordado com suas armas. Sentimos que o marquês do Vale, cujas rendas estão congeladas na Nova Espanha, sofre de problemas de tesouraria. Para comprar esse famoso enxoval, ele deve empenhar objetos preciosos. Em torno do conquistador, a cena se esvazia progressivamente. Seu mentor, Antonio de Guevara, morreu em 1545. Henrique VIII, da Inglaterra, em janeiro de 1547, Francisco I, em 31 de março. Francisco de los Cobos, o inamovível ministro de Carlos V, que se manteve na Corte durante décadas, entregou sua alma no mês de maio. Na sua casa da paróquia de São Marcos, em Sevilha, o próprio Cortés também sente a morte chegar. Em 11 e 12 de outubro de 1547, ele dita suas últimas vontades. Nessas páginas ele faz desfilar toda a sua vida: seus filhos mestiços são colocados no testamento ao lado dos de Juana de Zúñiga, sua mulher legítima aliada à família real; ele expressa especial atenção a cada um de seus próximos, a seus primos, seus parentes mais longínquos. Aqui ele reconhece suas dívidas, ali ele pensa no futuro de seus escravos. Restitui algumas terras a senhores indígenas, mas tem fé na continuidade de sua obra político-econômica. Confirmando seu filho

Martín como herdeiro de seu marquesado, ele se projeta na perenidade. Seu filho, por ser menor de idade, é colocado sob a tutela conjunta de Juan Alonso de Guzmán, duque de Medina Sidônia, de Pedro Alvarez Osorio, marquês de Astorga, e de Pedro de Arellano, conde de Aguilar, observando que Martín é "do sangue e da linhagem deles".[1]

Extenuado, Cortés deseja deixar Sevilha. Ele não quer mais receber visitas. Vai, então, para Castilleja de la Cuesta, nos arredores da cidade, e lá, em uma pequena casa emprestada por um de seus amigos, vai morrer de esgotamento em 2 de dezembro de 1547. Em torno de seu leito de morte estão Martín, seu filho e herdeiro, de 15 anos, o prior do mosteiro de San Isidro, que veio como vizinho ajudá-lo a morrer, o proprietário da casa, Juan Rodríguez de Medina, e o muito fiel Diego Altamirano. Cortés desejou ser enterrado no México, terra que era agora a sua. Enquanto esperava, seu corpo foi provisoriamente depositado na capela do mosteiro de San Isidro del Campo, em Santiponce, a algumas léguas de Sevilha, na cripta familiar do duque de Medina Sidonia. Em 17 de dezembro, esse último organiza na igreja do mosteiro franciscano de Sevilha funerais solenes. Cortés, o proscrito, tem direito a obséquias de chefe de Estado, onde se acotovela toda a Espanha que conta aristocratas, artistas, intelectuais e políticos. Esse último adeus instala o conquistador no seu mito. Os representantes da Coroa fazem cara feia.

Cortés dormiu tranquilo, estoico, sem um estertor de agonia. Para morrer no seu leito, aos 62 anos, foi preciso sair ileso em todas as guerras mexicanas, em todas as batalhas da

---

1 "*teniendo respecto a que los dichos mis hijos son de su sangre y linaje*" (*Testamento de Cortés*. In: Martínez, *Documentos cortesianos*, t.IV, p.334).

vida, em todas as ciladas tramadas pela Coroa. Foi preciso se desviar do punhal do traidor, evitar os pratos envenenados e o veneno da maledicência. Ele teve a satisfação de ser apoiado por sua família, por amigos fiéis, por mulheres discretamente eficientes. Na véspera de sua morte, pôs sua confiança em dois homens: seu jovem filho, Martín, e seu primo, Diego Altamirano, que lhe fechou os olhos. O primeiro é seu herdeiro, com o direito de primogenitura, tendo a contrapartida de obrigações em relação a seus irmãos e irmãs, ele será marquês do Vale e herdará o imenso domínio mexicano. O segundo é depositário de sua memória; ele recebe a missão de velar pelo destino de sua crônica manuscrita e secreta.

Gómara à procura de editor. 1547-1554

O primeiro ato consiste em trabalhar para que Gómara publique sua crônica. Sem essa publicação, o defensor número um da *História verídica* perderia, evidentemente, todo seu sal e todo seu sentido! É claro que o eclesiástico receberá de Martín Cortés um rendimento até a publicação de sua *Conquista do México*.[2] Sente-se que não foi um percurso sem obstáculos. Provavelmente para dar o troco, Francisco López de Gómara precisou encaixar sua "Vida de Cortés" em uma "História geral

2 Sobre as relações de dinheiro entre Martín Cortés e Gómara, ver em particular Martínez Martínez, op. cit., p.290-9. Um documento interessante é uma procuração, datada de 4 de março de 1553, em Madri, na qual Martín Cortés pede a Pedro de Ahumada, antigo secretário de seu pai, passado para seu serviço, que pague a Francisco López de Gómara a soma de 500 ducados "por ter feito a crônica da conquista do México e dessa Nova Espanha" [*porque hizo la corónica de la conquista de México y desa Nueva España*]. Ver a introdução de José Luis de Rojas. In: Gómara, *La conquista de México*, e Jimenez, op. cit., p.105.

das Índias", de espectro maior e menos oficialmente focado sobre o conquistador do México. Essa redação da parte não mexicana deve ter lhe tomado um ano ou dois, talvez a segunda metade do ano de 1546 e o ano de 1547. Ele parece ter em seguida se dedicado a uma tradução latina – e mais detalhada – de sua *História da conquista do México*, da qual só possuímos umas vinte folhas. Mas a edição de sua obra – em duas partes – só acontecerá no fim do ano de 1552. O fato de que Gómara tenha feito a impressão em Saragoça sugere uma manobra. A licença para imprimir foi dada pelo arcebispo de Saragoça, Fernando de Aragão, filho natural de Fernando, o Católico, para uma edição no reino de Aragão. Não podemos ver aí uma prova de que Castela tinha se oposto anteriormente a ela? A astúcia do clã cortesiano pegou em flagrante os censores da Coroa e a obra de Gómara teve tempo de ser editada e reeditada antes da proibição de 17 de novembro de 1553. O plano de Cortés estava salvo. Bastava agora esperar que o tempo fizesse seu trabalho.

Mesmo que o texto inicial de Gómara sobre a conquista do México tenha sido terminado no verão de 1546 e validado pelo marquês, é certo que Cortés antecipou suas diatribes contra

---

Essa soma, paga dois meses depois da publicação da obra de Gómara em Saragoça, corresponde certamente à execução do contrato secreto ligando o eclesiástico ao marquês do Vale.

Observemos que no testamento de Gómara, redigido pouco antes de sua morte, ocorrida em 2 de dezembro de 1559, ele assinala que Martín Cortés ainda lhe deve uma dívida de 135 mil maravédis, resultado, ele afirma, do não pagamento por nove anos. O acordo firmado entre Hernán e seu cronista não deve ter sido honrado em sua totalidade. Mas todas essas escrituras provam a existência de um pacto ligado à edição da crônica de López de Gómara.

seu cronista patenteado baseando-se em um texto ainda manuscrito. Ora, Gómara pôde proceder a alguns ajustes e a certas correções entre a partida de Cortés para Sevilha e a edição de 1552. É isso que explica que o texto da *História verídica* se permita criticar algumas passagens de Gómara que não figuram na versão editada! Sabemos agora o porquê. Aliás, Gómara fará outras modificações. Na edição de Saragoça datada de 1554, a última a desafiar a proibição, o antigo "capelão" de Cortés melhorou algumas de suas afirmações iniciais que devem ter desgostado a Martín, financeiro da operação. Assim, a mãe de Cortés deixa de ser avarenta, o conquistador não joga mais dados maravilhosamente e seu gosto pelas mulheres é pudicamente apagado![3] Algumas discordâncias com a *História verídica* podem se originar de suas correções de última hora.

Não é menos verdadeiro que os anos que se seguem à morte de Cortés se caracterizam por um ódio tenaz do jovem regente com relação ao antigo conquistador da Nova Espanha e de seu filho e herdeiro. Possuímos várias cartas de seus protetores, assinadas pelo duque de Medina Sidonia ou pelo duque de Bejar – no entanto padrinho do jovem Filipe –, pedindo por uma volta à razão. Mas nenhuma intercessão pode remediar a má vontade da Coroa. O príncipe Filipe não quer ouvir falar

3 Na versão inicial, mergulhado em um fluxo de elogios, Gómara tinha escrito: "Ele se intoxicava de mulheres permanentemente... Era ciumento de suas amantes, mas ousado com as mulheres dos outros. Era um grande libidinoso" [*Fue muy dado a mujeres y dióse siempre... Era celoso en su casa, siendo atrevido en las ajenas; condición de putañeros*], Gómara, op. cit., cap.CCLII, p.336-7. Essas apreciações, que teriam desagradado Martín, desapareceram da última edição "revista e corrigida pelo autor" [*nuevamente añadida y enmendada por el mismo autor*].

de além-mar. Quando Gonzalo Fernández de Oviedo volta de São Domingos, em novembro de 1546, com o manuscrito da segunda parte de sua *História geral e natural das Índias* na bagagem, ele se choca com uma recusa à sua publicação. Mesmo revestido do título oficial de "cronista das Índias", ele é repelido. Esta segunda parte era, certamente, em grande parte consagrada à ação de Cortés na Nova Espanha. Eis a obra enterrada. Desse modo, ela ficará inédita até meados do século XIX!

A vida do manuscrito no México: a conjuração dos três irmãos. 1562-1567

A abdicação de Carlos V, agora recluso no mosteiro de Yuste, e a subida ao trono de seu filho sob o nome de Filipe II só fazem envenenar as coisas. O jovem rei volta à Espanha em 1559, depois de uma permanência de três anos nos Países Baixos. Sua aversão pelos indígenas, crioulos e mestiços americanos se espalhou agora sem constrangimento. Desde 1550, o México tem um novo vice-rei. Mendoza foi transferido para o Peru, onde a situação estava caótica, e Luis de Velasco o sucedeu. Ele será logo subjugado pelo novo arcebispo da Cidade do México, Alonso de Montufar, dominicano conflituoso que se tornou conhecido por uma luta sem trégua contra os franciscanos. Entre as revoltas indígenas de Oaxaca e a insatisfação dos crioulos, a desordem tomou conta da Nova Espanha. Velasco, que acreditou agir bem libertando 150 mil escravos indígenas que pertenciam ao rei, terminou por ser desaprovado pelo Conselho das Índias; seu poder era a partir de então refreado pela Audiência, imprudentemente reconduzida ao comando pela longínqua Coroa. Com isso a municipalidade da Cidade do México tinha se convidado para o jogo político, afirmando-se como um potente poder local. Em resumo, a confusão política estava no auge.

É nesse contexto perturbado, durante o verão de 1562, que se cristaliza a mais surpreendente das operações diplomáticas. Sem que conheçamos seus promotores, um cenário alternativo toma corpo: uma restauração do poder cortesiano através de seus três herdeiros homens. Uma mão invisível reuniu os três meio-irmãos: Martín, o mais velho, o filho de Malinche, agora casado e pai de um pequeno Hernando; Luis, filho de uma índia que o *Manuscrito de Guatemala* chama misteriosamente de "doña Fulana de Hermosilla"; finalmente, o segundo Martín, filho de Juana de Zúñiga, herdeiro designado do marquesado. Esse último se casou com sua prima irmã, Ana de Arellano, filha do conde de Aguilar; ele é, também, pai de um pequeno Hernando. Esse projeto de restauração recebe o apoio dos franciscanos, dos crioulos e de uma parte considerável do Conselho das Índias. Era preciso que a situação na Nova Espanha tivesse se tornado ingovernável para que o órgão da administração das possessões americanas viesse a privilegiar a aventura da independência! Ela não dizia seu nome, mas, no entanto, se delineava como tal. No cenário ideal, Martín, segundo marquês do Vale, tomava o controle militar do país e reestabelecia os poderes eleitos, quer dizer, as jurisdições municipais, que, por sua vez, designavam os titulares dos empregos locais. Os funcionários nomeados pela Coroa, incluindo aí o vice-rei, desapareciam na operação. E os franciscanos rezavam muito para que os índios pudessem encontrar seu lugar nessa república multicultural, da qual já se anunciava que o náhuatl seria oficialmente a língua veicular.

Assim nasce o que a história chamou de "a conjuração dos três irmãos". Não foi um projeto temerário de condottiere:

Martín é tudo, salvo um aventureiro; no caso, ele não foi nada pleiteante. Tampouco se tratou de um golpe de Estado improvisado por alguns conspiradores excitados. Foi um empreendimento minuciosamente montado, friamente planejado, onde o simbólico teve um grande papel. Se se fosse batizar com um nome de código essa operação política, ele seria com certeza "a volta de Quetzalcoatl". Alguns franciscanos, entre os mais eruditos, com efeito, se deram ao trabalho de reescrever os mitos indígenas para superpor a figura de Cortés com a "Serpente de penas verdes", antiga divindade chtoniana mesoamericana, que acabara por representar o planeta Vênus. Aproveitando-se dos ciclos do planeta que desaparece do horizonte como estrela da tarde para reaparecer em outro lugar do céu sob a forma de uma estrela da manhã, eles metamorfosearam Cortés em um deus asteca vindo retomar posse de suas terras depois de um eclipse tão longo quanto a noite dos tempos. O México tinha seu mito de origem: os espanhóis transformados em atores da história pré-hispânica encontravam aí uma inédita legitimidade. Essa famosa "profecia" anunciando a volta de um deus branco e barbudo que viria do leste é, assim, uma predição *a posteriori*, concebida por volta de 1565, para dar uma base autóctone e mestiça à restauração cortesiana.

Entre os símbolos imaginados pelos conspiradores figura, certamente, a volta dos restos mortuários do antigo capitão geral para o qual se previa um mausoléu suntuoso. Mas, da mesma forma que eles tinham se aproveitado dos mitos indígenas, os organizadores previram, habilmente, utilizar a edição: eles têm, dentro da manga, duas obras literárias destinadas a ser impressas na Nova Espanha, duas crônicas escritas em espanhol cantando louvores ao conquistador, prontas a se inserir em uma historiografia autóctone. Uma delas é, claro, o anônimo testemunho do soldado desconhecido redigido por Cortés, que Martín carrega secretamente na sua bagagem; a outra é a crônica de Francisco Cervantes de Salazar.

Paremos um instante sobre a trajetória desse autor. Originário de Toledo, nascido em uma família rica, Cervantes de Salazar fez seus estudos em Salamanca. Muito jovem, ensinou retórica na Universidade de Osuna. Morou em Flandres antes de se tornar um dos secretários de Garcia de Loaisa, presidente do Conselho das Índias. É um excelente latinista que emprega seus momentos de lazer na tradução para o espanhol dos textos latinos de seus contemporâneos, como Juan Luis Vives ou Hernán Pérez de Oliva. É, provavelmente, um dos mais jovens membros da academia cortesiana em Valladolid; frequenta esse círculo elitista embora só tenha 33 anos. Está de tal maneira impressionado por Cortés que lhe dedica uma longa epístola quando publica uma coletânea de suas traduções, em Alcala de Henares, em 1546. Escolheu fazer essa homenagem, de espírito hagiográfico, como introdução ao *Diálogo sobre a dignidade humana*, composto em latim por seu mestre Pérez de Oliva, mas que estava inacabado. Cervantes tomou a si a incumbência de terminá-lo antes de fazer sua tradução para o espanhol.[4] Pouco

4 Encontraremos esse endereço de Francisco Cervantes de Salazar "ao muito ilustre dom Hernando Cortés, marquês do Vale, descobridor e conquistador da Nova Espanha" [*Al muy ilustre señor Don Hernando Cortés, marqués del Valle, descubridor y conquistador de la Nueva España*]. In: Martínez, *Documentos cortesianos*, t.IV, p.347-51. Esse texto foi tirado de *Obras que Francisco Cervantes de Salazar ha hecho, glosado y traducido... Impresa en Alcalá de Henares, en casa de Juan de Brocar, a XXV de mayo del año MDXLVII.*

após a volta da Corte para Madri, em 1546, o cardeal Garcia de Loaisa, que se tornara grande inquisidor de Castela, falece. Cervantes de Salazar fica sem emprego. Certamente influenciado pelo que ouviu da boca de Cortés, o jovem toledano decide fazer a vida no México. Herdeiro de vários domínios territoriais nos arredores de Toledo, ele os cede a uma tia em troca da comida e do serviço de mesa que lhe serão dados na Cidade do México por um de seus primos. Cervantes aí chega em 1550. Vai participar da criação da Universidade da Cidade do México, em 1553, onde ocupará a primeira cátedra de retórica. Orienta, então, sua carreira para a Igreja e se ordena padre em 1554, depois de ter levado uma vida passavelmente dissipada. Algum tempo mais tarde, em janeiro de 1558, Cervantes de Salazar é nomeado "cronista da Nova Espanha" pelo *ayuntamiento* da Cidade do México. O pedido é bastante preciso; a municipalidade deseja que seja escrita uma crônica autóctone, que enalteça os atores da conquista, cujos filhos começam a ocupar postos de responsabilidade; alguns deles, aliás, já herdaram terras que foram dadas a seus pais como recompensa de seus históricos feitos guerreiros. Compreende-se a encomenda da municipalidade da Cidade do México; diante das veleidades confiscatórias da Coroa, trata-se de estabelecer a legitimidade de um crioulismo mexicano. Detalhe divertido, faz parte do conselho municipal da época Bernardino Vázquez de Tapia, o grande inimigo de Cortés. Ele

---

Cervantes não hesita em seguir a tese de Argensola sobre a origem real e lombarda da família Cortés. Notemos que ele escreve que a família do conquistador é "muito antiga e muito ilustre, tanto nas armas quanto nas letras" [*muy antigua y muy ilustre así en armas como em letras*]. A expressão não é, com toda evidência, fortuita.

morreria dois anos mais tarde, mas imagina-se como ele teria se sentido diante da leitura da crônica de Cervantes, que será, na prática, um documento ultracortesiano.

Cervantes se põe imediatamente a trabalho, pois deve mostrar, a cada trimestre, o adiantamento de sua obra, para receber seu salário; foi-lhe determinada uma pensão anual de 200 pesos de ouro.[5] Eis, então, Francisco Cervantes de Salazar lançado na redação de sua *Crônica da Nova Espanha*, que é, na realidade, à imagem do texto de Gómara e do texto que será mais tarde atribuído a Díaz del Castillo, uma narrativa da conquista do México por Cortés e seu pequeno exército de 500 soldados. No entanto, Cervantes não pode mostrar seu jogo imediatamente declarando-se cortesiano, por causa da hostilidade nesse conselho municipal de Vázquez de Tapia e de um de seus fiéis seguidores, Ruy González. Cervantes saberá se mostrar diplomata e discreto. Ele dará o troco recolhendo o testemunho dos velhos conquistadores e não deixará de explicar, várias vezes, que se inspira em uma crônica da conquista inédita, redigida pelo irmão Motolinia, um dos doze fundadores da missão franciscana e figura emblemática da Ordem dos Irmãos Menores. O manuscrito de Motolinia – se é que ele existiu – hoje está desaparecido. Como bom arquivista, ele tem acesso, igualmente, a documentos que não figuram na crônica de Gómara, como o texto das "capitulações" assinadas entre Cortés e Diego Velázquez, o governador de Cuba. Dar a conhecer esse contrato era de uma importância capital, pois ele reduzia a

5 Em sua introdução à crônica de Cervantes, Juan Miralles Ostos dá a transcrição do texto extraído do livro dos atos do *cabildo*, alegando a solicitação da municipalidade (24 de janeiro de 1558). In: Salazar, *Crónica de la Nueva España*, p.XX-XXI.

nada o argumento dos detratores de Cortés que o descreviam como um rebelde insubmisso; aquele que era então alcaide de Santiago de Cuba havia, na verdade, partido para conquistar o México com uma autorização oficial! Estima-se que Cervantes de Salazar interrompeu sua crônica, que ficou inacabada, em 1565. Habilmente composta, agradavelmente redigida, às vezes, dialogada, é uma compilação bem recebida cuja tonalidade geral tende para a hagiografia. Em todo caso, esse trabalho chega em boa hora para servir de apoio ideológico à tentativa de restauração cortesiana que está em curso desde o verão de 1562. Acrescentemos que Cervantes não age como oportunista, nem trabalhador de última hora. Ele já se engajou há muito tempo a favor da transmissão dos *repartimientos*. Temos, por exemplo, uma carta sua, datada de 22 de fevereiro de 1552 e endereçada ao príncipe Filipe, na qual ele se faz advogado dos crioulos da Nova Espanha, defendendo o princípio da perpetuidade das cessões patrimoniais.[6] Por outro lado, ele mesmo escolheu transferir seus interesses materiais e morais para o México desde 1550. Ele se sente, assim, ligado à terra da Nova Espanha, onde, aliás, morrerá em 1575.

Os três irmãos desembarcam em Yucatán, em Campeche, no começo do mês de outubro de 1562, onde são acolhidos por Francisco de Montejo, filho do companheiro de conquista de Cortés. Vemos se estabelecer uma nova solidariedade na geração dos sucessores. Martín espera que sua mulher dê à

6 Essa carta está conservada no Arquivo geral de Indias, em Sevilha, *Indiferente general, n.2.978*. Foi publicada por Baudot, *La pugna franciscana por México*, p.82-5.

luz seu segundo filho, Jerónimo. Depois, os três irmãos se dirigem para a Cidade do México. Eles refazem o caminho do pai, passam por Tlaxcala, por Cholula, chegam aos vulcões; o imenso vale da Cidade do México logo estará a seus pés. Martín, o segundo marquês do Vale, não via a Nova Espanha desde 1540. Ele a deixou quando tinha 8 anos. Ainda terá muitas lembranças dela? Mas ele está lá para se instalar em uma nova vida. Os três irmãos fazem sua entrada na Cidade do México em 17 de janeiro de 1562. Eles arregaçam as mangas. O vice-rei Velasco está em pânico. Os três filhos Cortés contam com numerosos aliados, principalmente na municipalidade da Cidade do México, mas também no andar de cima, o Conselho das Índias. Um de seus melhores apoios, Jerónimo de Valderrama, consegue ser nomeado *visitador* na Nova Espanha. Ele é encarregado de reunir as acusações que pesam sobre o vice-rei Velasco e, além disso, avaliar a situação do país. O "visitante" Valderrama chega à Cidade do México em julho de 1563. Ele vem, de fato, apoiar a operação dos irmãos Cortés. Há seis meses Martín tomou o hábito de exibir os brasões de seu pai. Utiliza-os em seu carimbo e em uma bandeira carregada por um pajem ao se deslocar pelas ruas da Cidade do México. Desligando-se abertamente da política real, Martín e seus dois irmãos decidem preceder Velasco e ir acolher Valderrama no pavimento de Iztapalapa com o estandarte de Cortés. É uma afronta para as armas reais. O vice-rei está furioso e faz um escândalo. Sem muita convicção, Valderrama, recém-chegado, vê-se compelido a escolher seu campo. Ele decide residir no palácio de Martín. Em 31 de dezembro de 1563, ele o nomeia *alguacil mayor* da cidade de México. Por trás desse título criado para ele, delineia-se o antigo posto de capitão geral, que

Hernán ocupara. Nesse intermédio, talvez desgastado pelo processo de destituição que o visa, Luis de Velasco morre em 31 de julho de 1564. A Audiência confirma a interinidade do governo. Depois de um prazo de decência de um mês, o *ayuntamiento* da Cidade do México escreve ao rei, em 31 de agosto. A municipalidade, com uma postura claramente revolucionária, propõe a supressão da função de vice-rei e sua substituição por uma estrutura dual, composta de um governador e um capitão geral. Para as funções de governador e de *justicia mayor*, o *ayuntamiento* propõe o nome de Valderrama; para a função de capitão geral, eles logo lançam o nome de Martín Cortés. O México está pronto a balançar. Vive o absolutismo seus últimos dias?

No entanto, por todo o ano de 1565, nada se passa. Os dois poderes se afrontam, o da Audiência, legitimista e anti-indígena, e o do clã reunido por trás de Martín Cortés, que se apoia nos crioulos, nos índios e nos irmãos das Ordens mendicantes. Mas, o filho não é o pai. Martín se perde em mundanidades, se compraz no aparato; ele não recua diante do ostentatório, do suntuoso. De todos os lados, pressionam para que tome o poder. Isso equivale, provavelmente, a derramamento de sangue. O jovem marquês não consegue se decidir. As hesitações de Martín fragilizam seus partidários. Valderrama, que fez tudo para abrir o poder aos filhos de Cortés, é chamado de volta à Espanha e deixa o México em 1566. O ataúde de Cortés, cuja vinda devia marcar solenemente o começo do novo regime, ainda não deixou Sevilha. Os conjurados se expõem por suas tergiversações. As primeiras denúncias chegam à Audiência no começo do mês de abril. Mas a Audiência, morta de medo, é tão hesitante quanto Martín. Um novo vice-rei foi nomeado e parece prudente esperar. Essa demora é fatal para o projeto de restauração cortesiana. Ainda por cima, um acontecimento vai catalisar o mau humor da Audiência. Como a jovem marquesa acaba de dar à luz gêmeos, Martín Cortés resolve batizá-los no maior fausto em 30 de junho de 1566. Por trás da majestade exibida, do protocolo quase real, a cerimônia serve de congregação de todos os partidários de Cortés. A catedral está lotada, o campo do marquês acredita no triunfo. Mas a desilusão vai ser brutal. Em 16 de julho, Martín é convocado à sede do governo da Nova Espanha, onde é preso brutalmente por Ceynos, o presidente da Audiência. Uma violenta e eficaz operação de polícia vai jogar na prisão todos os conjurados. Luis e o outro Martín, filho de Marina, vão se juntar ao irmão, no cárcere, no mesmo dia. Uma justiça expeditiva se põe em ação. As sentenças chovem. Para os dois filhos mestiços de Cortés: a morte. Para os dois irmãos Ávila, que se revelaram a alma do complô: a morte. A Audiência passa ao ato. No dia 3 de agosto, Gil e Alonso de Ávila são decapitados na *Plaza Mayor* da Cidade do México. Suas casas são demolidas e os terrenos, cobertos de sal para que nada possa ali brotar. A causa de Cortés parece perdida. Os franciscanos, fiéis sustentáculos do conquistador, pagam um pesado tributo. Seus privilégios eclesiásticos são revogados pelo arcebispo Montufar. Toda a sua ação com relação aos índios é condenada, toda a sua simpatia pelo passado pré-hispânico torna-se suspeita.

Mas, a história não disse sua última palavra. O novo vice-rei desembarca em Veracruz em 17 de setembro de 1566. Na sua prisão, os três irmãos Cortés ainda estão vivos. O representante do monarca espanhol suspende todos os processos em curso. Tendo chegado à capital da Nova Espanha, ele licencia as tropas reunidas pela Audiência e manda suprimir as delirantes medidas de segurança que ela havia posto em prática. Para surpresa geral, o vice-rei toma o partido de Cortés. Ele se opõe ao confisco dos bens do marquês. Anula a pena de morte pronunciada contra os dois irmãos mais velhos, depois recusa todos os juízes, uns após os outros. Esse vice-rei, surgido como por milagre para salvar a família e a memória de Cortés, é Gastón de Peralta, terceiro marquês de Falcés. O filho de Antonio de Peralta, amigo de Cortés, que foi membro de sua academia em Valladolid. Sua mãe é francesa e o novo vice-rei faz parte do clã Navarro aliado, há uma geração, à família Cortés. Essa irrupção de Peralta, que chega no momento exato para salvar a vida dos três irmãos, não será suficiente, no entanto, para reinstalar o governo cortesiano na Nova Espanha. Com efeito, Filipe II agora tem medo. Ele não quer ouvir falar da independência do México; insiste em querer se apropriar de todas as terras da América. Assim, envia determinados representantes com a missão de matar todos os oponentes da política da Coroa. Dos três novos visitantes nomeados, somente dois chegam vivos a Veracruz, Alonso Muñoz e Luis Carillo. Eles entram na Cidade do México em 11 de novembro de 1567. Imediatamente, destituem o vice-rei e fazem reinar o terror, apoiados pelos dominicanos, pela máquina inquisitorial e pelos oficiais do Tesouro real. Todos aqueles que foram, de perto ou de longe, associados à conjuração dos três irmãos são condenados a suplícios humilhantes: forca, decapitação, esquartejamento, tortura até à morte. Em 8 de janeiro de 1568, o filho de Malinche é ignobilmente torturado, mas sobrevive. Ele paga por ser simplesmente filho de Cortés e, caráter agravante, o filho mestiço de Cortés. Ele é banido de seu país, ele, o filho de uma princesa asteca. Os dois outros irmãos, Luis e Martín, o marquês, foram prudentemente postos em um barco para a Espanha, já no mês de abril de 1567, por Peralta, que, assim fazendo, salvou-lhes a vida. Muñoz expulsa todos os filhos de conquistadores, para roubar-lhes as terras. Confisca também todas as propriedades daqueles que condena à morte. A Nova Espanha se esvazia de seus fundadores ibéricos e de seus mestiços. O sonho de Cortés se desagrega.

Inoportunamente, os despojos de Cortés terminaram por chegar ao México. O ataúde do conquistador desembarcou em Veracruz no mês de julho de 1566, enquanto os três filhos de Cortés estavam na prisão. O acontecimento prometia ser, ao mesmo tempo, simbólico, festivo e fundador: foi um fracasso. Os restos do conquistador vão ser discretamente colocados no convento franciscano de Texcoco, ao lado de sua mãe e de seu primeiro filho, morto prematuramente. Não haverá volta gloriosa de Cortés para a Nova Espanha. O caso ficou por um fio, mas a indecisão de Martín e sua atração pelos prazeres do mundo foram fatais. O vento do destino agora mudou de direção. Não haverá outra oportunidade.

O segundo Martín e seu irmão Luis são condenados ao exílio entre os berberes, em Oran. O marquesado de Martín é confiscado; e, para completar a ruína do herdeiro de Hernán, a Coroa lhe cobra "uma caução" de 150 mil ducados, uma verdadeira fortuna. Filipe II inventa então o imposto de despossessão. O rei empregou todos os meios para se livrar dos herdeiros de Cortés, mas não terminou com a memória do conquistador. O final do jogo ocorrerá diante da história. É aí que entram em cena as duas crônicas inicialmente destinadas a serem exploradas em caso de sucesso do golpe de Estado. Cervantes de Salazar sabe que sua obra deve esperar dias melhores para ser editada. Disso fez seu luto. Ele que tinha ostensivamente se mostrado ao lado de Martín Cortés ressurge ao ser eleito reitor da Universidade da Cidade do México, em novembro de 1567. É preciso ver nessa eleição, em plena crise da Conjuração, a prova da vitalidade da corrente de pensamento cortesiana, encarnada pelo cônego Cervantes. A Nova Espanha ainda não tinha se tornado independente, mas o México nem por isso deixava de ser o país mestiço inventado por Cortés.

A publicação da anônima crônica redigida em surdina pelo marquês do Vale iria ter grande influência no processo de restauração. Como o texto devia aparentar ter sido escrito por um velho sobrevivente da época heroica, o clã cortesiano se encarregou de alterar trechos. Bastaria acrescentar ao que estava pronto um parágrafo sobre a morte de Hernán e o casamento de seus filhos, o que foi feito no meio do capítulo CCIV. Aí está explicado que os despojos mortais de Cortés foram provisoriamente depositados na capela dos duques de Medina Sidonia antes de serem transportados para a Nova Espanha, "onde eles se encontram em um sepulcro em Coyoacan ou em Texcoco, isso eu não sei exatamente, porque ele o havia pedido em seu testamento".[7] Essa frase é rica de ensinamentos. Ela nos indica que foi escrita posteriormente ao mês de julho de 1566, data do enterro – ele, também, provisório – em Texcoco. Ela revela, em seguida, que o autor do acréscimo respeita uma pseudo-hesitação combinando com o tom geral do livro. Mas quem, na Guatemala, poderia ter sido, ao mesmo tempo, testemunha dos funerais em Sevilha e, depois, da inumação em Texcoco e ter, além disso, lido o testamento de Cortés? Somente o círculo próximo do marquês seria capaz de conhecer esses detalhes. Pode-se dizer o mesmo sobre a menção da morte, em

---

7 "*Murió en dos días del mes de diciembre de mil quinientos cuarenta y siete años. Y llevóse su cuerpo a enterrar con gran pompa y mucha clerecía y gran sentimiento de muchos caballeros de Sevilla, y fue enterrado en la capilla de los duques de Medina Sidonia; y después fueron traídos sus huesos a la Nueva España, y están en un sepulcro en Coyoacán o en Texcoco, esto no lo sé bien, porque así lo mandó en su testamento.*" (Castillo, op. cit., cap.CCIV, p.555.)

Sevilha, de Catalina, penúltima filha de Cortés, nascida em Cuernavaca, em 1534, ou do nome dos cônjuges dos filhos. Tudo está perfeitamente documentado. Existe mesmo uma notação que tornaria impossível, se isso fosse necessário, a paternidade de Bernal Díaz del Castillo:

> Uma outra de suas filhas, que morava na Cidade do México, doña Leonor Cortés, se casou com um certo Juanes de Tolosa, originário de Biscaia, homem muito rico, que tinha uma fortuna de mais de cem mil pesos e possuía algumas minas muito boas. E esse casamento contrariou muito o marquês quando ele tomou conhecimento dele, ao chegar na Nova Espanha.[8]

Para conhecer o descontentamento de Martín na sua chegada à Cidade do México, em janeiro de 1563, com relação a sua meia-irmã mestiça, neta de Montezuma, só testemunhando! Como Bernal teria feito para estar no séquito de Martin na Nova Espanha e ao mesmo tempo assistir às sessões do conselho municipal de Santiago de Guatemala?

Quem seria então o autor das correções inseridas no manuscrito de Cortés? Certamente alguém próximo de Martín. Esses retoques são, entretanto, pouco numerosos e não afetam em nada a economia geral da obra. Mas, levam a estabelecer que a redação da crônica teve lugar entre agosto de 1566 e setembro de 1567, quer dizer, na época da presença do vice-rei Gastón de Peralta. Em todo caso, antes da chegada do despótico Alonso

8 *"Y también se casó otra señora doncella que estaba en México que se decía doña Leonor Cortés con un Juanes de Tolosa, vizcaíno, persona muy rica, que tenía sobre cien mil pesos y unas buenas minas, del cual casamiento hubo mucho enojo el marqués cuando vino a la Nueva España."* (Ibid., cap.CCIV, p.556.)

Muñoz, que não é mencionado. O corretor introduziu de propósito referências a acontecimentos havidos durante a presença dos três irmãos na Cidade do México. A crônica menciona, em particular, a justiça expeditiva da Audiência e a execução dos irmãos Ávila. E o narrador acrescenta: "Eu quis falar disso nesta relação sem que houvesse necessidade, para que se veja a que ponto era perturbada a época que vivia a Cidade do México então. Mas vocês devem estar cansados de ouvir falar desses sinistros acontecimentos. Mudemos de assunto e voltemos à nossa matéria".[9] Ainda uma vez, essas adições ao manuscrito de Cortés são ínfimas, mas transformam a crônica em uma obra crioula. Agora, ela dá a impressão de ter sido escrita na Cidade do México, igual à crônica de Cervantes de Salazar, para fundar uma tradição histórica... nacional. As duas obras são a favor da autoctonia. Observamos que os filhos de Cortés, que, em 1562, não podiam conhecer o adiantamento da obra de Cervantes, tinham com a crônica de seu pai a obra fundadora destinada a dar ao México uma parte de sua profundidade histórica. Algumas linhas bastaram para situá-la. Nessa época, na Cidade do México, em 1566, a crônica de Cortés continua anônima e ainda sem título.

Quando a situação se deteriora para os três irmãos e seus partidários, a publicação do manuscrito se torna, naturalmente, irrealizável e perde qualquer pertinência. A hora é de volta à clandestinidade. A tradição se inclina para que tenha sido

---

9 "*He querido poner esto en esta relación, aunque creo que no había necesidad, para que se vea sobre qué fue el desasosiego de México. Harto estarán de haber oído estos sucesos. Pasemos adelante y volvamos a decir de nuestra materia*" (Ibid., cap.CCV, p.562). Essa passagem encerra a narrativa das desventuras da família Ávila. Foi apagada no *Manuscrito de Guatemala* e suprimida na edição Remón.

Valderrama a levar na sua bagagem a crônica de Cervantes para pô-la em abrigo, quando de sua volta para a Espanha, em 1566. Poderia ter sido também o vice-rei Peralta a se encarregar disso, dois anos mais tarde. Mas, para o manuscrito anônimo de Cortés, o caso é mais delicado. Que fazer com ele, então? Confiá-lo igualmente a Peralta? Isso seria re-hispanizá-lo, sacrificando sua dimensão americana. Escondê-lo em um monastério franciscano? A Ordem estava ameaçada; acabava de perder seus privilégios eclesiásticos, era arriscado. A situação pessoal dos três irmãos era mais que comprometida. Condenados ao banimento, como poderiam dissimular o manuscrito nos seus pertences de prisioneiro? Foi então que alguém do clã cortesiano teve uma ideia: a exfiltração para a Guatemala.

É preciso agora nos prendermos a alguns pontos de cronologia. Recapitulemos. O manuscrito anônimo de Cortés foi retocado uma última vez na Cidade do México, pelo círculo dos próximos do marquês ao longo do segundo semestre de 1566 ou, último limite, no primeiro trimestre de 1567. Ele está, poderíamos dizer, pronto para ser usado. O tempo de latência de vinte anos que Cortés tinha imaginado já se passou. Da conquista, resta apenas um punhado de sobreviventes, no mínimo, septuagenários. O manuscrito, trazido para a Nova Espanha, se "crioulizou". Sua credibilidade aumentou. Mas o fracasso do golpe de Estado o torna inutilizável. Quer seja no México ou na Espanha, o clã cortesiano está, a partir de então, cercado; nenhum dos três irmãos tem liberdade de movimento. E essa situação promete ser durável. O manuscrito precisa de toda maneira encontrar refúgio em mãos outras que do círculo familiar.

26 de fevereiro de 1568. É essa data que o narrador vai inscrever no cabeçalho da *História verídica* para marcar o fim da redação de sua crônica. "Terminei de passar a limpo minha

História em 26 de fevereiro do ano de 1568". Ele, no entanto, acrescenta: "Preciso ainda escrever algumas coisas que faltam".[10]

9 de dezembro de 1569. Um certo Bernal Díaz del Castillo, *regidor* da municipalidade de Santiago de Guatemala, declara em uma *probanza* "que ele possui uma crônica e relação à qual ele se remete".[11]

A pista guatemalteca se materializou, assim, durante o ano de 1567. Tudo leva a crer que o dia 26 de fevereiro de 1568 corresponde à data de chegada do manuscrito à Guatemala. Nós veremos mais adiante como essa data se conservou no corpo de uma redação posterior à introdução. De certa maneira, ela indica um ponto final, já que o manuscrito chegou pronto na Guatemala!

Por que – poderemos perguntar – os possuidores do manuscrito de Cortés escolheram enviá-lo para a Guatemala? O elemento determinante parece ser a situação política na Nova Espanha. Levando em conta a perseguição feroz de todos os próximos de Martín Cortés entre o mês de novembro de 1567 e o mês de abril de 1568, orquestrada pelo sanguinário Alonso Muñoz,[12] pode ter parecido prudente a alguns partidários

10 "*Y demas desto, desque mi Historia se vea, dará fe e claridad dello; la qual se acabó de sacar en limpio de mis memorias e borradores* [...] *en veinte y seis dias del mes de Febrero de mil y quinientos y sesenta y ocho años. Tengo de acabar de escribir ciertas cosas que faltan.*" Essa informação figura na edição Remón (1632), na página VIII (fólio não numerado), intitulada "*El autor*".

11 "*El testigo... tiene escrita una corónica y relación a la qual... se remite.*" (Barbón Rodriguez, op. cit., parte II, p.1001.)

12 Muñoz não hesitou em determinar a execução de personalidades de primeiro plano. Em 8 de janeiro de 1568, mandou enforcar Gómez de Victoria e Cristóbal de Oñate; no dia seguinte, ordenou decapitar Baltasar e Pedro Quesada. A eliminação de Martín, o mestiço, era igualmente prevista para 8 de janeiro: ele devia morrer sob tortura.

do marquês deixar precipitadamente a Cidade do México. Provavelmente era uma questão de vida ou morte. Ora, nessa época, o México e a Guatemala formam uma mesma entidade territorial. Com efeito, desde 1565, na ideia da restauração de uma Nova Espanha redesenhada sobre suas antigas fronteiras mesoamericanas, tal como a concebera Cortés, a Guatemala fora tirada da Audiência dos Confins, cuja sede fora mudada para o Panamá. E Santiago, administrativamente ligada à Nova Espanha, era gerida da Cidade do México. A circulação entre as duas regiões era grandemente facilitada. Alguém do primeiro círculo cortesiano, fugindo das perseguições de Muñoz, partiu para se esconder na Guatemala levando consigo o manuscrito. Essa opção provincial parece hábil. Quem viria procurar um documento sensível ao pé do Volcán de Agua, a 2 mil quilômetros da cidade de México? Naquele lugar, então, esse partidário do marquês provavelmente entrou em contato com um estranho personagem que se fazia chamar Bernal Díaz del Castillo. Proprietário de terras opulento, ele se passa por um antigo companheiro de Cortés. Ele faz parte do conselho municipal de Santiago de Guatemala e se dá ares de importante. É posto

Mas em virtude de sua excepcional constituição física, resistiu a todas as torturas. As extorsões continuaram de forma mais intensa ainda em fevereiro e março. Até o grande pintor Simon Peyrens, que tinha acompanhado o vice-rei Peralta, foi preso nos cárceres da Inquisição. O México esteve a ponto de se rebelar contra o tirano. Novos *visitadores* se apresentaram na Cidade do México em 13 de abril de 1568. Muñoz buscou refúgio com os dominicanos, oficialmente para um retiro na Semana Santa. Mas os enviados da Coroa conseguiram retirá-lo de sua célula e colocá-lo à força em um navio. Muñoz tinha, no entanto, conseguido matar toda veleidade independente na Nova Espanha.

na lista dos sobreviventes, ao lado de Martín López, o armador da marinha que construiu os doze bergantins destinados ao cerco naval da Cidade do México, e de Juan Núñez de Mercado, instalado em Puebla e completamente cego. Podemos então imaginar vários cenários. O possuidor do manuscrito pode ter pedido a Bernal para esconder o documento e depois teria sido morto; e a herança teria se tornado bem incômoda. Ou Bernal pode ter se aproveitado de uma ocasião para se apropriar do manuscrito. Não saberemos jamais em que condições o precioso documento passou às mãos de nosso guatemalteco de biografia entrecortada. De qualquer forma, os sobressaltos da conjuração dos três irmãos apanharam Díaz del Castillo no seu refúgio e o velho homem rabugento e demandista se encontra pela força das coisas guardião do templo e depositário da memória de Cortés. Trata-se de um acaso ou de uma cumplicidade do destino?

A vida do manuscrito na Guatemala: Bernal Díaz del Castillo, cronista por acaso. 1568-1575

Bernal Díaz del Castillo conhece seus limites. Ele sabe que é iletrado. Quem poderia então imaginar um cenário de usurpação? Para isso, não poderíamos contar com a existência de um filho de Bernal, chamado Francisco, que será totalmente sem escrúpulo. Filho mais velho de sua união com Teresa Becerra, o jovem, ganancioso, percebe imediatamente que poderia tirar proveito da situação. Transformando seu pai em herói e em memorialista da conquista, reforçaria consideravelmente suas reivindicações de benefícios. Por outro lado, em 1568, seu pai tem idade, ele é septuagenário. É preciso preparar sua sucessão. Ora, como já vimos, a Coroa não quer ouvir falar de transmissão das *encomiendas* aos herdeiros dos conquistadores. As sucessões são resolvidas, caso a caso, diante das Audiências, com uma chance muito pequena de obter ganho de causa. A aparição miraculosa da *História verídica* é uma dádiva para Francisco. Pode-se pensar que ele vê aí uma oportunidade. Ao ler o texto, ele constata que o manuscrito é anônimo. Os contornos do personagem forjado por Cortés podem se assemelhar, se olharmos de longe, com a figura de seu pai. Uma amálgama parece possível. Imagina-se que Bernal tenha se mostrado reticente pelas razões que se sabe. Mas, deixará enfim agir seu filho e fechará pudicamente os olhos diante do sacrilégio, do qual evitará cuidadosamente se vangloriar.[13]

Francisco Díaz del Castillo vai introduzir modificações de dois tipos. Uma primeira série de interpolações visa reivindicar a paternidade do manuscrito identificando seu autor. Outra série de correções vai tentar reerguer a imagem rústica do narrador imaginada por Cortés, julgada popular demais pelo filho de Bernal. Nos dois registros, Francisco Díaz del Castillo compõe de modo desajeitado, beirando às vezes o ridículo.

Num primeiro momento, pode-se pensar que Francisco quisesse retocar *a minima* por razões de economia. Pode ser fácil acrescentar uma frase no começo ou no fim da página, fácil substituir uma palavra, riscando e fazendo uma correção

13 Observemos que, em suas declarações sob juramento, Bernal Díaz del Castillo não se apresentará nunca como autor da *História verídica*. Somente em 1579 uma testemunha, solicitada por seu filho Francisco para depor em sua própria *probanza*, designará Bernal Díaz del Castillo como autor da crônica. Bernal nessa época é octogenário e ignoramos seu grau de conivência ou reprovação diante desse estado de direito.

interlinear, mas a coisa já se complica se as modificações incidem sobre um parágrafo inteiro: há de se confiar a nova redação a um copista que deve integrá-la aos poucos, ao longo de dois ou três folhetos. Na Guatemala do século XVI, o papel é uma mercadoria rara e cara, e os copistas não trabalham como voluntários. Francisco tentou resolver o problema redigindo um folheto introdutório que encontramos no prólogo "*El autor*" da edição de 1632 e no começo do capítulo I do *Manuscrito de Guatemala*. As duas interpolações, correspondentes a redações diferentes,[14] criam imediatamente uma suspeição. Quem será esse cronista que começa sua história ostentando sua ficha biográfica? De fato, o recurso a esse procedimento – tão cavaleiro e deslocado para os usos da época – remete à vontade de usurpação por parte de Francisco a baixo custo. E com certeza teriam dito a ele que essa assinatura no frontispício não passava de uma prova frágil: bastava arrancar a primeira página para voltar ao anonimato original. Francisco empreende então uma série de interpolações dispersadas no conjunto do livro. A edição Remón traz, assim, treze menções ao nome de Bernal Díaz del

14 Na edição Remón (1632), a página VIII (não numerada) intitulada "*El autor*" assim começa: "*Yo, Bernal Díaz del Castillo, Regidor desta ciudad de Santiago de Guatimala, Autor desta muy verdadera y clara Historia, la acabé de sacar a luz*". No *Manuscrito de Guatemala*, encontra-se escrito no início do capítulo I: "*Bernal Díaz del Castillo, vecino y regidor de la muy leal ciudad de Santiago de Guatemala, uno de los primeiros descubridores y conquistadores de la Nueva España y sus provincias, y Cabo de Honduras y Higueras, que en esta tierra ansí se nombra, natural de la muy noble e insigne villa de Medina del Campo, hijo de Francisco Díaz del Castillo, regidor que fue della, que por otro nombre le llamaban el Galán, que haya santa gloria*" (Barbón Rodríguez, op. cit., parte I, cap.I, p.5).

Castillo, repartidas em nove capítulos; o manuscrito guatemalteco, dezessete, repartidas em doze capítulos.[15] Para fazer essa operação, o interpolador empregou um procedimento sistemático: inseriu o nome de Bernal Díaz del Castillo no interior de diálogos. Ora, a crônica de Cortés é uma narrativa, redigida do começo ao fim em estilo indireto, na primeira pessoa. Hernán só se permitiu raras incisas. Os trechos da *História verídica* escritos em estilo direto são aqueles em que, nomeadamente, aparece Bernal Díaz del Castillo! Não se poderia ter melhor prova de que tais passagens foram intercaladas. Pensando bem, existiriam outras técnicas para inserir o nome de Díaz del Castillo? Expressando-se o narrador na primeira pessoa, seria mais suspeito ainda ouvi-lo episodicamente falar dele próprio na terceira pessoa.[16] Eis um exemplo de acréscimo criado por Francisco Díaz del Castillo, encenando seu pai e o pajem Orteguilla, que Cortés confiara ao imperador Montezuma para lhe servir de intérprete:

---

15 As interpolações contendo o nome de Bernal Díaz del Castillo se encontram nos seguintes capítulos: edição Remón: introdução (*El autor*); 42; 97; 144; 157; 160; 169; 176; 178; 205. *Manuscrito de Guatemala*: 1; 7; 42; 97; 144; 152; 157; 160; 169; 176; 178; 205.

16 Há, no entanto, uma exceção no capítulo CCV. O narrador fala de si na terceira pessoa: "*Y a esto dice Bernal Díaz del Castillo, el autor desta relación, que si esto escribiera Cortés la primera vez que él hizo relación de las cosas de la Nueva España, bueno fuera*" (Castillo, op. cit., p.560). No capítulo CLX, encontramos igualmente uma interpolação que se presta ao riso, assim redigida: "*Había tres soldados que tenían renombre Castillos: el uno de ellos era muy galán y preciábase de ello en aquella sazón, que era yo, y a esta causa me llamaban Castillo, el Galán*" (Ibid., p.391). *El Galán* é, como vimos, o apelido que Díaz del Castillo atribui a seu pai.

> Falando com o pajem Orteguilla, eu lhe tinha dito que queria pedir a Montezuma para ele me dar uma índia muito bonita. E quando Montezuma soube disso, mandou me chamar e se dirigiu a mim nestes termos: "Bernal Díaz del Castillo, dizem-me que você precisa de ouro e de roupas. Vou lhe mandar hoje mesmo uma jovem muito bonita. Cuide muito bem dela, porque é a filha de um senhor. Vou também mandar que lhe deem ouro e roupas de algodão". Eu lhe respondi, com muito respeito, que lhe beijava a mão, agradecendo um tão grande presente e que Deus Nosso Senhor lhe daria muita prosperidade. E, ao que parece, Montezuma perguntou ao pajem o que eu tinha respondido e o pajem lhe traduziu. E Orteguilla me disse que Montezuma lhe havia dito "Bernal Díaz me parece ser de condição nobre". Porque ele nos conhecia todos por nossos nome como eu já disse. E Montezuma me deu três plaquetas de ouro e duas cargas de peças de algodão.[17]

Todas as cenas dialogadas acrescentadas, quer sejam trocas com Cortés, Sandoval, Puertocarrero ou Rangel, são do mesmo tipo. Vamos dizer, elas são tão ridículas quanto impossíveis.

---

17 "*Yo le había hablado a Orteguilla que le quería demandar a Montezuma que me hiciese merced de una india muy hermosa, y como lo supo Montezuma me mandó llamar y me dijo: 'Bernal Díaz del Castillo, hánme dicho que tenéis motolinea de ropa y oro, y os mandaré dar hoy una buena moza; tratadla muy bien, que es hija de hombre principal; y también os darán oro, y mantas'. Yo le respondí, con mucho acato, que le besaba las manos por tan gran merced, y que Dios Nuestro Señor le prosperase. Y parece ser preguntó al paje que qué había respondido, y le declaró la respuesta; y diz que le dijo Montezuma: 'De noble condición me parece Bernal Díaz'; porque a todos nos sabía los nombres como dicho tengo. Y me mandó dar tres tejuelos de oro y dos cargas de mantas.*" (Ibid., cap.XCVII, p.189.)

Poderíamos imaginar Montezuma, alguns dias depois da entrada dos espanhóis na Cidade do México, chamar pelo nome nosso Díaz del Castillo! Por que ele ofereceria uma filha de cacique para companheira? Por que lhe daria ouro e roupas preciosas? Quanto à cena em que Montezuma tece considerações sobre a nobreza de Bernal ao pajem Orteguilla, ela é francamente grotesca. O mal-estar diante dessas interpolações é ainda mais forte porque elas veiculam uma anomalia redibitória. Bernal se chama *Bernal Díaz* desde 1539 e *del Castillo* somente a partir de 1552. Ora, a crônica de Cortés narra acontecimentos que se deram essencialmente entre 1517 e 1525. Está excluído que Bernal tivesse o nome de Díaz del Castillo nessa época, senão o encontraríamos nos arquivos. A falsificação deixa de ser uma simples suspeita.

Outros retoques do texto inicial, realizados por instigação do filho de Bernal, corroboram a captação. Francisco se empenha em dar ao novo autor da *História verídica* uma ascendência honrosa. Bernal torna-se o filho de um Francisco Díaz del Castillo, chamado "*El Galán*" [O Galante], antigo *regidor* de Medina Del Campo. Que ousadia! De outra feita, ele diz ser parente de Diego Velásquez.[18] Que má ideia! Todas as diatribes de Cortés contra o governador de Cuba tornam essa reivindicação incompreensível. Sempre com o propósito de enobrecer seu pai aos olhos da história – de fato, aos olhos dos membros da Audiência da Guatemala –, Francisco transforma o soldado de infantaria de Cortés em soldado a cavalo. Que exista aí um jogo de importância para os interesses de Francisco Díaz Del Castillo, não podemos duvidar. Existia uma enor-

18 "*Diego Velázquez, deudo mío*" (Ibid., cap.I, p.3).

me diferença hierárquica entre o *peón*, o soldado de infantaria, e o *caballero*, o cavaleiro. Evidentemente, só se pode ser cavaleiro possuindo um cavalo, que ainda por cima fica à disposição de uma companhia. Como Francisco não tem vontade de ser o filho de um simples soldado, argumento pouco convincente diante dos tribunais da época, ele confere um cavalo a Bernal, símbolo de nobreza e de engajamento diante dos exércitos do rei. A operação se faz em dois tempos: é interpolado na *História verídica* um episódio pondo em cena os cavalos de Bernal,[19] depois faz-se que venham diante dos tribunais testemunhas prontas a atestar a tradição cavaleiresca da família Díaz Del Castillo.[20] Mas essa intervenção sobre o texto cortesiano é

---

19 "*Sandoval me demandó a mí mi caballo, que era muy bueno, así de juego como de carrera y de camino; y este caballo hube en seiscientos pesos, que solía ser de un Avalos, hermano de Sayavedra, porque otro que traje me le mataron en una entrada de un pueblo que se dice Zulaco, que me había costado en aquella sazón sobre otros seiscientos pesos, y Sandoval me dio otro de los suyos a trueco del que le di, que no me duró el que me dio dos meses, que también me lo mataron en otra guerra, que no me quedó sino un potro muy ruin comprado de los mercaderes que vinieron a Trujillo.*" (Ibid., cap.CLXXXVII, p.497. Ver também cap.CLXXVII, p.470, e cap.CLXIX, p.446.)

20 Francisco Díaz del Castillo lança sua própria *probanza* em fevereiro de 1579, quando seu pai ainda estava vivo. "*Muy poderoso señor: Francisco Díaz del Castillo, vecino desta ciudad, vuestro corregidor del partido de los Suchitepeque desta provincia de Guatemala, hijo legitimo de Bernal Díaz del Castillo, vecino e rexidor desta ciudad, y de Teresa Becerra, su muger, digo: que yo tengo necesidad de hacer probanza de los méritos y servicios del dicho mi padre, y de Bartolomé Becerra, mi agüelo, padre de la dicha Teresa Becerra, mi madre, e de mis servicios y de mi habilidad y suficiencia, e de cómo soy casado e sustento casa con armas y caballos para ocurrir a Vuestra Real persona, para que me haga la merced que fuere servido*" (Barbón Rodríguez, op. cit., parte II, p.836). Ele encontra duas testemunhas para atestarem que seu pai, Bernal, antigo conquistador, participou da conquista por sua conta "com

grosseira, pois, para transformar o narrador da *História verídica* em cavaleiro, seria preciso reescrever completamente o texto, que teria, com isso, perdido todo sabor e equilíbrio. Tal como ela se apresenta, a introdução sub-reptícia do cavalo de Bernal no capítulo CLXXXVII é de uma incongruência que mostra a tentativa de apropriação desajeitada de Francisco.

Outro estigma da interpolação, o filho de Bernal acrescenta aqui e ali um toque anticortesiano. Compreendemos facilmente qual teria sido a pressão do clima político. As perseguições feitas aos partidários do marquês podiam a qualquer momento se estender até a Guatemala. Francisco julgou então prudente enxertar – ou, mais provavelmente, mandar enxertar – algumas tiradas contra o conquistador do México. É claro, Francisco tentou ficar na linha crítica imaginada por Cortés, visando denunciar o pouco reconhecimento que tiveram os conquistadores depois de suas proezas. Mas a falta de jeito é patente. Os acréscimos de Francisco não combinam com a admiração, jacente ou subjacente, manifestada a Cortés em todo o ma-

armas e cavalos". A seguir a declaração de Juan Rodríguez Cabrillo de Medrano: *"Este testigo... entiende que según y de la forma y manera que el dicho Bernal Díaz del Castillo ha tratado y trata su persona y casa, que ha sido con mucho esplendor y abundancia de armas y caballos y criados, como muy buen caballero y servidor de Su Majestad, y de la misma suerte hay noticia lo hizo en las dichas conquistas, y dello hay noticia"* (Ibid., p.840). Juan de Morales caminha no mesmo sentido: *"Dijo este testigo... que en todo, el dicho Bernal Díaz del Castillo había servido como uno de los buenos caballeros y conquistadores de las dichas conquistas, con sus armas y criados y caballos, y a su propia costa y minsión hasta que se acabaron las dichas provincias de conquistar y pacificar, como Dios fue servido, y sirviendo a Su Majestad"* (Ibid., p.845). As testemunhas se pronunciam por ouvir falar, mas a primeira se baseia na "crônica que o denominado Bernal Díaz del Castillo escreveu e compôs". A manipulação do manuscrito serve para influenciar o tribunal.

nuscrito. Francisco insere, por exemplo, um parágrafo para se queixar das distribuições de terras que Cortés teria feito com um espírito de clã.

> E a todos aqueles de Medellín (cidade natal de Cortés) e a outros que pertenciam à casa de grandes senhores e que lhe contavam o que queriam, ele deu o melhor da Nova Espanha. Não digo que teria sido melhor não dar nada a ninguém, porque havia muita terra para distribuir. Mas ele deveria ter reservado primeiro o melhor para aqueles que Sua Majestade queria honrar, bem como para os soldados que o tinham ajudado a tomar posse daquelas terras. Mas, agora que está feito, de que adianta discutir?[21]

A bajulação é um pouco visível demais. O texto de Cortés é tudo, menos legitimista; também, tais intervenções são tão visíveis quanto o nariz no rosto.

---

21 "*Su Majestad muchas veces se lo mandaba y encargaba por sus reales cartas misivas, y no daba Cortés nada de su hacienda, y habíales de dar con que se remediasen, y en todo anteponerles; y siempre cuando escribiese a los procuradores que estaban en Castilla en nuestro nombre, que procurasen por nosotros, y el mismo Cortés había de escribir a Su Majestad muy afectuosamente para que nos diese para nosotros y nuestros hijos cargos y oficios reales, todos los que en la Nueva España se hubiese; mas digo que mal ajeno de pelo cuelga, y que no procuraba sino para él la gobernación que le trajeron antes que fuese marqués, y después que fue a Castilla y vino marqués... A todos cuantos vinieron de Medellín y otros criados de grandes señores, que le contaban cuentos de cosas que le agradaban, les dio lo mejor de la Nueva España; no digo yo que era mejor dejar de dar a todos, pues que había de qué, mas que había de anteponer primero los que Su Majestad le mandaba, y a los soldados, quien le ayudó a tener el ser y valor que tenía, y ayudarles, y pues que ya es hecho, no quiero recitar más.*" (Castillo, op. cit., cap.CLXIX, p.441-2.)

Que Francisco tenha querido transformar o texto da *História verídica* em um documento de apoio a suas pretensões transparece em vários lugares. Lembramos que Bernal Díaz Del Castillo teve a ideia de conseguir *repartimientos* em troca daqueles que lhe teriam roubado em Chamula, Teapa e Mincapa, nas Chiapas. Quando aparece a menção a Teapa no texto original, Francisco, fazendo falar seu pai, aproveita para acrescentar: "Nessa época, Teapa formava uma aglomeração onde todas as casas se tocavam; era uma das maiores aglomerações dessa província e pertencia a minha *encomienda*, que me tinha sido dada por Cortés; e, ainda hoje, tenho as escrituras delas assinadas por Cortés".[22] Mesmo se essa ideia parte de um sentimento interessado, ela é desastrosa. Essa afirmação no meio de uma frase vem em contradição com os prolegômenos da *História verídica*: "[...] não possuo outras riquezas para deixar a meus filhos e descendentes senão esse verídico e notável relatório" (cf. *supra*, p.46). Ela entra em dissonância com o tom da obra, concebida como uma enorme queixa de um simples soldado esquecido na divisão das terras. Contradiz afinal outras interpolações como a que figura anteriormente, visando denegrir Cortés, que não teria dado nada ao pobre Bernal. Pode-se imaginar inabilidade maior?

Em outra parte, para fingir não ter relação com Cortés, Francisco modifica um parágrafo do autorretrato que o marquês tinha tido o cuidado de colocar no fim de sua crônica. Esse parágrafo transforma Hernán em comandante teimoso...

---

22 "*Teapan, que en aquella sazón todo era un pueblo y estaban juntas casas con casas, y era una poblazón de las grandes que había en aquella provincia, y estaba en mí encomendada, dada por Cortés, y aún hoy en día tengo las cédulas de encomienda firmadas de Cortés.*" (Ibid., cap.CLXVI, p.428.)

que não escuta seus soldados.[23] Mas, querendo se mostrar crítico para evitar acusações de cumplicidade cortesiana, o interpolador vai de encontro à própria essência do personagem inventado por Cortés: esse porta-voz da base dos soldados emprega um nós que mostra o apoio de todos e não perde nenhuma ocasião de dizer o quanto a palavra desses soldados era levada em conta pelo capitão geral.

Na verdade, o desejo de riqueza se dissimula bem mal por trás de um desejo de glória atribuído erradamente ou com razão a seu pai.

> Meus companheiros de conquista sempre me colocaram entre os mais valentes e me consideraram como o mais antigo de todos. E eu digo e repito, eu, eu e eu, sou o mais antigo e servi Sua Majestade como muito bom soldado... Mas, agora, eu sou velho demais para ir a Castela diante de Sua Majestade para lhe expor tudo o que fiz para seu real serviço e para solicitar as recompensas que mereço e que ela me deve.[24]

---

23 "*Y era muy porfiado, en especial en las cosas de la guerra, que por más consejo y palabras que le decíamos en cosas desconsideradas de combates y entradas, que nos mandaba dar cuando rodeamos en los pueblos grandes de la laguna; y en los peñoles que ahora llaman del Marqués le dijimos que no subiésemos arriba, en unas fuerzas y peñoles, sino que le tuviésemos cercado, por causa de muchas galgas que desde lo alto de la fortaleza venían desriscando, que nos echaban, porque era imposible defendernos del golpe e ímpetu con que venían, y era aventurar a morir todos, porque no bastaría esfuerzo ni consejo ni cordura, y todavía porfió contra todos nosotros, y hubimos de comenzar a subir, y corrimos harto peligro, y murieron ocho soldados, y todos los más salimos descalabrados y heridos, sin hacer cosa que de contar sea, hasta que mudamos otro consejo.*" (Ibid., cap.CCIV, p.557.)

24 "*Entre los fuertes conquistadores mis compañeros, puesto que los hubo muy esforzados, a mí me tenían en la cuenta de ellos, y el más antiguo de todos, y digo otra*

Todas as interpolações devidas a Francisco Díaz del Castillo oscilam entre o ingênuo e o ridículo.

Se prestarmos atenção nesses pontos, são essas correções absurdas que foram apontadas pelos leitores mais críticos de Bernal. E elas o foram porque, efetivamente, desnaturam o tom da crônica e a psicologia do autor anônimo imaginado por Cortés. O que os comentadores de Díaz del Castillo louvaram deriva da pena e do talento do antigo capitão geral; o que esses mesmos autores encontraram de medíocre na *História verídica* – essa obsessão por uma pequena glória vã, esse rancor de quem foi esquecido, essa fatuidade incompreensível – corresponde às correções introduzidas por um gênio mau chamado Francisco Díaz del Castillo. A história agora se torna clara e as contradições se explicam.

Permanece a questão da amplitude dessas modificações. Felizmente elas foram pouco invasoras. Por razões de economia, o filho de Bernal cuidou de concentrar suas intervenções. Elas concernem, principalmente, à introdução e ao começo do primeiro capítulo do *Manuscrito de Guatemala*. Observemos que Remón não publicará esse remanejamento introdutório que cobre três páginas, julgando-o, provavelmente, suspeito e contraditório com o resto da narrativa. Simetricamente, as interpolações são reagrupadas no final da crônica. Há quatro capítulos que parecem ser puras e simples invenções. Um é consagrado à figura de

vez que yo, yo y yo, dígolo tantas veces, que yo soy el más antiguo y lo he servido como muy buen soldado a Su Majestad, y diré con tristeza de mi corazón, porque me veo pobre y muy viejo y una hija para casar y los hijos varones ya grandes y con barbas y otros por criar, y no puedo ir a Castilla ante Su Majestad para representarle cosas cumplideras a su real servicio y también para que me haga mercedes, pues se me deben bien debidas." (Ibid., cap.CCX, p.583-4.)

Alvarado, quando este era governador da Guatemala (capítulo CCIII). Outro narra a viagem – real – que fez Díaz del Castillo à Espanha, em 1550 (capítulo CCXI). Dois outros, finalmente, os dois últimos, não figuram nem na edição de Remón nem no manuscrito Alegría e são geralmente considerados como acréscimos bastante desajeitados; um toma partido contra a escravidão e traça um retrato fantasioso de Bernal, *encomendero* de Coatzalcoalco (!) e libertador dos primeiros escravos (capítulo CCXIII); o outro faz uma lista dos governadores do México... e da Guatemala até 1568 (capítulo CCXIV). Quanto ao capítulo final (capítulo CCXII), temos a prova de seu remanejamento, pois que dele nos chegaram três redações diferentes: uma consta da edição de 1632 e duas variantes foram conservadas no *Manuscrito de Guatemala*. Os capítulos CCIV a CCX, de sabor cortesiano, receberam correções intempestivas, que identificamos perfeitamente com a maneira pela qual Francisco louva seu pai e fala de Cortés, dizendo pomposamente "o valoroso dom Hernando Cortés". Essa maneira de se expressar está em contradição com a que o narrador da *História verídica* diz ao longo da narrativa, ou seja, que ele sempre chama seu herói de Cortés, simplesmente, porque essa era a maneira pela qual o chamavam seus homens.[25]

---

25 "*Y pues viene ahora a coyuntura, quiero decir, antes que más pase adelante en esta mi relación, por qué tan secamente en todo lo que escribo, cuando viene a pláticas decir de Cortés, no le he nombrado ni nombro don Hernando Cortés, ni otros títulos de marqués, ni capitán, salvo Cortés a boca llena. La causa de ello es porque él mismo se preciaba de que le llamasen solamente Cortés, y en aquel tiempo no era marqués, porque era tan tenido y estimado este nombre de Cortés en toda Castilla como en tiempo de los romanos solían tener a Julio César o a Pompeyo, y en nuestros tiempos teníamos a Gonzalo Hernández, por sobre-nombre*

Em março de 1575, Bernal – ou seu grupo – decide enviar o manuscrito ao rei Filipe II, na Espanha. Tal expedição é um pouco estranha. Primeiro, o envio é falsamente anônimo. O nome de Bernal Díaz del Castillo não figura no cabeçalho do manuscrito. Sabemos que as referências nominais foram escritas no corpo do texto, no interior do documento. Apesar de tudo, para mais segurança, uma mão não identificada discretamente inseriu entre duas páginas uma folha solta na qual Bernal Díaz del Castillo é claramente designado como sendo o autor. Nós sabemos disso, pois o padre Remón irá encontrar essa nota.[26] O velho Bernal Díaz del Castillo, de posse do documento, se contenta em servir de garantia de autenticidade. A carta que acompanha o envio se limita a dizer: "Um conquistador que está dentre os primeiros da Nova Espanha vos remete uma história que ele garante verídica enquanto testemunha ocular".[27] Os falsificadores tomaram uma posição de muita prudência. Mas tudo foi feito para que se acreditasse em uma redação guatemalteca terminada em 1568.

A data da remessa – 1575 – marca evidentemente o fim das emendas e das correções imputáveis ao militantismo de Fran-

---

Gran Capitán, y entre los cartagineses Aníbal, o de aquel valiente nunca vencido caballero Diego García de Paredes." (Ibid., cap.CXCIII, p.515.)

26 Alonso Remón confessa, em sua *Historia general de la Orden de Nuestra Señora de la Merced Redencion de Cautivos*, t.II, fol. 115r e 115v, que encontrou a nota biográfica sobre Bernal no final do manuscrito.

27 "*Un conquistador de los primeros de la Nueva España le dio una ystoria que enbía y la tiene por verdadera como testigo de vista...*" (Archivo general de Centroamérica [Audiencia 10.R.2. Nº 22 a]. In: Barbón Rodríguez, op. cit., parte II, p.1060.)

cisco. Esse envio tem um corolário: existe doravante uma cópia do manuscrito em Santiago da Guatemala, nas mãos do filho de Bernal. Imagina-se mal que a família Díaz tenha aberto mão unilateralmente de um documento original, reformulado para servir diante dos juízes da Guatemala como prova de nobreza e atestado pelos serviços prestados à Coroa. A família Díaz deve ter guardado uma cópia. Aliás, em datas posteriores a 1575, várias testemunhas – cerca de uma dezena – virão falar do manuscrito que se encontra inicialmente nas mãos de Francisco e em seguida nas de seu filho Ambrosio.[28] Compreende-se, nessa ocasião, a aposta financeira que essa crônica representava, e que justificou um investimento tão importante quanto a realização de uma cópia de mais de 300 folhetos.

Dia 25 de março de 1575, o manuscrito de Cortés – sub-repticiamente alterado – singra novamente rumo à Espanha. A usurpação está a caminho. Quem, nesse instante, em Santiago da Guatemala, poderia imaginar que o obscuro Bernal Díaz del Castillo, rico proprietário rural com sua escrita desajeitada, seria um dia autor de renome mundial?

A vida do manuscrito na Espanha: a edição de Alonso Remón. 1575-1632

Aranjuez, 21de maio de 1576. A Coroa recebe o envio da crônica. Depois de um ano. Tempo de latência burocrática. Depois disso, nada acontece. Bernal morre em 3 de fevereiro de

28 Sobre a existência de uma cópia do manuscrito que permaneceu na Guatemala depois de 1575, ver ibid., p.56-60.

1584. Um ano depois, no início do ano de 1585, o silêncio se rompe. Díaz del Castillo está inscrito em uma lista de cronistas, estabelecida por Alonso de Zorita algumas semanas antes de sua morte. Esse Zorita, que exuma Bernal, não é qualquer um. Foi membro da Audiência, na Guatemala, de 1553 a 1556, depois na Cidade do México, de 1556 a 1566. Foi testemunha da chegada dos três irmãos na Nova Espanha e das manobras hesitantes de Martín Cortés. Assim que assumiu sua função, o visitante Valderrama o inculpará por concussão. Para salvar sua honra, Zorita se demitirá e tomará um barco para voltar à Espanha, em 1566. O que não impedirá que seja condenado a uma multa valiosa em 1572, acusado de corrupção. Por causa disso, guardará, até o fim da vida, uma grande animosidade contra Martín Cortés, que interrompeu sua carreira. A maneira pela qual ele instala Bernal Díaz del Castillo no fechado clube dos cronistas é ambígua: ele finge não ter lido a *História verídica* e conhecer a crônica apenas de nome, tendo se encontrado com Bernal em Santiago de Guatemala. Mas é possível acreditar nele? Um ano depois do desaparecimento do usurpador, não seria a hora de avalizar a captação? Não teria ele tido o prazer de conceder um estatuto oficial a uma testemunha que parecera a seus olhos crítica de Hernán Cortés? Não se estaria em presença de uma discreta vingança? O que é certo é que o manuscrito de Cortés, revisto por Francisco Díaz, tem agora um autor reconhecido, Bernal Díaz del Castillo, *regidor* de Santiago. Contra toda expectativa, a verificação sobre a paternidade do manuscrito teve sucesso. No final do século, o famoso compilador Herrera tem acesso à *História verídica* – ainda sem título –, inspira-se nela e cristaliza a credibilidade do soldado-cronista citando-o desde 1601. Enquanto isso, o manuscrito está esquecido em alguma biblioteca real.

A força política do clã cortesiano foi quebrada. Realmente, o segundo marquês do Vale obteve sua anistia; volta de Oran em 1574. Seus bens lhe são oficialmente devolvidos, mas lhe é interditado voltar para a Nova Espanha. É um homem aniquilado, que se extingue em Madri, em 1589, em 13 de agosto, dia do aniversário da queda de Tenochtitlán. Seus dois irmãos, escaldados por sua aventura, rivalizam de agora em diante em discrição. Em suas tribulações, os filhos de Hernán perderam vestígio do manuscrito. Cortés, é claro, tem sempre defensores entusiastas, como Gabriel Lasso de la Vega,[29] Antonio de Saavedra Guzmán[30] ou Francisco de Terrazas,[31] e

29 Gabriel Lasso de la Vega, nascido em Madri em 1555, publicou em 1588 um poema épico em honra de Cortés, em doze cantos, intitulado *Primera parte de Cortés valeroso y Mexicana*. Nessa edição, feita em Madri, célebre pelo retrato de Cortés que aparece na capa, se encontram uma carta de apoio de Martín Cortés ao autor, datada de 13 de julho de 1582, e uma dedicatória do autor a Martín, com data de 15 de maio de 1586, assim como três homenagens a seus filhos Fernando, Gerónimo e Pedro. Depois da morte de Martín, Lasso de la Vega publicou, em 1594, uma segunda edição intitulada apenas *Mexicana*, comportando dessa vez 25 cantos. Ele a dedicou a Fernando, filho mais velho de Martín e terceiro marquês do Vale. Os elogios a toda família Cortés se encontram no livro XI.

30 Guzmán, *El peregrino indiano*. O autor, nascido na Cidade do México, descendente de conquistador, compôs, entre 1590 e 1597, esse hino histórico-épico em vinte cantos versificados à glória de Cortés.

31 Francisco de Terrazas, nascido na Cidade do México, é filho de um companheiro de armas de Cortés. Por volta de 1580, ele escreveu, no México, *Nuevo mundo y conquista*, uma obra épica versificada da

todos escrevem homenagens versificadas ao conquistador do México, mas esses poemas heroicos, na verdade, não podem ser comparados à *Eneida*! O cortesianismo, perseguido, deixou de ser uma opção política viável para o México. Nesse contexto, parece duvidoso que um anjo da guarda tenha se empenhado em seguir o destino do manuscrito de Cortés em suas idas e vindas. As páginas de Valladolid, entregues a elas mesmas, esperam pelo paraíso das letras.

Por volta de 1625, entra em cena um curioso personagem. É um famoso dramaturgo, que tem outra bala na agulha: ele é eclesiástico. Alonso Remón nasceu em Cuenca, em 1561. Em uma primeira vida, trava amizade com um autor célebre, Lope de Vega, que é seu contemporâneo. Rivaliza com ele. O brio de Remón é insaciável; autor dramático em voga, escreve cerca de 200 peças de teatro.[32] Em 1605, Remón entra para os mercedários. No convento de Toledo, simpatiza com um jovem frade chamado Gabriel Téllez. Talvez tenha sido Alonso que lhe comunicou sua paixão pelo teatro: o fato é que Téllez se lança

---

qual conhecemos apenas um fragmento (167 versos), citado por Baltasar Dorantes de Carranza em sua *Sumaria relación de las cosas de la Nueva España* (1604).

32 Alonso Remón recusou que seu teatro fosse editado. Da mesma forma, menos de uma dezena de suas peças chegaram até nós na forma manuscrita. Mas a notoriedade de Remón não foi por isso menor. Em *Buscón de Quevedo*, podemos ler, por exemplo: "*me acuerdo yo antes que si no eran comedias del buen Lope de Vega y Ramón* (sic), *no había otra cosa*". No prólogo de sua *Ocho comedias y ocho entremeses*, Cervantes presta homenagem "às obras do doutor Remón, que são as melhores depois daquelas do grande Lope de Vega" [*los trabajos del doctor Remón, que fueron los más, después de los del gran Lope*].

na dramaturgia com o nome de Tirso de Molina. Com ou sem razão, a crítica suspeita que os dois mercedários escreveram algumas peças a quatro mãos.[33] Por seu lado, Lope de Vega, pai de quinze filhos nascidos de sete mulheres diferentes, muda de vida aos 52 anos e se ordena padre em 1614. Alguns anos mais tarde, Tirso de Molina cria o personagem de Don Juan ao escrever o *Burlador de Sevilla*. Esse divertido trio de eclesiásticos alegres e cultos se divide entre a poesia, o teatro, a Corte e certo apetite pela vida. Até então, nada, absolutamente nada, predispõe Remón, figura do meio literário do Século de Ouro, a se tornar o editor de Bernal Díaz del Castillo. Até hoje, não foi encontrado nenhum vestígio de qualquer ligação com a família de Cortés ou de um interesse particular do mercedário pela Guatemala ou pelo México. Para explicar o encontro improvável entre Remón e Díaz del Castillo, deve-se apelar para um tênue fio de Ariadne. Em 1617, frei Alonso Remón foi nomeado cronista de sua ordem. Ele põe mãos à obra e publica no ano seguinte os materiais reunidos por seu predecessor para formar o primeiro tomo da *História geral da ordem de Nossa Senhora das Mercês*. Quem diz cronista, diz arquivos, bibliotecas, manuscritos... Seria então possível imaginar que, ao longo de suas pesquisas, nosso mercedário dramaturgo se depara por acaso com a *História verídica* e se entusiasma com sua leitura a ponto de querer publicá-la. É uma hipótese plausível. No entanto, outra coisa poderia ter acontecido. Remón poderia ter sido procurado por um interlocutor influente, que o teria convencido a editar a crônica. Mas, com que propósito? Falta-

33 É o caso, por exemplo, de *¿De cuándo acá nos vino?* Tirso teria escrito os atos 1 e 3, e Remón, o ato 2.

-nos claramente um elo. Somos forçados a constatar que a ordem mercedária decide, por volta de 1625, assumir a publicação da obra e emprega vários recursos pondo à disposição de Remón revisores e copistas.

HISTORIA
VERDADERA
DE LA CONQVISTA
DE LA
NUEVA-ESPANA.
ESCRITA
Por el Capitan Bernal Diaz del Caſtillo,
vno de ſus Conquiſtadores.
SACADA A LVZ
Por el P.M.Fr. Alonſo Remon, Predicador, y Coroniſta General del Orden de Nueſtra Señora de la Merced Redempcion de Cautivos.
A LA CATHOLICA MAGESTAD
DEL MAYOR MONARCA
DON FELIPE QVARTO,
Rey de las Eſpañas, y Nuevo Mundo, N. Señor.
CON PRIVILEGIO.
En Madrid en la Imprenta del Reyno. Año de 1632.

Frontispício da primeira edição de Díaz del Castillo, preparada pelo frei Alonso Remón. Datada de 1632, oferece uma simples capa calcográfica. (Conforme Barbón Rodríguez, 2005.)

Frontispício da segunda edição, enfeitada com uma gravura de Jean de Courbes e aumentada em um capítulo. Contemporânea da precedente (1632), essa edição, mais elegante, não traz, no entanto, uma data. (Cortesia de Carlos Slim/Carso.)

Qual poderia ter sido a justificativa para tal decisão? Para falar a verdade, ela é fraca e se deve à presença de um mercedário ao lado de Cortés, no período inicial da conquista: o padre

Bartolomé de Olmedo. Incondicional admirador do capitão geral, capelão de sua tropa, Olmedo será inúmeras vezes de providencial ajuda ao conquistador. Ele é hábil, firme, diplomata. Possui inteligência prática, a fé matizada com racionalismo. Tem forte personalidade; sua silhueta não passa despercebida. Certamente. Mas a existência desse Bartolomé de Olmedo justificaria a implicação da ordem da Misericórdia na edição da crônica de Díaz? Provavelmente não. Nesse ponto Remón vai exagerar para engrandecer a ação mercedária no México. Inicialmente, encomenda ao gravador francês Jean de Courbes um frontispício bastante explícito. Em uma decoração clássica de frontão com colunas coríntias, o artista representou Cortés à esquerda e Olmedo à direita, sob uma legenda latina: *America condita manu* [*et*] *ore* [A América foi fundada pela mão e pela boca]. Ou seja: "pelas armas e pela predicação". Cortés, com seu bastão de comando, está colocado sob o signo da força [*manu*]; Olmedo, com sua cruz, sob o signo da palavra [*ore*]. Sob os pés do conquistador figura o escudo – mestiço – de Cortés; sob os de Olmedo, as armas da ordem da Misericórdia. O que surpreende imediatamente é a simetria da composição. Os mercedários estão postos simbolicamente em pé de igualdade com Cortés. Tem-se o sentimento de que cada um teve parte igual na conquista e na conversão do México. Enquanto a participação mercedária se reduz a uma única pessoa! Esse frontispício é em si um desvio da realidade.

Em seguida, frei Rémon vai proceder a correções e a acréscimos no texto de Cortés, já revisto por seu filho Martín, depois por Francisco Díaz del Castillo. Essa terceira série de interpolações foi durante muito tempo identificada sob o nome de "interpolação mercedária". No entanto, as intervenções de

Remón foram mais substanciais do que se diz. O mercedário vai fazer, na verdade, três tipos de correções: ele se empenha em aperfeiçoar o papel de Olmedo, introduz a referência a Illescas e procede a um grande número de "correções editoriais".

A "interpolação mercedária" foi amplamente estudada.[34] Não há nenhuma dúvida que Remón burlou os fatos, demonstrando que um bom dramaturgo não é necessariamente um bom historiador. Ele atribui a Olmedo um papel que esse último jamais teve. Usando de uma estranha liberdade com a verdade, o editor de Bernal apresenta Olmedo como o pioneiro da evangelização da Guatemala. Ora, a conquista da Guatemala, sob a férula de Alvarado, ocorreu em 1523-1524, sem a presença do religioso, que permaneceu na Cidade do México, onde deveria morrer na segunda metade do ano de 1524. A cena na qual o padre Olmedo batiza o cacique de Quetzaltenango é, pois, puramente imaginária.[35] Da mesma forma, frei Remón, procurando concorrer com os franciscanos, introduz uma falsificação notória ao afirmar que Cortés voltou de sua viagem à Espanha em 1530 acompanhado por doze irmãos

---

34 Sobre a interpolação mercedária, ver em particular Santamaría, op. cit., p.31 et seq., e Barbón Rodríguez, op. cit., p.74-9.

35 Ver a edição Remón, 1632, cap. CLXIV, fol. 175r. A intercalação destinada a atestar a presença de frei Olmedo na conquista da Guatemala é, aliás, bastante inverossímil. "*Frai Bartolomé de Olmedo que era amigo grande de Alvarado, le demandó licencia a Cortes para irse con él, e predicar la fe de Iesu Christo a los de Guatimala: mas Cortes que tenia con el fraile siempre harta comunicacion, dezia que no, y que iria com Alvarado un buen clerigo que avia venido de España con Garai, e que tuviesse voluntad de quedarse para predicar la Pascua del Nacimiento de Iesu Christo. Mas el fraile tanto le cansó, que se huvo de ir con el Alvarado, aunque con poca voluntad de Cortés que siempre con él hablava de todos los negocios.*" (Ibid., fol. 174r.)

mercedários,[36] o que não foi o caso. O interpolador vai até mesmo dar o nome do chefe desse grupo fictício, como inventou a presença, no México, de outros dois irmãos mercedários, cujos nomes passaram para os anais da mistificação.[37] No entanto, esses acréscimos visando a ação mercedária na Nova Espanha restam marginais e relativamente inocentes pelo fato de serem perfeitamente identificáveis.

Por outro lado, um autor de teatro, dotado de uma boa escrita, cuja profissão é a de inventar personagens, pode se transformar em um risco real para a integridade de um manuscrito. E nesse plano, as correções de Alonso Remón foram muito mais além do que se acreditava até então. Ele se permitiu principalmente introduzir um outro personagem na *História verídica*: Illescas. Recordemos que o padre Gonzalo de Illescas é esse historiador da Igreja que consagrou sua vida a escrever uma imponente *História pontifical e católica*. A parte de sua obra referente ao século XVI foi publicada apenas em 1573. Ora, esse autor aparece citado inúmeras vezes na crônica de Bernal Díaz del Castillo. Para conhecer Illescas, é preciso ser um homem da Igreja, caso de Remón; como cronista de sua ordem, essa leitura lhe era mesmo indispensável. Para mencionar Illescas, é preciso também escrever a uma data posterior a 1573, o que não pude-

36 Ibid., cap.CXCIX, fol. 231v.

37 O chefe da pseudo-*misión* dos doze mercedários é chamado de Juan de Leguizamo. É tido como "originário de Biscaia, de boa cultura e santo" [*biscayno, buen letrado y santo*]. Os outros mercedários apócrifos são Juan de las Varillas, "originário de Salamanca" [*natural de Salamanca*], e Gonzalo de Pontevedra. Eles teriam passado de Cuba à Nova Espanha. Segundo Remón, Juan de las Varillas teria acompanhado Cortés a Las Hibueras.

ram fazer nem Cortés nem Francisco Díaz del Castillo. Como Cortés utiliza o procedimento do "frente a frente" com Gómara, e também é possível que ele tenha algumas vezes associado o elitista Jovio ao nome de Gómara, não seria nada complicado para Remón acrescentar outro nome à lista, neste caso o de Illescas. Retratando um Bernal Díaz del Castillo que empresta a voz contra esse historiador da Igreja, Remón tentava turvar o conteúdo desse livro de referência. A testemunha ocular, o homem de ação Bernal Díaz del Castillo, comprometia assim sua palavra para negar qualquer virtude à narrativa de Illescas. Fica clara a manobra: para dar corpo à falsificação mercedária, seria preciso sustentar a versão "reinventada" por Remón pelo testemunho de um ator da conquista. O manuscrito vindo da Guatemala caía como uma luva. A difamação de Illescas que, evidentemente, o rústico Bernal não teria podido conhecer, permitia melhor passar a interpolação mercedária. Cortés, na verdade, tinha soprado a ideia ao dramaturgo: pode-se ter aí duas verdades, a dos historiadores oficiais, organizada para o bem da causa, e a das testemunhas, que forma a história "verídica". Mas, no teatro da conquista, o que são os atores? São eles mesmos ou desempenham um papel?

A questão das correções "editoriais" de Alonso Remón é de tratamento mais delicado. Pois estamos diante de um verdadeiro escritor, que sabe, como todo dramaturgo, assumir personalidades variadas e brilhantemente se expressar "à maneira de". O que podemos, o que devemos imputar-lhe? Devemos-lhe, inicialmente, ter enfim dado um título à crônica: *História verídica da conquista da Nova Espanha escrita pelo capitão Bernal Díaz del Castillo, um de seus conquistadores, publicada pelo frei Alonso Remón, predicador e cronista geral da ordem de Nossa Senhora das Mercês e da Redenção dos*

Cativos.[38] Note-se que o mercedário toma aqui, mais uma vez, uma liberdade com o conteúdo da narrativa, qualificando Bernal Díaz del Castillo de "capitão"; esse título não é, com efeito, em nenhum momento reivindicado pelo narrador, muito pelo contrário. Sabemos também que o mercedário permitiu-se reescrever o prólogo, intitulado "*El autor*". Ele, é claro, conservou a menção da identidade do autor; conservou também a data de 26 de fevereiro de 1568 para autenticar o fim da redação da obra. Esses dois elementos lhe pareceram constitutivos da credibilidade da crônica. A data de 1568 situa a confecção da *História verídica* mais de quarenta e oito anos depois da entrada de Cortés em Tenochtitlán; é o máximo aceitável, mesmo se isso pareceu bem tardio a Rémon. Mas, as poucas referências aos acontecimentos ocorridos na Cidade do México em 1566 terminaram por convencer o mercedário. Sabemos, todavia, que ele é o autor desse prólogo. Por um lado, ele introduz "o doutor Illescas" já na décima terceira linha! Por outro lado, ele se dedica a escrever uma bela frase à moda antiga, supostamente à maneira dos cronistas do século XVI. "Terminei de passar a limpo essa História a partir de minhas memórias e de meus rascunhos, nessa muito leal cidade de Guatemala, onde reside a Audiência Real, aos 26 do mês de fevereiro de 1568."[39] Ora, há uma incoerência. Em

38 *Historia verdadera de la conquista de la Nueva España. Escrita por el capitan Bernal Díaz del Castillo, uno de sus conquistadores. Sacada a luz por el P. M. Fr. Alonso Remon, Predicador, y Coronista General del Orden de Nuestra Señora de la Merced, Redencion de Cautivos.* As letras P. M. Fr. significam *Padre Maestro Fray*, ou seja, Padre Mestre Frei.

39 "[...] *desque mi Historia se vea, dará fe e claridad dello, la qual se acabó de sacar en limpio de mis memorias, e borradores en esta muy leal ciudad de Guatimala, donde reside la Real Audiencia, en veinte y seis días del mes de febrero de mil y quinientos y sesenta y ocho años.*" (In: Barbón Rodríguez, op. cit., parte I, p.1.)

26 de fevereiro de 1568, a sede da Audiência é no Panamá! Vimos que a sede da Audiência dos Confins foi transferida para o Panamá em 1565. Um certo Francisco Briceño foi então nomeado governador e capitão geral do reino da Guatemala, que foi associado ao vice-rei da Cidade do México. O princípio do reestabelecimento da Audiência na Guatemala foi declarado em junho de 1568, depois do fracasso da restauração cortesiana. Mas, o novo presidente designado, Antonio González, só assumirá suas funções em Santiago de Guatemala em 5 de janeiro de 1570. É, pois, absurdo designar a "muito leal cidade de Guatemala" como sede da Audiência Real em fevereiro de 1568. Nenhum residente da Guatemala seria capaz de escrever tal coisa nesse momento preciso. Muito menos, aliás, Bernal, que em sua carta de 1567 ao rei se queixa explicitamente da transferência da Audiência para o Panamá.[40] Esse erro assina então a interpolação de Alonso Remón, que, sessenta anos depois dos fatos, não tem nenhuma ideia do que era a realidade política centro-americana na época de Bernal Díaz del Castillo. Por querer fazer uma bela frase, foi pego em flagrante delito de reescrita.

O problema é que frei Alonso tomou gosto em passar, sistematicamente, por cima do narrador original para "enobrecer" seu estilo. Pôs-se a localizar as concordâncias de tempo duvidosas, apagar uma parte da rispidez que Cortés tinha intencionalmente posto na boca de seu personagem. Também homogeneizou o contexto cronológico. Como exemplo, o narrador de *História verídica*, em determinado momento,[41] menciona uma carta de agradecimento de Ferdinando de Habsburgo, o

40 Ver ibid., parte II, p.1047.
41 No capítulo CLXVIII.

irmão caçula de Carlos V, com quem Cortés manteve sempre boas relações. Fala dele denominando "rei da Hungria e rei dos romanos, irmão do imperador nosso senhor". Um dos corretores contratados por Remón aponta uma contradição: Carlos V morreu em 1558, e Ferdinando I em 1564. Como seria possível, em 1568, falar no presente? O texto foi então corrigido e a palavra "irmão" foi substituída por "pai".[42] A coerência cronológica fica salva. Mas, no modelo dessa intervenção, quantas "correções editoriais" não terão sido feitas a nossa revelia?

O irmão Remón morreu em 23 de junho de 1632, antes de ter visto impressa a obra de Bernal Díaz del Castillo. Seu amigo, Tirso de Molina, herda a função de cronista da ordem. Da Tipografia Real de Madri surgem, uma após outra, duas edições. O manuscrito da *História verídica* desaparece. Mas a versão impressa se encarrega, agora, de instalar o admirável escritor-soldado no firmamento dos cronistas.

O retorno do manuscrito à Guatemala: o tempo da clandestinidade. Século XVII-século XIX

Depois de 1632, a história de Bernal Díaz del Castillo e de seu manuscrito apresenta sérias incógnitas. A vulgata, admitamos, não satisfaz nenhum dos mistérios que cercam o futuro da obra manuscrita. Oficialmente, em 1632, existem duas

42 A redação primitiva fornece: "*el rey don Hernando de Ungria, rey de romanos, hermano del emperador nuestro señor*". Depois da correção de Remón, o texto se torna: "*el rey don Hernando de Ungria, rey de romanos que ansi se nombraba, padre del emperador que agora es*".

versões impressas, uma com uma página de título tipografada, outra com o frontispício de Courbes e um capítulo adicional apócrifo, sem relação com o texto de Bernal Díaz del Castillo, narrando os presságios que anunciaram a vinda dos espanhóis e a destruição da primeira fundação de Santiago de Guatemala. Por outro lado, acredita-se existirem na Guatemala dois manuscritos: um é o famoso *Manuscrito de Guatemala*, coberto de correções, de rabiscos e de rasuras, onde se encontra a mão de seis copistas, que intervêm aleatória e não sucessivamente. O outro é chamado "Manuscrito Alegría"; é reputado ser uma cópia passada a limpo do precedente; teria sido executado na Guatemala e terminado em 14 de novembro de 1605;[43] é obra de um copista único e traz a assinatura de Ambrosio del Castillo, filho de Francisco e neto de Bernal.[44] De acordo com a tradição historiográfica, Bernal, depois do envio de uma cópia para a Espanha, em 1575, teria continuado até sua morte a corrigir seu "rascunho". Quase cego, com mãos trêmulas, teria coberto o manuscrito de minúsculos retoques, retomando palavra por palavra o que havia escrito. E sem que se conheça o motivo, seu filho Francisco teria financiado uma cópia "limpa" da obra, vinte anos depois da morte do pai. Todos os críticos, há um século, se dedicaram a comparar o texto impresso com o texto do *Manuscrito de Guatemala*, considerando o texto de Guatemala como mais "autêntico". E ninguém – ao que parece – se

43 Acreditou-se poder tirar essa informação de uma frase que figurava no *Manuscrito de Guatemala*, sob a falsa assinatura de Bernal, fol. 288A. Em si mesmo, o Manuscrito Alegría não apresenta nenhuma data de confecção.

44 Ambrosio del Castillo apôs sua assinatura duas vezes: no final do texto, fol. 324v, e depois do índice, fol. 330v.

alarmou com o desaparecimento do manuscrito que serviu de base para a edição de 1632.

Parece possível retomar a investigação sob outra perspectiva. Possuímos, com efeito, um testemunho capital, datado de 1629. Procede de um certo Antonio de León Pinelo, antigo residente de Lima, contratado, em 1624, pelo Conselho das Índias como *relator*. Inicialmente estava encarregado de fazer uma compilação das leis relativas às possessões espanholas da América, depois um catálogo dos escritos sobre a história das Índias Ocidentais. Conhecido pelo nome de *Epitome*,[45] esse catálogo, publicado em 1629, em Madri, menciona Bernal Díaz del Castillo. E a referência dada por ele é extremamente interessante:

> Bernal Díaz del Castillo. História da conquista da Nova Espanha. Manuscrito. Grande volume que se encontra nessa Corte onde o frei Alonso Remón o traz corrigido, pronto para a impressão. Contém trezentos folhetos. Impresso do original que vi na posse de dom Lorenzo Ramírez de Prado, membro do Conselho Real das Índias.[46]

---

45 Pinelo, *Epitome de la Biblioteca oriental i occidental, nautica i geografica. Al Excelentisimo Señor Don Ramiro Nuñez Perez Felipe de Guzman... por el licenciado Antonio de Leon. Relator del Supremo i Real Consejo de las Indias. Con privilegio. En Madrid, por Juan Gonzalez. Año de MDCXXIX* (com frontispício de J. de Courbes).

46 "*Bernal Díaz del Castillo. Historia de la conquista de Nueva España, M.S. (manuscrito) i gran volumen que se halla en esta Corte, donde el M.F. Alonso Remon la tiene corregida para imprimir, i es de 300 pliegos, sacada del original que vi en poder de D. Lorenzo Ramírez de Prado, del Real Consejo de Indias*" (Ibid., p.75). A referência a Díaz del Castillo se encontra na parte *Biblioteca occidental, Título IIII, Historias de Nueva España*, p.73-6.

Léon Pinelo é um erudito profissional, de grande competência, que terminará sua carreira como cronista das Índias. Seu testemunho é dos mais seguros. Nesse caso, ele diz conhecer dois manuscritos: um original, pertencente a um bibliófilo, Ramírez de Prado, a quem Remón faz alusão na sua dedicatória, e uma cópia de trabalho elaborada pelo mercedário com vistas à edição.

Sugiro explorar esse testemunho para resolver um último mistério, residual mas tenaz. Ele se apresenta nos seguintes termos: o *Manuscrito de Guatemala* contém doze referências a Illescas. Como explicar a presença dessas menções que, já vimos, são concomitantes à interpolação mercedária? Pois é evidente que jamais a *História pontifical* teria podido chegar às mãos muito profanas de Francisco Díaz del Castillo. Ora, o que se constata? O *Manuscrito de Guatemala* corresponde totalmente à descrição de León Pinelo; trata-se de um grande volume, de 43 centímetros de altura por 29,5 centímetros de largura, e comporta 299 folhetos. Detenhamo-nos um instante nesse dado decisivo: quando se faz executar a cópia de um manuscrito, é impossível obter o mesmo número de páginas do original. Tudo entra em jogo, o número de signos por linha, o número de linhas por página, os espaços intralineares, a largura da margem, os espaços em branco dos títulos dos capítulos etc. Para dar um exemplo concreto, o Manuscrito Alegría, cópia do *Manuscrito de Guatemala*, comporta 330 folhetos. Assim, graças à descrição de León Pinelo, estamos quase certos que o *Manuscrito de Guatemala é* o manuscrito "corrigido" e pronto "para a impressão", que o futuro cronista das Índias viu na biblioteca real de Madri antes de terminar seu catálogo em 1629.

Outros fatos perturbadores merecem ser solicitados como provas. Como dissemos, o *Manuscrito de Guatemala* traz numerosas passagens riscadas, geralmente por vários traços diagonais. Ora, essas passagens riscadas não figuram na edição de Remón![47] Tal detalhe confirma a ideia de que estamos diante de uma versão preparatória à edição. Na mesma linha de ideias, encontramos indicações claramente destinadas aos copistas e corretores do manuscrito: "É preciso suprimir toda essa cena... que não convém". "Não será preciso ler tudo o que está riscado." "Até onde vai este capítulo? Atenção, falta alguma coisa." "Atenção, não recopiar o que se segue." "É preciso escrever toda esta folha até aqui e não mais." Essas didascálias estão no mais das vezes escritas verticalmente, na margem esquerda. Aqui, um copista pergunta "Devo começar uma nova página?". Ali, o supervisor anota "Tudo que você escreveu ontem está além da conta".[48] Se acrescentarmos que uma grande maioria das rasuras do *Manuscrito de Guatemala* se refere a correções de estilo ou de formas verbais, características de qualquer revisão editorial que se respeite, somos levados a considerar que esse documento coincide com o que viu León Pinelo na biblioteca do rei, antes de 1529, com as correções do frei Alonso Remón.

47 É principalmente o caso dos seguintes fólios: 64 bis, 73r, 110v, 140r, 174r, 216v, 218v, 248r, 260r, 271r, 292v.

48 *Manuscrito de Guatemala*, fol. 174r: "*ase de quitar toda esta cena... que no conviene*". 265v: "*no se a de leer esto que va borrado*". 289r: "*este capitulo asta donde ¿aparece? ojo, ojo, no se siga*". 291r: "*ojo! no se escriva esto de abaxo*". 131v: "*asta esta oja a d'escrevir todo hasta aquí, e no mas*". 285v: "*¿comienço de otro pliego?*". 129v: "*escriva lo ezesivo que escrivia ayer e otros dias deste legajo e dexe d'escrevir por agora lo de ojo*".

Dessa forma, a intrusão de Illescas no *Manuscrito de Guatemala* se torna lógica. Em todos os outros casos, ela seria inexplicável.

Será preciso então admitir que, no lançamento da edição de 1632, os dois manuscritos que se encontravam na Espanha, o que pertencia ao bibliófilo Ramírez de Prado, mais a versão de trabalho de Remón, foram reexpedidos à Guatemala, aos cuidados da família de Díaz del Castillo, dessa data em diante autor titular da obra. Isso é corroborado pelo desaparecimento simultâneo desses dois manuscritos na Espanha depois da publicação da *História verídica*. E isso explica também porque Remón, quando se dirige a Ramírez de Prado, o adverte, em termos elegantes, que não lhe devolverá o manuscrito: "Eu vos restituo impresso o que vós me emprestastes manuscrito".[49]

O antigo ponto de vista da crítica opunha nomadismo e sedentarismo e dava preferência ao último. O *Manuscrito de Guatemala* era reputado mais autêntico porque não tinha viajado! Com a reconstituição dos acontecimentos que proponho, nossa percepção muda. O *Manuscrito de Guatemala* não cessou de ser nômade e nos mostra graficamente que sofreu estigmas por sua longa viagem. Vemos se revezarem os copistas encarregados de dissimular as interpolações; as páginas devem ser constantemente renumeradas ao sabor dos acréscimos e das supressões.[50]

---

49 *"Y assi buelvo a V.S. impresso lo que nos comunicó manuscrito". Dedicatoria a Don Lorenzo Ramírez de Prado*, edição de 1632, p.VII (não numerada).

50 No *Manuscrito de Guatemala*, encontramos vestígios de duas numerações, uma antiga, em algarismos romanos; outra, posterior, em algarismos arábicos. Temos quatro casos de figura; alguns fólios trazem as duas numerações, que praticamente jamais coincidem; outros, apenas a romana; outros ainda, apenas a arábica; finalmente, alguns fólios não são numerados. A análise dessas variações fornece

Remón, escritor urbano de estilo refinado, acreditou magnificar a obra do cronista limando a rugosidade de certas formulações ousadas, retificando as concordâncias defeituosas, eliminando as pinceladas de fala popular. Rimos com isso. Sabemos agora que mais vale ler a redação primeira e ignorar as correções interlineares do mercedário.

Nesse jogo meio vertiginoso das cópias que desaparecem e reaparecem, é possível ver com clareza? O testemunho de Fuentes y Guzmán, datado de 1675, traz algumas luzes. Esse tataraneto de Bernal Díaz del Castillo diz conhecer um "rascunho original" [*original borrador*] e uma "cópia limpa" [*traslado en limpio*], ambos conservados em sua família, em Santiago de Guatemala.[51] Não resta dúvida que essa testemunha teve em mãos, de um lado, o manuscrito de trabalho de Remón, hoje chamado *Manuscrito de Guatemala*, e de outro o manuscrito que tinha pertencido a Ramírez de Prado, hoje chamado "Manuscrito Alegría", reconhecível pelo fato de trazer a assinatura de Ambrosio, filho de Francisco e neto de Bernal. Duas coisas são certas. O documento que esse autor chama de "rascunho original" é o *Manuscrito de Guatemala* que passou pelas mãos de Bernal e de seu filho, em seguida pelas mãos de Remón, antes

preciosas indicações sobre as diferentes reformulações e acréscimos do manuscrito. Por exemplo, constata-se que os primeiros 24 fólios trazem apenas algarismos arábicos. Com o fólio 25, encontramos um estado anterior do manuscrito: ele traz o algarismo 21, escrito em romano. Pode-se deduzir que, por ocasião da correção do início do manuscrito, quatro fólios foram acrescentados. Não seria possível expor aqui a análise detalhada dessas variações, mas integrei naturalmente essa variável nas interpretações que fui conduzido a formular.

51 Ver Fuentes y Guzmán, op. cit., t.I, p.57.

de retornar à Guatemala. Ele carrega a marca material das duas intervenções, a guatemalteca e a espanhola. A outra certeza é que o segundo manuscrito, o "Manuscrito Alegría", é uma cópia feita na Espanha, posteriormente às correções de Remón: encontramos nele, com efeito, a menção de Illescas e as correções estilísticas introduzidas pelo mercedário.[52] Somos levados a pensar que o descendente de Bernal, Ambrosio, sacerdote por seu ofício – foi em vão que ele solicitou a herança das *encomendas* de seu pai –, discretamente recebeu os dois manuscritos. Para "guatemaltequisá-los", acrescentou ao *Manuscrito de Guatemala* uma folha não numerada[53] com duas coisas: uma imitação da assinatura de seu avô, para fazer acreditar na originalidade do manuscrito, e uma menção apócrifa destinada a fazer crer que o Manuscrito Alegría era uma cópia realizada na Guatemala em 14 de novembro de 1605. Só lhe restava escrever na primeira página da cópia Alegría: "Pertence a Ambrosio del Castillo, única herança que lhe legou seu pai".[54] Com a ajuda de uma simples folha avulsa, os dois manuscritos expedidos da Espanha tinham se tornado guatemaltecos. Simultaneamente,

---

52 O Manuscrito Alegría oferece a particularidade de se iniciar com um prólogo diferente daquele do *Manuscrito de Guatemala* e daquele da versão editada. Mas a redação mercedária é patente. A seguir o início: "*Regla es muy general y entre sabios coronistas muy usada que antes que comiencen sus historias, después de las encomendar a Dios Todopoderoso y a Nuestra Señora la Virgen María, su bendita madre, a quien yo siempre encomiendo todas mis cosas...*". Colocar-se sob a proteção da Virgem é natural para um frei da ordem de Nossa Senhora das Mercês, mas torna-se impensável sob a pena do rude conquistador que era Bernal.

53 Esse folheto tardio foi inserido entre os fólios 288 e 289. Por razões de facilidade, ele é atualmente designado como fólio 288A.

54 "*De Ambrosio del Castillo, erencia unica q'huvo de su padre.*"

a cópia anterior ao envio de 1575, que Francisco del Castillo tinha conservado, desaparece. Talvez, aos olhos de Ambrosio, ela não tivesse mais razão de ser, já que ele possuía agora um original – com uma vida bem vivida – e uma cópia em perfeito estado. Se numerosos indícios permitem identificar essa última etapa migratória da *História verídica*, eles não fornecem, no entanto, nenhuma informação sobre a motivação do reenvio dos manuscritos à Guatemala depois da publicação madrilenha. Temos a mesma dificuldade para acompanhar as atividades de Ambrosio, que aparentemente parece trabalhar para apagar a pista cortesiana antes de transformar os manuscritos em fetiches familiares.

O *Manuscrito de Guatemala* agora ocupa o lugar do original. Acompanhamos suas tribulações e o vimos se mestiçar ao longo de um século de aventuras. No fundo, ele reproduziu a vida de seu autor: repartiu-se entre a América e a Espanha, precisou enfrentar mil perigos. Como se fosse dotado de uma energia própria, o texto de Cortés resistiu soberbamente. Driblou todas as tentativas de desvio. Conservou sua unidade de estilo, seu ritmo, seu próprio espírito. As palavras do capitão geral souberam lutar sozinhas contra os recuperadores e os embelezadores que deixaram marcas de sua infração. Mas seu personagem conseguiu escapar das páginas. Separou-se da sua companhia. Um século depois das noites de Valladolid, seu conquistador anônimo tomou corpo. O imaginário teve de ceder o passo. A história engendrou um mito.

6
A encarnação

Já que conhecemos agora o final da história, seria prazeroso reler tudo o que foi escrito no século XIX sobre Bernal Díaz del Castillo. Em um dado momento, aparece certo suspense. O segredo da falsa paternidade do *regidor* de Santiago de Guatemala está, com efeito, muito perto de ser revelado. Em 1859, um norte-americano chamado Robert Anderson Wilson publica, na Filadélfia, um livro consagrado à conquista do México.[1] E aí, espanto! Baseando-se em certo número de inverossimilhanças apontadas, nega a existência de Bernal Díaz del Castillo. Será que ele vai rastrear os passos de Cortés? Não. Wilson incrimina outra fonte: os franciscanos. Ele se perderá em uma pista falsa. Pois o propósito do livro de Wilson não é o de pesquisar, nem o de fazer papel de historiador. Pastor protestante militante, o autor quer, sobretudo, acrescentar um capítulo à lenda negra que os norte-americanos decidiram forjar em nome da "doutrina Monroe", formulada já em 1822. Wilson tem, pois, dois alvos: a Espanha, culpada de genocídio contra os ameríndios,

1 Wilson, *A New History of the Conquest of Mexico*.

e a Igreja católica, acusada de cumplicidade. Cumplicidade e fabulação. Pois uma das grandes ideias de Wilson é que a Igreja fabricou o sacrifício humano pré-hispânico a fim de apresentar justificativa para a conversão dos autóctones. Bernal Díaz del Castillo foi enredado então nas "fabulações dos monges". Eles não teriam hesitado em fazer aparecer do nada essa falsa testemunha para reforçar o testemunho de Cortés.[2]

Do lado dos partidários de Bernal, surge uma dúvida. Talvez falte, efetivamente, alguma coisa para completar a credibilidade do cronista guatemalteco. Um retrato, por exemplo. Existe algo melhor para dar corpo a um escritor cuja existência está sendo contestada? Desencadeia-se então uma manobra que parece tão subterrânea quanto artesanal. O resultado vem à tona em 1904.

Esse ano marca uma virada decisiva no processo de encarnação de Bernal Díaz del Castillo. Um autor mexicano, Genaro García, publica, na Cidade do México, a primeira edição do *Manuscrito de Guatemala*, o qual é apresentado como o "códice autógrafo" do cronista, o "verdadeiro" manuscrito saído das mãos de Bernal. Para aumentar a verossimilhança do achado, Genaro García põe um retrato do autor na página principal da transcrição do texto.[3] Nessa gravura vê-se um homem idoso,

---

2 Ibid. Ver principalmente p.22, onde o autor escreve que os franciscanos produziram crônicas "absurdas, contraditórias e impossíveis", e a nota sobre Bernal, p.95-7, que termina com um definitivo: "Bernal Díaz é um mito" [*We have with much deliberation concluded to denounce Bernal Díaz as a myth*].

3 García (org.), op. cit. O quadro que engloba o retrato de Bernal Díaz se encontra no t.I, p.CI, entre o final da introdução e o início do texto.

cabelo com entradas, barbudo, um pequeno colarinho em volta do pescoço. Mostrando-se generoso, Genaro García acrescenta um brasão simbolizando suposta nobreza. Bernal Díaz del Castillo possui agora um rosto, além de uma genealogia altamente invejável.

De que passe de mágica Genaro García tirou esse inesperado retrato? Ele o recebeu, afirma, de um eminente bibliógrafo chileno, José Toribio Medina. Ainda por cima, esse retrato foi acrescentado, por mão anônima, à cópia fotográfica do manuscrito "autógrafo" oferecido pela Guatemala ao governo mexicano no final do século XIX. A imagem, reproduzida candidamente na edição de 1904, circula, pois, há algum tempo, nos círculos de historiadores ou de bibliófilos amadores. De onde vem ela? Encontramos sua origem em uma publicação confidencial, editada na Filadélfia, em 1872. Em uma breve nota de três páginas, um certo Philipp Johann Josef Valentini se diz orgulhoso de revelar para a comunidade científica o retrato de Bernal Díaz del Castillo, acompanhado de seu brasão de nobreza.[4] O homem que dá rosto a Bernal é alemão, nascido em Berlim em 1824, de pai de origem italiana, o que explica seu patrônimo. Tendo se instalado com a idade de 30 anos na Costa Rica, leva aí uma vida indolente de lavrador. Funda a cidade de Puerto Limon na costa caribenha, terminal de uma estrada de ferro destinada ao transporte do café. Pôde certamente viajar pela América central. Em pouco tempo interessa-se pela arqueologia e por pesquisas em história local.

---

4 Valentini, Bernal Diez del Castillo, *The American Historical Record and Repertory of Notes and Queries*, v.1, p.536-8. Essa nota foi assinada em Nova York em setembro de 1872.

Uma nota necrológica,[5] que o intitula "professor", menciona que obteve um doutorado na Universidade de Iena por volta de 1860. O redator da nota sugere que ele teria se beneficiado da proteção de Humboldt. Não seria atribuir-lhe muita honraria? O ex-lavrador instala-se em Nova York em 1871, onde vem a morrer, em 1899.

Na nótula que publica em 1872, Philipp Valentini fornece algumas explicações sobre a proveniência do retrato por ele apresentado. Teria recopiado uma "antiga gravura" colada em um livro consagrado à história da Guatemala, que pertencia então à biblioteca da Universidade de Guatemala. Conta ter ele mesmo realizado a cópia, com tinta nanquim. Imagina que essa gravura deriva de uma "antiga pintura" atualmente desaparecida. Quanto às insígnias do brasão de Bernal Díaz del Castillo – evidentemente fictícias –, lhe foram fornecidas por uma habitante de Guatemala City, uma certa Maria Josefa Diez del Castillo Batres, que se dizia descendente direta do famoso conquistador.

O artigo de Valentini provoca uma profunda impressão de mal-estar. Inicialmente fica-se em estado de alerta pelas reticências explícitas do editor, que figuram em nota preliminar. Em seguida, Valentini milita para mudar o nome de Díaz transformando-o em Diez: por quê? Fornece para apoiar sua tese uma versão modificada da falsa assinatura do *Manuscrito de Guatemala*, onde, sob a pena do autor, Díaz se transmutou em Diez. E chega até a traduzir para o inglês o patronímico de Bernal, *The Ten of the Castle*! Estamos em plena fantasia!

Mas voltemos atrás nessa fascinante mistificação. A famosa gravura, identificada como um retrato de Díaz del Castillo e

5 *American Anthropologist*, N.S., v.1, n.2, abril de 1899, p.391-4 + 1 pl.

colada por um amador guatemalteco na página de frente de uma obra de história local, origina-se de um livro francês! Em 1854, o editor mexicano Ignacio Cumplido publica a tradução em espanhol de um livro coletivo realizado sob a direção de um acadêmico francês, Charles Nodier, intitulado *Les Environs de Paris* [Os arredores de Paris]. Encontramos, no final da obra,[6] o famoso retrato que serviu para dar um rosto a Bernal Díaz del Castillo.

A falsificação é identificada como tal em 1936, quando Luis González Obregón, autor da primeira tentativa de biografia do "capitão Díaz del Castillo", publica uma reedição atualizada de suas obras anteriores.[7] Mas os meandros da história são imprevisíveis. Inicialmente, o retrato de Bernal Díaz del Castillo, exumado em 1904 por Genaro García, apesar de denunciado como falso, persiste com sucesso sua vida de usurpador. Está presente na capa de vários livros consagrados ao cronista; engendra dois monumentos gêmeos, um em Medina del Campo, que reconhece nele um de seus filhos, outro em Guatemala City, que o instala na praça da Espanha; reina em busto de bronze no palácio de Cortés em Cuernavaca. O desejo – ou a necessidade – de encarnação fala mais alto do que a verdade histórica.

Além disso, ninguém contestou a identificação do modelo do qual deriva o retrato de Bernal. A interpretação dada por González Obregón em 1936 foi aceita uma vez por todas, apesar de errônea. Na época, esse erudito acreditou poder

6 Nodier, *Los alrededores de Paris. Paisaje, historia, monumentos, costumbres, crónicas y tradiciones. Bajo la dirección de Carlos Nodier y Luis Lurine. Con dos cientos gravados*, p.491.

7 Obregón, *Cronistas e historiadores*, p.76.

identificar o personagem representado na gravura como sendo o de Guillaume de Launoy. Ora, Bernal Díaz del Castillo, em seu retrato tornado agora eterno, usa o colarinho. No entanto, o fidalgo Guillaume de Launoy, companheiro do cavaleiro Du Guesclin, vive em pleno século XIV. Nessa época, ninguém usava o colarinho, que só começa a aparecer no século XVI e no início do XVII. Nessa investigação policial, nenhum detetive parece ter ido até o fim em suas intuições. A solução, porém, estava bem próxima. Sim, o modelo do retrato redesenhado por Valentini era uma gravura presente no livro de Charles Nodier. Mas não é o retrato de Guillaume de Lanoy, sejam quais forem seus méritos. Ela representa... o rei da França, Henrique IV! Pasmem! Desde 1904, Bernal Díaz del Castillo, posando para a eternidade, tomou os traços do *Vert Galant*.

São esses os meandros dessa cômica história. O livro *Los alrededores de Paris*, publicado na Cidade do México em 1854, é a tradução de um livro de Nodier publicado em Paris dez anos antes.[8] Esse livro é ilustrado, em suas duas versões, com duzentos desenhos feitos a lápis. Durante o processo de tradução, o tamanho do texto inicial variou, e as imagens ficaram deslocadas em relação à paginação original. Isso fez que o retrato de Henrique IV, que figurava no final do volume do capítulo sobre a cidade de Mantes, ficasse, na versão espanhola, na parte do texto correspondente a Guillaume de Launoy. Daí o equívoco de González Obrégon. Na versão francesa original, o retrato de

8 Nodier, *Les Environs de Paris. Paysage, histoire, monuments, mœurs, chroniques et traditions. Ouvrage rédigé par l'élite de la littérature contemporaine sous la direction de Charles Nodier et Louis Lurine. Illustré de 200 dessins par les artistes les plus distingués.*

Henrique IV está no lugar certo, calçado em cima do texto que lhe corresponde. Está ali para evocar o edito de Mantes (1591), assim como as inúmeras visitas que o rei fazia a essa cidade, oficialmente para jogar *à la Paume*, mas na verdade para encontrar suas amantes, Claudine de Beauvilliers ou Gabrielle d'Estrées.[9] Mesmo que ele apareça mais calvo do que era, um pouco como se o gravador tivesse emprestado ao rei a calvície de seu ministro Sully, o *Vert Galant* está aí desenhado a partir do célebre retrato de corpo inteiro de Franz Porbus, igualmente chamado de Pourbus, o Jovem. O quadro original encontra-se atualmente no Louvre, mas há várias cópias da época, feitas com excelência. Vemos o rei da França Henrique IV, já envelhecido, vestindo uma couraça preta e trazendo em diagonal a célebre echarpe branca, símbolo dos huguenotes, e cuja cor se tornará a dos reis da França.

Quem terá tomado a iniciativa, na Guatemala, de escolher o rosto de Henrique IV para emprestar a Bernal Díaz del Castillo? Mistério. Quem desejou metamorfosear o cronista em rei da França pensando que ninguém iria perceber? Mistério. Mas, pode-se ter certeza de que não se trata de uma brincadeira póstuma do "clã Navarro"? Pois, Henrique IV, rei da França e de Navarra, nascido em Pau em 1553, é o sobrinho-neto de Pierre d'Albret, amigo de Hernán, pilar de sua academia em Valladolid. Estamos no círculo dos iniciados. Cortés, em seu túmulo, não detesta que a posteridade lhe tenha conferido, por inadvertência, uma estatura de rei, já que não lhe deu seu rosto verdadeiro.

9 O retrato de Henrique IV se encontra na página 486 da edição francesa original (1844).

O cronista com seu *panache* branco

Henrique IV, rei da França. Retrato pintado por Franz Pourbus, o Jovem. Por volta de 1610. Vê-se o rei usando uma armadura preta e envolto por seu famoso "*panache* branco". Esse signo distintivo dos huguenotes se tornará depois a cor dos reis da França. [Museu do Louvre, Paris, © RMN-Grand Palais (Museu do Louvre)/Hervé Lewandowski.]

Retrato de Henrique IV, publicado em *Les Environs de Paris*, sob a direção de Charles Nodier e Louis Lurine, Paris, 1844, p.486. O célebre quadro de Pourbus foi inúmeras vezes copiado pelos gravadores, com relativo sucesso; encontra-se aqui a armadura e a característica echarpe branca. (Biblioteca Nacional da França, Paris.)

490 MANTES.

en favor de su yerno Cárlos II, rey de Navarra, llamado el *Malo*, quien pagó ese buen procedimiento de su guerrero suegro fomentando la guerra civil y prestando apoyo á una reunion de bandidos tan ladrones, que nadie se atrevia á pasar el camino de Paris á Rouen, y que tenian el comercio interrumpido. En vista de esto, el delfin Cárlos, duque de Normandía, hizo venir de Bretaña al señor Bertrand de Duguesclin y le dijo: «Id á hacer una correría por la Normandía y obrad de modo que pronto seamos dueños del rio Sena.» Como caballero muy valiente y bien armado con todo género de armas, partió el señor Duguesclin y pronto se presentó á la vista de Mantes. Dejemos hablar aquí á un cronista cuya relacion no carece de candor y de gracia.

«En el ejército de Bertrand habia un caballero nombrado Guillermo de Launoy, quien se puso á discurrir el medio de entrar á Mantes, que estaba bien cerrado y en el cual habia una muy hermosa iglesia que se podia fortificar á manera de un castillo; se reunieron pues en consejo el dicho caballero y otros ocho ó diez con Bertrand, quien decia que no se podia tomar la plaza sino á fuerza de gentes armadas y de ballesteros. Pero el dicho Launoy, que era muy sutil, les dijo que, en su opinion, serian dueños de Mantes ántes de tres dias. Un dia, pues, tomó á sus gentes en número de treinta y les hizo disfrazarse de viñadores, llevando ocultos buenas espadas y cuchillos. Por consejo de Bertrand habia en la villa de Mantes, en una posada treinta de los suyos, quienes habian dado á entender á los de la villa que estaban por el rey de Navarra y amenazaban mucho al duque de Normandía.

El dicho Guillermo de Launoy se levantó á media noche, se armó é hizo armar á los suyos: cuando estuvieron cerca de Mantes echaron pié á tierra. La noche estaba muy oscura y todavía se veia muy poco cuando apareció el sol: los de Mantes acostumbraban juntar por la mañana en la puerta á los animales para que saliesen á pastar á los campos; la puerta la abrian cuatro vecinos de la villa que guardaban las llaves. Cuando estos vecinos divisaron á los susodichos, los tomaron por verdaderos viñadores que venian á la plaza á ganar su jornal, les abrieron la puerta y salieron las bestias. Despues vinieron á la puerta cuatro de los viñadores que estaban dentro y despues seis, que ocuparon la puerta. Entónces cada uno tiró de su espada y al momento estuvieron todos reunidos. Despues uno de ellos tocó una corneta tan recio como pudo, á fin de que Guillermo de Launoy y sus gentes, que estaban emboscadas cerca de allí, la oyeran. Al momento comenzaron á gritar sorprendidas las gentes de la villa: *traicion! traicion!* Entónces los viñadores detuvieron una carreta sobre el puente, para impedir que lo levantaran. ¡Cuánto fué el asombro de la ciudad!

ROSNY. 491

casi nadie estaba levantado cuando entraron Guillermo y su ejército, y luego los treinta que habian entrado primero se les unieron y comenzaron á gritar, *Launoy, Launoy!* Entónces se refugiaron los de la ciudad en la iglesia de Nuestra Señora; despues vino á la ciudad Bertrand y en su compañía el conde de Auxerre y bastantes caballeros que llevaban mucha gente y todos se pusieron á gritar, Launoy! Launoy! pues así estaba ordenado. Y como recorrian á caballo la ciudad, las gentes de esta les arrojaban el uno una piedra, el otro [illegible], para vengar su afrenta y gritaban muy alto, *traicion! traicion!* á fin de despertar á las gentes: las mugeres abrazaban á sus hijos y comenzaron á dar espantosos gritos. Bertrand con muchos ballesteros, se dirigió á la iglesia, donde estaban ya reunidos los principales vecinos, é hizo tanto con sus gentes que llegaron á entrar hasta quinientos. Cada uno de los que estaban de parte de adentro de la ciudad comenzó á saquear y cuando los vecinos que al toque de la campana se habian reunido en la iglesia, vieron ese destrozo (sin embargo, debian estar ya habituados á él) gritaron á los franceses que entre-

garian la torre y entónces cesó la accion y los dichos vecinos consintieron en ser leales súbditos del rey su señor y de su dicho señor regente.»

Los alrededores de Paris, tradução mexicana do livro precedente, foi editado em 1854 na Cidade do México. A vinheta do rei Henrique IV não aparece mais na situação inicial e deve se referir a Guillaume de Launoy, companheiro de Duguesclin! (Biblioteca Nacional, Cidade do México.)

Retrato de Bernal Díaz del Castillo publicado por Genaro García em 1904, com o texto "autógrafo" do *Manuscrito de Guatemala*. O cronista traz orgulhosamente o *panache* branco de Henrique IV. (De acordo com Genaro García, 1904, p.100.)

Capa de um livro de Ramón Iglesia, consagrado a Díaz del Castillo e publicado em 1998 na Cidade do México. Nota-se que o retrato emprestado a Bernal passou para o imaginário público. (Cortesia Fundo de Cultura Econômica.)

Epílogo imaginário[1]

17 de janeiro de 1907
Academia Francesa

– Oh! Muito gentil de tua parte ter vindo, meu caro Alonso. Eu te chamei porque vais estar em lugar de honra hoje. Venha, instale-te aqui; sob a Coupole, é daqui que se tem a melhor vista.

---

1 Este epílogo imaginário, inspirado em *La Douane de mer*, de Jean d'Ormesson, e em *La voluntad y la fortuna*, de Carlos Fuentes, é a única parte deste livro que recorre à ficção. O restante da obra é produto de uma rigorosa pesquisa na qual o hipotético e o imaginário não tomaram parte alguma.

Utilizei o discurso de Maurice Barrès exatamente como aparece nos arquivos da Academia Francesa. Não modifiquei nenhuma citação. Há muitos não ditos nesse texto. Zola e Verlaine foram os competidores infelizes de Heredia na sua eleição para a Academia, em fevereiro de 1894. Marie de Régnier, que nunca é citada nominalmente, foi a segunda filha de José-Maria de Heredia. De picante beleza, casada com o escritor Henri de Régnier, ela colecionou amantes dos quais fizeram parte Pierre Louÿs, Gabriele D'Annunzio, Henry Bernstein e Jean-Louis Vaudoyer. Publicou seus romances com o pseudônimo de Gérard d'Houville, inspirado no patrônimo de sua

Frei Alonso Remón não parecia à vontade. Tinha hesitado por muito tempo aceitar o convite de Cortés, que tinha cuidadosamente escondido o motivo da convocação. Mas não tinha podido reprimir sua curiosidade.

– Meu capitão, descubro esses lugares. Poderia até mesmo confessar que tive certa dificuldade em encontrá-lo. O ambiente é mágico. Onde estamos? Em uma capela?

– Exatamente. Estamos no templo das letras.

---

avó paterna, Girar d'Ouville. Recebeu o grande prêmio de literatura da Academia Francesa em 1918 pelo conjunto de sua obra: suspeita-se que tenha recebido a voz de Maurice Barrès! Heredia, cubano por parte de pai, era de ascendência normanda por parte de mãe; foi o que o levou a ser enterrado na colina de Bonsecours, que domina Rouen, a cidade dos cem campanários. Barrès, seguindo o paralelo sobre a fusão das culturas francesa e hispânica, pode assim associar Corneille, natural de Rouen, e Rodrigo Díaz de Vivar, o Cid. Interpelando os manes de Joana d'Arc, queimada em Rouen pelos ingleses, Barrès quis encerrar sua homenagem a Heredia exaltando a forte personalidade de três mulheres. Jacqueline Pascal, irmã de Blaise Pascal, cujo pai foi intendente da Normandia, era uma criança prodígio que escreveu estâncias para a rainha e para o cardeal de Richelieu; tornou-se uma figura do jansenismo. Sua feminilidade severa vem, em conclusão, contrabalançar a presença mais sensual da "jovem cheia de vida", Marie de Régnier.

Em sua primeira vida, anterior a 1540, Díaz del Castillo teve vários filhos naturais. Legitimou mais tarde um deles, ao qual deu o nome de Sánchez. Pode-se inferir que se tratava de seu patrônimo na época. O texto de legitimação de Diego Sánchez, filho natural mestiço de Díaz del Castillo, pode ser encontrado em Barbón Rodríguez, op. cit., parte II, p.1064. O original do ato está em Sevilha, nos Arquivos das Índias, com data de 30 de setembro de 1561. Os Sánchez Pizarro constituem o ramo materno de Cortés; a avó do conquistador se chama Leonor Sánchez Pizarro (ver Martínez, *Documentos cortesianos*, t.I, p.340-2). Na famosa carta do exército de Cortés de 1520 encontramos a assinatura de quatro Sánchez: Alonso, Bartolomé, Gonzalo e Pedro (ver Martínez, op. cit., t.I, p.156-63).

Remón lançou um olhar inquieto para Cortés. Este passeava um sorriso de satisfação pela assembleia, que se espremia no semicírculo, diante de um estrado vazio. A espera eletrizava a assistência.

– Irei narrar. Em 1894, a Academia Francesa, que contemplas daqui, elegeu em seu seio um poeta de nome José-Maria de Heredia. Tu nunca adivinharás onde ele nasceu: em Cuba, nas colinas acima de Santiago, nas minhas terras, ali onde eu mandei construir uma choupana. Incrível, não? Tampouco adivinharás o que o levou à glória: traduziu para o francês o teu Díaz del Castillo! Ah! Não foi um trabalho fácil: descascou todas as frases, estudou todas as cadências; pesou todas as palavras, hesitou sem cessar no tom, nas construções das frases, no ritmo, na cor, na ortografia. Isso tomou dez anos de sua vida. Dez anos, te dás conta!

Remón ainda não entendia aonde Cortés queria chegar.

– Sua grande obra terminada – quatro tomos para tua *História verídica* –, Heredia decidiu publicar seus poemas. Fez um volume que intitulou *Les Trophées*. Digo *um* volume. E nessa obra ainda há uma parte versificada consagrada aos "Conquistadores do Ouro".

Cortés murmurava em seu foro interior:
Sob um céu ora glacial ora tórrido,
Arrasados e puxando seus cavalos pela rédea,
Mergulhavam nos despenhadeiros ou escalavam os topos;
A montanha parecia prolongar para sempre,
Como para esgotar sua caminhada errante e cansativa,
Suas gargantas de granito e suas cristas de gelo.[2]

2 Heredia, *Les Trophées*, p.213.

O vento da serra provocou-lhe frio nas costas. Voltou-se para frei Alonso e prosseguiu:

– Quanto aos poemas, vários sonetos também nos são consagrados, a nós, os conquistadores. Deixamos nele nossa marca! Tu te lembrarás talvez:

> Como um voo de falcões fora do carniceiro natal,
> Cansados de carregar suas soberbas misérias,
> De Palos de Moguer, andarilhos e capitães
> Partiam, embriagados por um sonho heroico e brutal...[3]

O mercedário balançava a cabeça com ar dubitativo. Ele não esperava essa marca de cultura em um conquistador da têmpera de Cortés. Hernán retomou:

– Quando Heredia foi recebido nesta cúpula, com todo o cerimonial que verás, eu estive presente. Discretamente. Sem me mostrar. E confesso ter ficado decepcionado. François Coppée, que fez o discurso de recepção, não disse uma palavra sobre a *História verídica*; nem uma só palavra sobre a prosa de Díaz. Nadamos durante uma hora nas águas mornas do Parnaso. Nada sobre as cavalgadas, os combates, o sangue derramado, os índios. Nada sobre o México. Nada sobre o espírito de conquista, sobre os horizontes fugidios do Novo Mundo. Eu pensava respirar a poeira das estradas, imergir na floresta do Petén, sentir a picada dos mosquitos, acariciar os negros cabelos de Malinche. Pensava rever Montezuma e Cuauhtemoc, assistir à morte do gordo Velásquez, aspirar ao odor de tinta nas antecâmaras do rei. Esperava batalhar com

3 Ibid., p.135.

Narváez, banhar-me nas ondas do Mar do Sul, reviver noites de angústia. Tinha imaginado que subiria nas pirâmides, escalaria vulcões para roubar pólvora para nossos mosquetes. Em vez de tudo isso, ouvi um discurso intimista, mais para umbilical, indiferente à epopeia.

O rufar dos tambores se fez ouvir e uma coorte de vestimentas verdes penetrou na rotunda. Frei Alonso não continha seu espanto.

– O chapéu, a capa e a espada... Eu ignorava ser esse o uniforme dos escritores.

Os acadêmicos ocuparam seus lugares entre frêmitos de tecido e tinidos metálicos. Com um tom mais baixo, Cortés soprou no ouvido de Rémon:

– Hoje, deverá ser interessante. É Maurice Barrès quem pronuncia o elogio fúnebre de Heredia. Não se pode sonhar com encontro mais insólito. Barrès, o bardo do nacionalismo francês, diante de Heredia, o espanhol das ilhas. O solo pátrio contra o mar aberto. A garoa contra os alísios.

Remón entendia perfeitamente que Cortés tinha alguma coisa de importante para dizer-lhe. Toda essa encenação servia de condicionamento psicológico. Bruscamente, o conquistador atacou, olhando o monge nos olhos.

– Sabias que sou o autor de *História verídica*?

– O autor?

Remón parecia cair das nuvens. Estava mudo de estupor.

– Nunca tivestes a menor suspeita? – insistiu Cortés.

– Não, a menor!

Frei Alonso empalidecera. Ele tinha se deixado enganar. Ele, o dramaturgo que tinha fabricado tantas personagens, caíra na armadilha de um escritor maior do que ele. Ele se revia corrigindo o texto de Díaz, polindo sua sintaxe hesitante, apagando seu falar popular. Tinha visto essas imperfeições como as de um simples soldado se improvisando em cronista. Como adivinhar que essas eram as palavras de Cortés?

Remón tentou reencontrar sua autoconfiança.

– Minha única dúvida se referia à data da redação: 1568. Achava-a muito tardia, mas como o narrador se dizia octogenário, o conjunto fazia sentido. Acabei por acreditar.

Cortés gargalhava.

– Eu tinha, no entanto, plantado alguns indícios.

– Sim, sim. Mas eu os atribui à impertinência de Díaz.

– Deveríamos talvez escutar o discurso de Barrès?

– Isso mesmo. Mudemos de assunto. E tens razão, ele está entrando no ponto chave de sua fala.

Graças a certo temperamento, do qual vossa companhia guarda a tradição, as influências mais antigas e mais diversas encontram seu fundamento no espírito francês. Vossa cultura é aberta a todos os estrangeiros; eles ficam à vontade para produzir o que são capazes, e nós nos beneficiamos de sua excelência. É o que verificamos reconhecendo que servimos o espanhol José-Maria de Heredia e que ele nos serviu.

Cortés balançava lentamente a cabeça, o olhar atento.

– Ele está indo bem.

– Mas deixe-o terminar sua frase, interrompeu secamente Alonso Rémon, seduzido pelo discurso.

Estudando o autor de Trophées, *nos aplicaremos, se concordarem, em reconhecer, uma vez mais, como a França, herdeira da Grécia e de Roma, se sobressai em cunhar medalhas com ouro estrangeiro.*

Cortés e Remón trocaram um olhar aprovador. A fórmula era esculpida e selava uma bela ideia. Mas Alonso não conseguia se conter. Ele ainda não entendia o final da história. Olhava com olhos incrédulos a seu redor e não sabia que atitude tomar.

– E Díaz del Castillo em tudo isso? Ele existiu ou foi inventado?

O pregador gaguejava. Hernán jubilava.

– Veja bem, meu caro Alonso, os homens têm seus segredos. Eu tenho um, Díaz outro.

O tempo parecia suspenso, como em levitação. Cortés se decidiu finalmente.

– Díaz é apenas um pseudônimo.

Orgulhoso por seu efeito, o conquistador voltou sua atenção para Barrès, que prosseguia com seu discurso, deixando Remón impaciente. Tomado de compaixão por seu editor atormentado, Cortés retomou:

– Em uma primeira vida, Bernal se chamava Sánchez Pizarro. Era um de meus parentes, um homem bem aprumado, sólido, mas simples. Esteve sempre ao meu lado. Supervisionava a cozinha. Era meu provador. Eu devo muito a ele. Mas ele cometeu uma tolice...

– Grave?

Grave! Então, encorajei-o a desaparecer. Depois de minha partida para a Espanha, ele refez sua vida na Guatemala com outro nome.

– Díaz del Castillo – pensou poder concluir frei Alonso.

– Não. Inicialmente Bernal Díaz. Dez letras simples de escrever, um patronímico comum, esse foi seu viático para sua nova vida. Eu mesmo ensinei-o a assinar com esse novo nome. Depois, quando ele se tornou membro do conselho municipal de Santiago de Guatemala, acrescentou "del Castillo" para se dar ares de grandeza.

– Ele compreendera que somos o que parecemos – observou tranquilamente Remón.

A voz de Barrès ressoou sob a Coupole. Ele evocava os ancestrais de Heredia.

Era um nobre aragonês, o famoso ancestral Pedro de Heredia, que embarcou nas caravelas de Bartolomeo, irmão de Cristóvão Colombo, e que construiu Cartagena. A brilhante Cartagena tornou-se um deserto, em que a insana onda balouça três pobres embarcações de pescadores, ao pé de calçadas em ruínas e sob o olhar dos grandes pelicanos taciturnos.

– Vejam – murmurou frei Alonso –, nada se pode contra o desgaste do tempo.

Barrès prosseguia:

Mas com o mesmo gesto que fundou sua cidade, o velho capitão, com certeza, assentava o gênio épico de seu confrade. Estou convencido de que foi meditando sobre sua origem heroica que José-Maria liberou sua natureza e deu primazia ao orgulho guerreiro em seus versos.

Cortés aprovou.

– Evidentemente. As cidadelas de pedra são feitas para serem postas abaixo, mas o que pode o tempo sobre o espírito?

Quando Heredia se formou, regressou para sua ilha natal. É lamentável que uma extrema preocupação com a arte impessoal o tenha impedido de nos descrever o prazer de ter vinte anos nas Antilhas. Acabamos de ser compensados. Encantador prodígio, uma jovem recolheu essas lembranças e essas imagens deixadas por seu pai; ela as misturou a seus próprios sonhos. Para conhecer a emoção de um crioulo que, vindo de Paris, reencontra o ar, as frutas, as multidões barulhentas, o feliz calor, os vestidos claros das mulheres, toda a complacência desses climas de sua infância, basta ler um pequeno romance onde Gérard d'Houville, com pretexto de nos contar uma aventura de amor na Nova-Orléans, nos oferece, me disseram, as memórias do jovem Heredia...

Cortés apreciou como conhecedor.

– Muito bem. Isso erotiza um pouco essa nobre companhia! Gosto bastante da ideia da "complacência do clima". Eu a reutilizarei em meu Gómara. Mas, entre nós, Barrès se aventura muito declarando seu ardor a Marie de Régnier. Ele está se queimando.

Remón não cabia em si de admiração por esse homem de guerra, que se revelava tão fino conhecedor das letras francesas. Cortés reagia às últimas palavras de Barrès.

– Na verdade, nem todos os filhos seguem os traços de seu pai. Veja bem: meu filho Martin não soube tomar o poder na Cidade do México; e Francisco, o filho mais velho de Bernal, que me foi tão fiel, não hesitou em roubar meu manuscrito.

Para Remón, o assunto se tornava límpido. Editor imprudente, ele congelara a usurpação aos olhos da posteridade.

– Detestas-me horrivelmente – aventurou-se frei Alonso.

– Nem um pouco! Eu louvo o velho Díaz del Castillo por sua interferência inopinada. Ele não poderia me dar mais prazer dando corpo a meu personagem. Era inesperado. Veja, peno para inventar do começo ao fim um soldado anônimo, por detrás do qual não quero sobretudo ser reconhecido. E Bernal vem me ajudar dando-lhe um nome e um rosto. É um milagre. De repente, meu personagem começa a viver: ele depõe sob juramento, se queixa nos tribunais, envia seu manuscrito ao rei... E tu, com muita candura, o publicas. É o cúmulo da mistificação. A quintessência da criação literária. Que tenha querido ou não, Díaz *é* meu personagem.

Cortés, debruçado no avarandado do além, não perdia uma palavra do ditirambo de Heredia.

Barrès visitava Leconte de Lisle, se ofuscava com a vulgaridade de Zola, arranhava Verlaine, "por vezes grande poeta", lia a vida do parnasiano como um hino à paciência.

– Acredito que falam de ti, observou Alonso, que tinha apanhado no ar o nome de Cortés no fio do discurso.

> *O gênio desse másculo Heredia se prende às fortes paixões que, derivando da própria natureza, são encontradas em todos os séculos. Ele deixa escapar tudo, sem o essencial; só retém os fatos constantes. Ele escuta, desde a noite dos tempos, o canto de nossos antepassados, incessantemente feridos pelas mesmas necessidades. Tendo visto os argonautas e os conquistadores, ele reconhece Jason em Cortés, e com o pretexto de pintar esses conquistadores de ouro, ele exprime o ardor aventureiro e o gosto pelo risco, antigo como a humanidade.*

Cortés balançava a cabeça, sonhador.

– É verdade. Atravessar o mar para ir para longe procurar a Tosão de Ouro. Sair vitorioso das provas graças ao amor de uma bela feiticeira. Não é essa a minha vida? A Colchida é o México. Medeia é Malinche. A grande diferença é que Jasão nunca existiu, mas eu, sim.

Remón apreciava ver Cortés inserido na linhagem dos heróis antigos. Sentia-se tocado pelo sopro da epopeia e invadido de humildade.

Barrès iniciava sua conclusão:

Senhores, esse homem ilustre, acreditei dever mostrá-lo tal como sua modéstia, ou melhor, sua legítima segurança, o persuadiram de abordar a posteridade: um único livro na mão. Eu teria podido justamente ostentar sua tradução da verdadeira história de Bernal Díaz, com uma língua sabiamente escolhida para nos dar a ilusão do antigo dialeto castelhano...

Alonso, vermelho de confusão, interrompeu o orador em seu entusiasmo para se dirigir a Cortés.

– Finalmente, meu capitão, que pensas da tradução feita por Heredia de teu texto?

– Tu queres dizer: de meu texto revisto e corrigido por teu cuidado! Confesse que poderias tê-lo evitado...

O irmão mercedário abaixou a cabeça.

– Heredia tomou partido: ele me arcaizou. Pela mesma ocasião, esculpiu-me à maneira antiga. Honestamente, ele se enganou. Eu sou moderno. Minha prosa é leve, natural, espontânea...

Cortés retomou:

– Enfim, falsamente espontânea. E tudo, menos compassada. Ela se adapta à pena de meu narrador. Ora, o poeta me magnificou. Idealizou-me. Onde eu queria parecer rústico, ele queria ficar pomposo; ele transmudou meu gracejo em afetação! Carlos Fuentes me compreendeu bem melhor. Ele sentiu, intuitivamente, que minha verdadeira história soava como um romance.[4]

Remón estava subitamente pensativo. Tinha sido ele, finalmente, quem tinha despossuído Cortés de sua obra. Ele se arrependia. Aventurou-se a questionar:

---

4 Fuentes, *La gran novela latinoamericana*, p.25-44.

– Meu capitão, pensas que tua paternidade da *História verídica* será um dia reconhecida?

Um muxoxo dubitativo apareceu nos lábios do conquistador.

– Não acredito. Díaz del Castillo ainda tem diante de si belos dias de escritor. Veja como ele é citado diante dessa eminente confraria! Sabes, nunca se é expulso do panteão. É o mistério da sedimentação celeste. Estamos sepultados pela memória coletiva, fossilizados no inconsciente do mundo. Além disso, as palavras são feitas para durar mais longamente que seus autores; chega sempre o momento em que elas gritam sua independência, se fazem de importantes, escapam a seu criador e se tornam propriedade dos leitores. Até mesmo os personagens fictícios podem se tornar vivos: sabes alguma coisa disso. Que fazer?

– Com nossa discussão perdemos o fio da exposição de Barrès – observou Alonso, ambiguamente.

– De jeito nenhum, estou de olho no nosso imortal. Aliás, ele está concluindo. Vejamos como ele se sai.

> *O filho dos conquistadores repousa sob o céu onde o vento dispersou as cinzas de Jeanne d'Arc. Seu túmulo retumba ainda a espiritualidade dessa Rouen, onde o autor do Cid ensinou a arte dos versos a Jacqueline Pascal. O sangue e a imaginação dos nobres Heredia estão decididamente incorporados à França. José-Maria nos deixa uma obra-prima imortal e uma família inteira de artistas, onde sob os traços de uma jovem cheia de vida, cada um acredita ver a poesia.*

– Isso não deixa de ter grandiosidade, opinou Remón.

– Sobretudo para um chauvinista – completou Cortés. Eu gostaria que tais palavras tivessem sido pronunciadas por ocasião de minha inumação em Texcoco. Já pensou que charme dizer que meu sangue e minha imaginação estavam definitivamente incorporados à terra mexicana. Em vez disso, tive direito a um enterro de desertor...

O marquês se permitiu um suspiro e retomou:

– É por isso que eu me sinto bem aqui, na Academia Francesa. Sem dúvida Richelieu retomou minha ideia de Valladolid. Uma companhia de letrados, uma assembleia de personalidades fortes, um fundo de cultura universal, o gosto pela bela língua. Mas os franceses acrescentaram uma dimensão essencial: a imortalidade. Eles ousaram. Fizeram bem.

Frei Alonso coçava a garganta enquanto vinham os aplausos das fileiras.

– Há algo que me escapa. Entendo o desejo de posteridade. Mas não é ele incompatível com a via do anonimato? Um soldado desconhecido não será nunca um herói. Sob nossas cabeças, não há acadêmico anônimo. Por que, meu capitão, empregastes tantos esforços para realizar uma obra-prima secreta, dissimulada aos olhos dos homens?

– Porque eu sou um passageiro clandestino da literatura hispânica. Entre dois mundos, entre dois sonhos, entre duas línguas. E porque sei que é preciso tempo para que venha o reconhecimento. Viagem incerta, toda de idas e vindas, ritmada pelas polaridades contrárias da aceitação e da rejeição. Bernal Díaz del Castillo conquistou suas cartas de nobreza. O que aconteceria se eu me revelasse? A obra atual elevada aos céus não seria imediatamente satanizada? Então, veja meu caro Alonso, prefiro mil vezes meus gozos secretos e a companhia dos belos espíritos.

O olho de Cortés percorria o perímetro circular da capela Mazarine. Nas banquetas desconfortáveis ele identificava a grande barba quase branca de Anatole France, o bigode eriçado de Pierre Loti, a calvície de Edmond Rostand.

O visconde de Vogué acabava de terminar o discurso de recepção de Maurice Barrès. Dentro de um instante, a atenção cristalizada pelo orador cederia lugar ao bruaá mundano. Uma luz oblíqua parecia atravessar a Coupole.

Hernán e Alonso remontaram lentamente o Sena. Cortés se dirigiu ao *carrefour* do Odéon e os dois homens andaram até uma rua que não figurava em nenhum mapa. O frio estava intenso, pois era janeiro, e a rua se voltava para o norte. Cortés povoava com seus sonhos essa Paris atemporal.

Como se uma última amabilidade pudesse reparar sua falha, Rémon exclamou:

– Tenho certeza que um dia essa rua terá o nome de Cortés, com a menção "escritor" abaixo.

O conquistador do México se pôs a sonhar. Que deleite o de trocar a espada pela pena! Que consagração magnífica! Ele enviou seu melhor sorriso ao mercedário, que moderou:

– Não estou seguro que seja para amanhã, mas esse dia virá.

– Esperarei – replicou imperiosamente Cortés. – Tenho a eternidade pela frente.

Agradecimentos

De modo particular agradeço à sra. Anna Carla Ericastilla, diretora dos Arquivos Gerais da América Central na Guatemala, por ter facilitado meu trabalho concedendo-me livre acesso a esse acervo privado. Ela não somente me permitiu estudar, em sua sala, o famoso *Manuscrito da Guatemala*, atribuído a Bernal Díaz del Castillo como, graças a seu apoio, igualmente me foi possível ter acesso aos cadernos originais de registro das sessões do Conselho Municipal de Santiago de Guatemala ocorridas no século XVI; esses documentos inéditos são citados neste livro sob o nome de *actas del cabildo*.

Sou igualmente grato ao sr. Carlos Slim, que generosamente abriu-me as portas da *Biblioteca Carso*, biblioteca do Centro de Estudos sobre a história do México, que ele instalou em Chimalistac (Cidade do México), dirigida pelo sr. Manuel Ramos Medina. Dentre os tesouros possuídos por essa biblioteca, encontra-se um documento autógrafo de Hernán Cortés (um reconhecimento de dívida) e um dos raros exemplares da edição original de Díaz del Castillo com o frontispício de Jean de Courbes.

Referências bibliográficas

ACOSTA, J. de. *Historia natural y moral de las Indias* (1590). Cidade do México: Fondo de Cultura Económica, 1962.

AGUILAR, F. de. *Relación breve de la conquista de la Nueva Espana* (1560). In: VÁZQUEZ, G. (Org.). *La conquista de Tenochtitlan*. Madri: Historia 16, 1988. Crónicas de América, n.40, p.155-206.

ÁMEZ PRIETO, H. *La provincia de San Gabriel de la Descalcez franciscana extremeha*. Guadalupe: Ed. Guadalupe, 1999.

Anales de Tlatelolco. Cidade do México: Antigua Librería Robredo, 1948.

ANGLERÍA, P. M. de. *Décadas del nuevo mundo* (1508-1526). Santo Domingo: Sociedad Dominicana de Bibliófilos, 1989. 2 tomos.

ARACIL VARÓN, B. Hernán Cortés y sus cronistas. La última conquista del héroe. *Atenea*, n.499, Chile: Universidad de Concepción, 2009. p.61-76.

ARGENSOLA, B. L. de. *Conquista de México* (1663). Joaquín Ramírez Cabanas (Org.). Cidade do México: Pedro Robredo, 1940.

______. *Primera parte de los Anales de Aragon que prosigue los del secretario Géronimo Zurita desde el año MDXVI del nacimiento de N. Redentor por el Dr. Bartholomé Leonardo de Argensola, Rector de Villahermosa...* Saragoça: Juan de Lanaja, 1630.

ARREGUI, D. L. de. *Descripción de la Nueva Galicia*. Guadalajara: Gobiern del Estado de Jalisco, 1980.

AYALA MARTÍNEZ, C. de. *Las órdenes militares en la Edad Media*. Madri: Arco Libros, 1998.

BARBÓN RODRÍGUEZ, J. A. *Bernal Díaz del Castillo, Historia verdadera de la Conquista de la Nueva Espana (Manuscrito Guatemala)*. Edição crítica. Cidade do México: El Colegio de México/UNAM/DAAD/Cooperación española, 2005. 1968 p.

BARRES, M. *Discours de réception à l'Académie française*. Paris, 1907.

BATAILLON, M. Relato de: Fray Bartolomé de las Casas, Historia de las Indias, Agustín Millares Carlo (org.) e estudo preliminar de Lewis Hanke, 3 v. (t.XV, XVI e XVII da Biblioteca Americana). *Bulletin hispanique,* 1952, v.54, n.2, p.215-21.

BAUDOT, G. *Utopía e historia en México. Los primeros cronistas de la civilización mexicana (1520-1569)*. Madri: Espasa-Calpe, 1983.

______. *La pugna franciscana por México*. Cidade do México: Alianza editorial mexicana/CONACULTA, 1990.

BENÍTEZ, F. *Los indios de México*. Cidade do México: Era, 1967-1980. 5 tomos.

______. *La ruta de Hernán Cortés*. Cidade do México: Fondo de Cultura Económica, 1950.

BERNÁLDEZ, A. *Memorias del reinado de los Reyes Católicos que escribia el bachiller Andrés Bernáldez, Cura de Los Palacios*. Manuel Gómez Moreno; Juan de Mata Carriazo (Orgs.). Madri: Real Academia de la Historia, 1962.

BERNAND, C.; GRUZINSKI, S. *Histoire du Nouveau Monde*. Paris: Fayard, 1991-1993. 2 tomos.

BLÁZQUEZ, A.; CALVO, T. *Guadalajara y el Nuevo Mundo. Nuño Beltrán de Guzmán: semblanza de un conquistador.* Guadalajara (Espanha): Institución Provincial de Cultura "Marqués de Santillana", 1992.

BOSCH GARCÍA, C. La conquista de la Nueva Espana en las Décadas de Antonio de Herrera y Tordesillas. *Estudios de historiografia de la Nueva España,* introdução de Ramón Iglesia. Cidade do México: El Colegio de México, 1945. p.145-202.

BORAH, W.; F. COOK, S. *The Aboriginal Population of Central Mexico on the Eve of the Spanish Conquest.* Berkeley: University of Califomia Press, 1963.

BORGIA STECK, F. *El primer colegio de América. Santa Cruz de Tlatelolco.* Cidade do México: Centro de Estudios Históricos Franciscanos, 1944.

CADENAS Y VICENT, V. de. *Carlos I de Castilla, señor de las Indias.* Madri: Hidalguía, 1988.

Cancionero de romances, Anvers, Martín Nucio, 1550; Antonio Rodríguez Moñino (Org.). Madri: Castalia, 1967.

CANTÓN NAVARRO, J. *Historia de Cuba.* Havana: si-mar, 1996.

CARREÑO, A. M. *Bernal Díaz del Castillo, descubridor, conquistador y cronista de la Nueva Espana.* Cidade do México: Xochitl, 1946.

Cartas de Indias. Madri: Ministerio de Fomento, 1877. Fac-símile: Cidade do México: Miguel Ángel Porrúa, 1980.

CASAS, Frei B. de las. *Tratados* (1552-1553). Cidade do México: Fondo de Cultura Económica, 1965-1966. 2 tomos.

______. *Apologética Historia Sumaria.* Cidade do México: Instituto de Investigaciones Históricas, Universidad Nacional Autónoma de México, 1967. 2 tomos.

______. *Historia de las Indias* (1561). Agustín Millares Carlo (Org.). Estudo preliminar de Lewis Hanke. Cidade do México: Fondo de Cultura Económica, 1981. 3 tomos.

Catálogo de pasajeros a Indias durante los siglos XVI, XVII y XVIII. Redactado por el personal facultativo del Archivo General de Indias. Madri: Espasa--Calpe, 1930. v.1: 1509-1533.

CERVANTES DE SALAZAR, F. *Cronica de la Nueva Espana* (1559-1566). Prólogo de Juan Miralles Ostos. Cidade do México: Porrúa, 1985.

______. *Obras que Francisco Cervantes de Salazar ha hecho, glosado y traducido... Impresa en Alcalá de Henares, en casa de Juan de Brocar, 1546.*

CESAR, J. *Comentarios de Cayo Julio Cesar.* Alcalá de Henares: Miguel de Eguia, 1529.

CHAUNU, P. *Conquête et exploitation des nouveaux mondes.* Paris: PUF, 1969.

______; ESCAMILLA, M. *Charles Quint.* Paris: Fayard, 2000.

CHAVERO, A. (Org.). *Lienzo de Tlaxcala.* (1892). Reedição. Cidade do México: Cosmos, 1979.

CHEVALIER, F. *La formación de los latifundios en México. Tierra y sociedad en los siglos XVI y XVII.* Cidade do México: Fondo de Cultura Económica, 1976.

CHIMALPAHIN CUAUHTLEHUANITZIN, Don F. de S. A. M. *Relaciones originales de Chalco Amaquemecan.* Cidade do México: Fondo de Cultura Económica, 1965.

CLAVIJERO, F. J. *Historia antigua de México.* Cidade do México: Porrúa, 1979.

Códice Chimalpopoca; inclui *Anales de Cuauhtitlán* e a *Leyenda de los Soles,* tradução do náhuatl para a língua espanhola, introdução e notas de Primo Feliciano Velázquez. Cidade do México: Universidad Nacional Autónoma de México, 1975.

Colección de documentos inéditos para la historia de España. Madri: 1879.

COLÓN, H., *Vida dei Almirante don Cristóbal Colón.* Edição, prólogo e notas de Ramón Iglesia. Cidade do México: Fondo de Cultura Económica, 1947.

COOK, S. F.; BORAH, W. *The Indian Population of Central Mexico, 1531-1610.* Berkeley/Los Angeles: University of California Press, 1960.

CORTÉS, H. *Cartas y documentos.* Cidade do México: Porrúa, 1963.

______. *Cartas de relación.* Introdução de Manuel Alcalá. Cidade do México: Porrúa, 1976. (Sepan Cuantos, n.7.)

CORTÉS, V. Cuando murió Bernal Díaz del Castillo. *Boletín americanista.* Universidad de Barcelona, 1960, anos IV-V-VI, n.10-11, p.23-5.

COSTES, R. *Antonio de Guevara.* Sa vie. *Bulletin hispanique.* Paris, 1923, t.25, n.4, p.305-60.

CUEVAS, M. *Documentos inéditos del siglo XVI para la historia de México.* Cidade do México: Porrúa, 1975.

CUNNIGHAME GRAHAM, R. B. *Bernal Díaz del Castillo. Semblanza de su personalidad a través de su "Historia verdadera de la conquista de la Nueva España"*. Buenos Aires: Ed. Inter-Americana, 1943.

De rebus gestis Ferdinandi Cortesii. Texto em latim e traduzido para o espanhol. In: ICAZBALCETA, J. G. *Colección de documentos para la historia de México*. Cidade do México, Porrúa, 1971. t.I, p.309-57.

DÍAZ, J. Itinerario de la armada del Rey Católico a la isla de Yucatan, en la India, en el año 1518, en la que fue por comandante y capitán general Juan de Grijalva, escrito para Su Alteza por el capellán mayor de la dicha armada. In: VÁZQUEZ, G. (Org.). *La conquista de Tenochtitlan*. Madri: Historia 16, 1988. (Crônicas de América, n.40.) p.29-57.

DÍAZ DEL CASTILLO, B. *Historia Verdadera de la Conquista de la Nueva-España, Escrita Por el Capitán Bernal Díaz del Castillo, uno de sus Conquistadores. Sacada a luz Por el P. M. Fr. Alonso Remon, Predicador, y Coronista General del Orden de Nuestra Señora de la Merced Redencion de Cautivos. A la Catholica Magestad del Mayor Monarca Don Felipe Quarto, Rey de las Españas, y Nuevo Mundo, N. Señor: Con Privilegio. En Madrid en la Emprenta del Reyno. Año de* 1632. (Frontispício calcográfico.)

______. *Historia Verdadera de la Conquista de la Nueva España, Escrita por el Capitán Bernal Díaz del Castillo, Uno de Sus Conquistadores. Sacada a luz Por el P. M. Fr. Alonso Remon, Predicador y Coronista General del Orden de N. S. de la Merced, Redencion de Cautivos. A la Catholica Magestad del Mayor Monarca D. Filipe IV. Rey de las Españas y Nuevo Mundo, N. S. Con Privilegio. En Madrid, en la Emprenta del Reyno.* Sem data. Com frontispício de J. de Courbes.

______. *Historia verdadera de la conquista de la Nueva España.* Introdução e notas de Joaquín Ramírez Cabañas (1944). Cidade do México: Porrúa, 1980. (Sepan Cuantos, n.5.)

______. *Historia verdadera de la conquista de la Nueva España, escrita por Bernal Díaz del Castillo.* Tuxtla Gutiérrez, Chiapas: Gobierno del Estado de Chiapas, 1992. 3v. (v.1: Códex autógrafo, 1568, edição fac-símile; v.2: Texto comparado, Genaro García, 1904/Alonso Remón, 1632; v.3: Estudos críticos.)

DOBAL, C. *Santiago en los albores del siglo XVI*. Santo Domingo: UCMM, 1985.

DORANTES DE CARRANZA, B. *Sumaria relación de las cosas de la Nueva España con noticia individual de los descendientes legitimos de los conquistadores y primeros pobladores* (1604). Cidade do México: 1902.

DURÁN, Frei D. *Historia de las Indias de Nueva España* e *Islas de la Tierra Firme* (1581). Ángel María Garibay K. (Org.). Cidade do México: Porrúa, 1967. 2 tomos.

DUVERGER, C. *La Fleur létale. Économie du sacrifice aztêque*. Paris: Seuil, 1979.

______. *La Conversion des Indiens de Nouvelle-Espagne*. Paris: Seuil, 1987.

______. *Cortés*. Paris: Fayard, 2001.

______. *L'Origine des Aztèques*. Paris: Seuil, 2003.

______. *Cortés*. Ed. ampliada. Cidade do México: Taurus, 2010.

El Conquistador anónimo. In: ICAZBALCETA, J. G. *Colección de documentos para la historia de México*. Cidade do México: Porrúa, 1971. t.I, p.368-98.

ENRÍQUEZ DEL CASTILLO, D. *Crónica de Enrique IV*. Aureliano Sánchez Martín (Org.). Valladolid: Universidad de Valladolid, 1994.

ENTRAMBASAGUAS, J. de. *La biblioteca de Ramírez de Prado*. Madri: Consejo Superior de Investigaciones Científicas, Instituto Nicolás Antonio, 1943, 2v. (Bibliográfica.)

ESTRADA, O. *La imaginacion novelesca. Bernal Díaz entre géneros y épocas*. Madri: Iberoamericana/Ed. Vervuert, 2009.

FERNÁNDEZ NIETO, M. *Investigaciones sobre Alonso Remón, dramaturgo desconocido del siglo XVII*. Madri: Retorn Ed., 1974.

FLEURY, R. *Marie de Régnier. L'Inconstante*. Paris: Plon, 1990.

FLORESCANO, E. *Memoria mexicana*. Cidade do México: Joaquín Mortiz, 1987.

Florentine Codex. General History of the Things of the New Spain, de Frei Bernardino de Sahagún, texto náhuatl e tradução para o inglês por Charles E. Dibble e Arthur J. O. Anderson. Santa Fé/Novo México: University of Utah and School of American Research, 1950-1974. 13v.

FRIEDERICI, G. *Amerikanistisches Wörterbuch und Hilfswörterbuch für den Amerikanisten.* Hamburgo: Cram, de Gruyter u. Co, 1960.

FUENTES, C. La épica vacilante de Bernal Díaz del Castillo. *Valiente mundo nuevo. Épica, utopia y mito en la novela hispanoamericana.* Madri: Mondadori, 1990. p.71-94.

______. *La gran novela latinoamericana.* Cidade do México: Alfaguara, 2011.

FUENTES MARES, J. *Cortés, el hombre.* Cidade do México: Grijalvo, 1981.

FUENTES Y GUZMÁN, F. A. de. *Historia de Guatemala o Recordación florida escrita [en] el siglo XVII por el capitán D. Francisco Antonio de Fuentes y Guzmán, natural, vecino y regidor perpetuo de la ciudad de Guatemala que publica por primera vez con notas e ilustraciones D. Justo Zaragoza.* Madri: Luis Navarro Ed./Biblioteca de los Americanistas, t.I: 1882; t.II: 1883.

GACTO, E. Censura politica e inquisición: la *Historia Pontifical* de Gonzalo de Illescas. *Revista de la Inquisición.* Madri: Ed. Complutense, 1992. v.2, p.23-40.

GARCÍA, G. *Historia verdadera de la conquista de la Nueva España, por el capitán Bernal Díaz del Castillo, uno de sus conquistadores.* Edição original a partir do códice autógrafo. Genaro García (Org.). Cidade do México: Oficina tipográfica de la Secretaria de Fomento, 1904. 2v.

GARCÍA ICAZBALCETA, J. *Bibliografia mexicana del siglo XVI. Catálogo razonado de libros impresos en México de 1539 a 1600.* Cidade do México: Fondo de Cultura Económica, 1954.

______. *Don Fray Juan de Zumárraga, primer obispo y arzobispo de México* (1881). Cidade do México: Porrúa, 1947. 4v.

______. *Colección de documentos para la historia de México (1858-1866).* Cidade do México, Porrúa, 1971. 2v.

______. *Nueva colección de documentos para la historia de México (1886-1892).* Cidade do México: Chávez Hayhoe, 1941-1944. 5v.

______. Prólogo da *Historia Verdadera de la Conquista de la Nueva España, escrita por el Capitán Bernal Díaz del Castillo, uno de sus Conquistadores* em edição da *Biblioteca Histórica de la Iberia*. Cidade do México: Imprenta de I. Escalante, 1870. t.IV, p.I-X.

GARCÍA ICAZBALCETA, J. Noticias sobre Bernal Díaz. Prólogo da *Historia Verdadera de la Conquista de la Nueva España, escrita por el Capitán Bernal Díaz del Castillo, uno de sus Conquistadores*. Cidade do México: Tipografia de Ángel Bassols, 1891-1892. t.I, p.I-XII.

GARCÍA SÁNCHEZ, F. *El Medellín extremeño en América*. Medellín: Gráficas Sánchez Trejo, 1992.

GARCILASO DE LA VEGA, I. *Comentarios reales de los incas* (1609-1617). 2.ed. Buenos Aires: Emecé, 1945. 2v.

GASCÓN MERCADO, J. *Mi esfuerzo para el Hospital de Jesús*. Cidade do México: Xola, 2004.

GILI GAYA, S. *Tesoro lexigráfico* (1492-1726), t.I: A-E. Madri: Consejo Superior de Investigaciones Científicas, Instituto Antonio de Nebrija, 1947.

GÓMARA, F. L. de. *Historia de la conquista de México* (1552). Estudo preliminar de Juan Miralles. Cidade do México: Porrúa, 1988. (Sepan Cuantos, n.566.)

______. *Crónica de los Barbarrojas* (1545). 1.ed. In: *Memorial histórico español*. Madri: Real Academia de la Historia, 1853. v.VI, p.327-439. (Com anexos: cartas e documentos, p.440-539.)

______. *Annales del emperador Carlos Quinto* (1557); 1.ed.: *Annals of the Emperor Charles V. Spanish Text and English Translation*. Editado e traduzido por R. B. Merriman. Oxford: Clarendon Press, 1912.

______. *Guerras de mar del emperador Carlos V* [*Compendio de lo que trata Francisco Lopez en el libro que hizo de las guerras de mar de sus tiempos*], (1557). 1.ed. Miguel Ángel de Bunes Ibarra e Nora Edith Jiménez (Orgs.). Madri: Sociedad Estatal para la conmemoración de los centenarios de Felipe II y Carlos V, 2000.

GONZÁLEZ OBREGÓN, L. *El capitán Bernal Díaz del Castillo, conquistador y cronista de Nueva España: noticias biográficas y bibliográficas*. Cidade do México: Secretaría de Fomento, 1894.

______. *Cronistas e historiadores*. Cidade do México: Ed. Botas, 1936.

GRAULICH, M. *Montezuma.* Paris: Fayard, 1994.

______. "La mera verdad resiste a mi rudeza": forgeries et mensonges dans *l'Historia verdadera de la conquista de la Nueva España* de Bernal Díaz del Castillo. *Journal de la Société des Américanistes,* Paris, t.82, 1996, p.63-95.

GUEVARA, A. de. *Libro áureo de Marco Aurelo.* Sevilha: 1528.

______. *El Reloj de príncipes.* Valladolid: 1529.

______. *Obras completas.* Madri: Fundación José Antonio de Castro, v.1 e 2: 1994; v.3: 2004.

GUTIÉRREZ CONTRERAS, F. *Hernán Cortés.* Barcelona: Salvat, 1986.

GUTIÉRREZ ESCUDERO, A. *América: descubrimiento de un mundo nuevo.* Madri: Ed. Istmo, 1990.

HEREDIA, J.-M. de. *Véridique histoire de la conquête de la Nouvelle Espagne, par le capitaine Bernal Díaz del Castillo, l'un des Conquérants.* Tradução do espanhol, introdução e notas de José-Maria de Heredia. Paris: Lemerre. 4v. t.I, 1878; t.II, 1879; t.III, 1881; t.IV, 1887.

______. *Les Trophées.* Paris: Lemerre, 1893; NRF/Gallimard, 1981.

HERRERA, A. de. *Historia general de los hechos de los castellanos en las islas y tierra firme del mar oceano. Décadas II a V.* Madri: Emprenta Real, 1601-1615. 4v. Madri: Academia Real de la Historia, 1935.

HOSOTTE, P. *La Noche Triste* (1520). Paris: Economica, 1993.

______. *Le Siège de Mexico* (1521). Paris: Economica, 1993.

IGLESIA, R. *Semblanza de Bernal Díaz del Castillo* (1944). Cidade do México: Fondo de Cultura Económica, 1998. (Fondo 2000.)

ILLESCAS, G. de. *Segunda parte de la Historia pontifical y catholica en la qual se prosiguen las vidas y hechos de Clemente Quinto y de los demas Pontifices sus predecessores hasta Pio Quinto y Gregorio Decimo Tercio... compuesta y ordenada por el doctor Gonçalo de Illescas, Abbad de San Frontes y Beneficiado de Dueñas...* (1573). Barcelona: Jaime Cendrat, 1606.

IXTLIXOCHITL, F. de A. *Obras históricas.* Cidade do México: Universidad Nacional Autónoma de México, 1975. 2v.

JIMÉNEZ, N. E. *Francisco López de Gomara. Escribir historias en tiempos de Carlos V*. Cidade do México: Instituto Nacional de Antropología e Historia/El Colegio de Michoacán, 2002.

JOURDANET, D. *Histoire véridique de la conquête de la Nouvelle Espagne, écrite par le capitaine Bernal Díaz del Castillo, l'un de ses conquistadores*. Tradução de D. Jourdanet. 2.ed. corrigida. Paris: G. Masson, 1877.

JOVIO, P. *Elogia veris clarorum imaginibus apposita quae in Musaeo Ioviano Comi spectantur*. Veneza: M. Tramezzino, 1546.

______. *Elogia virorum bellica virtute illustrium veris imaginibus supposita*. Florença: Lorenzo Torrentino, 1551.

______. *Pauli Iovii Novocomensis Episcopi Nucerini Historiarum sui temporis*. Florença: In officina Laurentinii Torrentini, MDLII.

______. *Segunda parte de la Historia general de todas las cosas succedidas en el mundo en estas cincuenta años de nuestro tiempo en la qual se escriven particularmente todas las victorias y successos que el invictissimo emperador don Carlos uvo dende que començo a reynar en España, hasta que prendio al duque de Saxonia. Escrita en lengua latina por el doctissimo Paulo lovio obispo de Nochera, traduzida de latin en castellano por el licenciado Gaspar de Baeça... en Salamanca en casa de Andrea de Portonariis, impressor de Su Catholica Magestad, MDLXIII*.

______. *Elogios ó vidas breves de los Caballeros antiguos y modernos, ilustres en valor de guerra, que están al vivo pintados en el Museo de Paulo Jovio. Es autor el mismo Paulo Jovio, y tradújolo de latín en castellano el Licenciado Gaspar de Baeza. Dirigido á la Católica y Real Magestad del Rey Don Felipe II nuestro señor: En Granada, en casa de Hugo de Mena, con privilegio*, 1568.

KARL, L. Note sur la fortune des œuvres d'Antonio de Guevara à l'étranger. *Bulletin hispanique*, Paris, 1933, n.35-1, p.32-50.

LANDA, Frei D. de. *Relación de las cosas de Yucatán* (1566). Introdução de A. M. Garibay. Cidade do México: Porrúa, 1966.

LASSO DE LA VEGA, G. L. *Primera parte de Cortés valeroso y Mexicana*. Madri: Pedro Madrigal, 1588.

______. *Mexicana*. Madri: Luis Sánchez, 1594.

LEÓN PINELO, A. de. *Epitome de la Biblioteca Oriental i Occidental, Nautica i Geografica. Al Excelentisimo Señor D. Ramiro Nuñez Perez Felipe de Guzman... por el licenciado Antonio de Leon, Relator del Supremo i Real Consejo de las Indias. Con privilegio. En Madrid, por Juan Gonzalez. Año de MDCXXIX (con un frontispicio de J de Courbes).* Fac-símile. Buenos Aires: Ed. Bibliófilos Argentinos, 1919.

LEÓN-PORTILLA, M. Edição crítica de Juan de Torquemada. *Monarquía indiana.* Cidade do México: UNAM, 1979.

LÉVINE, D. (Org.). *Amérique, continent imprévu.* Paris: Bordas, 1992.

LÓPEZ DE GÓMARA, F. *Ver* Gómara.

LOSADA, Á. Hernán Cortés en la obra del cronista Sepúlveda. *Revista de Indias.* Madri: jan.-jun. 1948, ano IX, n.31-32, p.127-69.

MADARIAGA, S. de. *Hernán Cortés.* Buenos Aires: Ed. Sudamericana, 1941.

MARINEO SÍCULO, L. De don Fernando Cortés marqués del Valle. In: *De rebus Hispaniae memorabilibus* (1530). Edição e introdução de Miguel León-Portilla. In: *Historia* 16, Madri, abr. 1985, ano X, n.109, p.95-104.

MARTÍNEZ, J. L. *Hernán Cortés.* Cidade do México: Universidad Nacional Autónoma de México/Fondo de Cultura Económica, 1990.

______. (Org.). *Documentos cortesianos.* Cidade do México: Universidad Nacional Autónoma de México/Fondo de Cultura Económica, 1990-1992. 4 tomos.

MARTÍNEZ MARTÍNEZ, M. del C. Francisco López de Gómara y Hernán Cortés: nuevos testimonios de la relación del cronista con los marqueses del Valle de Oaxaca. *Anuario de Estudios Americanos,* 67, 1, Sevilha, jan.-jun. 2010, p.267-302.

MÁRTIR, P. *Ver* Anglería.

MATOS MOCTEZUMA, E. *Vida y muerte en el Templo Mayor.* Cidade do México: Océano, 1986.

MAYORA, E. Prólogo à edição de *Verdadera y notable relación del descubrimiento y conquista de la Nueva Espana y Guatemala escrita por el capitán Bernal Díaz del Castillo, en el siglo XVI.* (Manuscrito de Guatemala.)

Guatemala: Sociedad de Geografia e Historia, 1933. (Biblioteca Goathemala, v.X-XI.)

MEDINA, J. T. *Biblioteca Hispano-Americana (1493-1810)*. t.I. Reed. Amsterdam: N. Israel, 1968.

MENDIETA, Frei J. de. *Historia eclesiástica indiana.* Edição fac-símile de Joaquín García Icazbalceta (1870). Cidade do México: Porrúa, 1980.

MIRALLES OSTOS, J. *Hernán Cortés, inventor de México.* Cidade do México: Tusquets, 2001.

______. *Y Bernal mintió*. Cidade do México: Taurus, 2008.

MOLINA, A. de. *Vocabulario en lengua castellana y mexicana y mexicana y castellana*. Edição fac-símile de 1571. Cidade do México: Porrúa, 1970.

MOTOLINÍA, Frei T. de B. *Historia de los Indios de la Nueva España*. Edmundo O'Gorman (Org.). Cidade do México: Porrúa, 1979.

MUÑOZ CAMARGO, D. *Historia de Tlaxcala.* Alfredo Chavero (Org.). Cidade do México, 1892. Reed. Cidade do México: Ed. Innovación, 1978.

NAVARRA, P. de. *Diálogos muy subtiles y notables hechos por el Ilustrísimo y Reverendísimo señor Don Pedro de Navarra, Obispo de Comenge. Impresos en Zaragoza por Juan Millán en la Cuchillería,* 1567.

NEBRIJA, A. de. *Vocabulario de romance en latin.* Transcrição e introdução de Gerald J. Macdonald. Madri: Castalia, 1973.

NODIER, C. *Les Environs de Paris. Paysage, histoire, monuments, mœurs, chroniques et traditions. Ouvrage rédigé par l'élite de la littérature contemporaine sous la direction de Charles Nodier et Louis Lurine. Illustré de 200 dessins par les artistes les plus distingués.* Paris: Boizard et Kugelmann, 1844.

______. *Los alrededores de París. Paisaje, historia, monumentos, costumbres, crónicas y tradiciones. Bajo la dirección de Carlos Nodier y Luis Lurine. Con dos cientos grabados.* Cidade do México: Imprenta de Ignacio Cumplido, 1854.

NÚÑEZ CABEZA DE VACA, A. *Naufragios y relación de la jornada que hizo a la Florida* (1552). Madri: Ed. Atlas, 1946. (Biblioteca de autores españoles, t.XXII.)

O'GORMAN, E. *Cuatro historiadores de Indias. Siglo XVI.* Cidade do México: SEP-Setentas 51, 1972.

OLMOS, Frei A. de. *Arte para aprender la lengua mexicana* (1547). Edição, notas e comentários de Rémi Siméon, publicado sob o título *Grammaire de la langue nahuatl ou mexicaine.* Paris: Imprimerie nationale, 1875; fac-símile: Guadalajara, Edmundo Aviña Levy Editor, 1972. (Biblioteca de facsímiles mexicanos, 7.)

OROZCO Y BERRA, M. *Historia antigua y de la conquista de México.* Cidade do México: Porrúa, 1960. 4v.

OUDIN, C. *Tesoro de las dos lenguas española y francesa.* Paris, 1607.

OVIEDO Y VALDÉS, G. F. de. *Historia general y natural de las Indias, islas y tierra firme del mar Océano. Primera parte* (1535). Introdução de D. José Amador de los Ríos. Madri: Real Academia de la Historia, 1851.

______. *Historia general y natural de las Indias y tierra firme del mar Océano* (1535-1556). Madri: Ed. Atlas, 1959. 5v.

PEREYRA, C. Prólogo da edição de Bernal Díaz del Castillo, *Historia verdadera de la conquista de la Nueva Espana.* Madri: Espasa-Calpe, 1928. 2v.

______. *Hernán Cortés.* Cidade do México: Porrúa, 1971. (1.ed. 1931.)

PEREZ, J. *La Révolution des "comunidades" de Castille* (1520-1521). Burdeos: Féret et Fils, 1970.

PÉREZ DE OLIVA, F. *Diálogo de la dignidad del hombre.* María Luisa Cerrón Puga (Org.). Madri: Editora Nacional, 1982.

POMAR, J. B. *Relación de Tezcoco.* Cidade do México: Salvador Chávez Hayhoe, 1941.

PORRAS BARRENECHEA, R. *Las relaciones primitivas de la conquista del Perú.* Paris: Les Presses modernes, 1937. (Cuadernos de historia del Perú, 2ª série.)

PORRAS MUÑOZ, G. *El gobierno de la ciudad de México en el siglo XVI.* Cidade do México: Universidad Nacional Autónoma de México, 1982.

PRESCOTT, W. H. *Historia de la conquista de México* (1843). Cidade do México: Porrúa, 1976. (Sepan Cuantos, n.150.)

PRICE ZIMMERMANN, T. C. *Paolo Giovio: the Historian and the Crisis of Sixteenth-Century Italy*. Princeton/New Jersey: Princeton University Press, 1995.

Proceso inquisitorial del cacique de Tetzcoco. Cidade do México: Publicaciones del Archivo General y Público de la Nación, v.I, 1910.

PUGA, V. de. *Cedulario. Provisiones, cédulas, instrucciónes de Su Magestad, ordenanzas de difuntos y audiencia para la buena expedición de los negocios y administración de justicia y governación de esta Nueva España, y para el buen tratamiento y conservación de los indios desde el año de 1525 hasta este presente de* 63. Cidade do México: El sistema postal, 1879.

QUIROGA, V. de. *La utopía en América* (escritos 1531-1565). Madri: Historia 16, 1992.

REDONDO, A. *Antonio de Guevara (1480?-1545) et l'Espagne de son temps*. Genebra: Librairie Droz, 1976.

RELACIÓN de la salida que don Hernando Cortés hizo de España para las Indias la primera vez. In: *Documentos cortesianos*. Cidade do México: Universidad Nacional Autónoma de México/Fondo de Cultura Económica, t.IV, p.433-8.

REMESAL, Frei A. de. *Historia general de las Indias occidentales y particular de la gobernación de Chiapa y Guatemala*. Carmelo Sáenz de Santa María (Org.). Cidade do México: Porrúa, 1988. 2v.

REMÓN, Frei A. *Historia general de la Orden de Nuestra Señora de la Merced Redencion de Cautivos*. Madri: t.I, 1618; t.II, 1633.

REYNOLDS, W. A. *Hernán Cortés en la literatura del siglo de oro*. Madri: Editora Nacional, 1978.

RICARD, R. *La conquista espiritual de México* (1933). Cidade do México: Fondo de Cultura Económica, 1986.

RIVA PALACIO, V. *México a través de los siglos*, t.II: El Virreinato (1521-1808). Cidade do México: Compañia General de Ediciones, 1952.

ROJAS, F. de. *La Celestina*. Introdução e notas de Juan Alarcón Benito. Madri: Edimat, 1998. (Clásicos de siempre.)

ROLDÁN PÉREZ, A. Gonzalo de Illescas y la Historia pontifical. *Estudios literarios dedicados al Profesor Mariano Baquero Goyanes*. Murcie: Nogués, 1974. p.587-638.

Romancero historiado de Lucas Rodríguez, Alcalá (1582). Antonio Rodríguez-Moñino (Org.). Madri: Castalia, 1967.

ROMERO DE TERREROS, M. *Hernán Cortés. Sus hijos y nietos, caballeros de las órdenes militares*. Cidade do México: Robredo, 1944.

SAAVEDRA GUZMÁN, A. de. *El peregrino indiano*. Madri: Pedro Madrigal, 1599.

SÁENZ DE SANTA MARÍA, C. *Historia de una historia*. Bernal Díaz de Castillo. Madri: Instituto Gonzalo Fernández de Oviedo, 1984.

SAHAGÚN, Frei B. de. *Historia general de las cosas de Nueva España*. Cidade do México: Porrúa, 1975.

SAINT-LU, A. compte rendu de l'ouvrage de Carmelo Sáenz de Santa María. *Introducción crítica a la "Historia verdadera" de Bernal Díaz del Castillo*. Madri: 1967; *Bulletin hispanique*, Paris, 1968, v.70, n.3, p.567-8.

SANTAMARÍA, F. J. *Diccionario de mejicanismos*. Cidade do México: Porrúa, 1983.

SEPÚLVEDA, J. G. de. *Tratado sobre las justas causas de la guerra contra los índios*. Cidade do México: Fondo de Cultura Económica, 1979.

SOLÍS, A. de. *Historia de la conquista de México* (1684). Cidade do México: Cosmos, 1977.

SOTOMAYOR, A. *Cortés según Cortés*. Cidade do México: Extemporáneos, 1986.

SOUSTELLE, J. *La vida cotidiana de los aztecas en vísperas de la conquista*. Cidade do México: Fondo de Cultura Económica, 1970.

STRAUB, E. *Das Bellum Iustum des Hernan Cortes in Mexico*. Beihefte zum Archiv für Kulturgeschichte, n.11. Colônia: Böhlau Verlag, 1976.

SUÁREZ DE PERALTA, J. *Noticias históricas de Nueva España (Tratado del descubrimiento de las Indias)* (1589). Justo Zaragoza (Org.). Cidade do México: Secretaría de Educación Pública, 1949.

TAPIA, A. de. Relación de algunas cosas de las que acaecieron al muy ilustre señor don Hernando Cortés. In: VÁZQUEZ, G. (Org.). *La conquista de Tenochtitlan*. Madri: Historia 16, 1988. p.59-123. (Crónicas de América, n.40.)

TELLEZ, Frei G. (Tirso de Molina). *Historia general de la Orden de Nuestra Señora de las Mercedes*. Madri, 1639.

TELLO, Frei A. *Crónica miscelánea de la Sancta Provincia de Xalisco. Libro segundo*. Guadalajara: Instituto Jalisciense de Antropología e Historia, 1968-1984. 3v.

TERNAUX-COMPANS, H. *Voyages, relations et mémoires originaux pour servir à l'histoire de la découverte de l'Amérique*. Paris: Arthus Bertrand, 1837-1841. 20v.

TEZOZOMOC, F. A. *Crónica mexicáyotl*. Cidade do México: Instituto de Investigaciones Históricas/Universidad Nacional Autónoma de México, 1975.

TEZOZOMOC, H. A. *Crónica mexicana*. Cidade do México: Porrúa, 1975.

THOMAS, H. *La conquista de México*. Barcelona: Planeta, 2000.

TORQUEMADA, Frei J. de. *Monarquía indiana* (1615). Fac-símile da edição de 1723 (Madrid). Cidade do México: Porrúa, 1975. 3v.

VALENTINI, Ph. Bernal Diez del Castillo. *The American Historical Record and Repertory of Notes and Queries*. Benson J. Lossing (Org.). Filadélfia: Chase and Town Publishers, 1872. v.1. p.536-8.

VÁZQUEZ DE TAPIA, B. *Relación de méritos y servicios del Conquistador Bernardino Vázquez de Tapia* (1542). In: VÁZQUEZ, G. (Org.). *La conquista de Tenochtitlan*. Madri: Historia 16, 1988. p.125-54. (Crónicas de América, n.40.)

VEDIA, E. de. Notas preliminares para a edição de *Verdadera Historia de los sucesos de la conquista de la Nueva España por el capitán Bernal Díaz del Castillo, uno de sus conquistadores*. Madri: Biblioteca de autores españoles, 1852, t.XXVI.

WAGNER, H. R. Three Studies on the Same Subject: Bernal Díaz del Castillo; The family of Bernal Díaz; Notes on Writings by and about Bernal Díaz del Castillo. *The Hispanic American Historical Review,* Washington, D.C., v.25, n.2, 1945, p.155-211.

WILSON, R. A. *A New History of the Conquest of Mexico*. Filadélfia: James Challen and Son, 1859.

XIMÉNEZ, Frei F. *Historia de la provincia de San Vicente de Chiapa y Guatemala de la orden de Predicadores.* Guatemala: Biblioteca Goathemala, 1929-1931. 3v.

ZAVALA, S. *La filosofia política en la conquista de América.* Cidade do México: Fondo de Cultura Económica, 1977.

ZORITA, A. de. *Historia de la Nueva España*. Colección de libros y documentos referentes a la Historia de América. t.IX. Madri, 1909.

______. *Relación de la Nueva España*. Cidade do México: Conaculta, 1999. (Cien de México.)

SOBRE O LIVRO

Formato: 14 x 21 cm
Mancha: 23 x 44 paicas
Tipologia: Venetian 301 12,5/16
Papel: Off-white 80 g/m² (miolo)
Cartão Supremo 250 g/m² (capa)

1ª edição: 2014

EQUIPE DE REALIZAÇÃO

Edição de texto
Paula Nogueira (Copidesque)
Maurício Santana (Preparação de original)
Tomoe Moroizumi (Revisão)

Capa
Ana Luisa Escorel/Ouro sobre Azul

Editoração eletrônica
Eduardo Seiji Seki

Assistência editorial
Jennifer Rangel de França

Rettec
artes
gráficas
e editora